U0651243

关怀品格论

沈辉香◎著

九州出版社
JIUZHOUPRESS
全国百佳图书出版单位

图书在版编目（CIP）数据

关怀品格论 / 沈辉香著. -- 北京 : 九州出版社, 2025. 6. -- ISBN 978-7-5225-3965-2

Ⅰ. B825

中国国家版本馆CIP数据核字第2025VB6668号

关怀品格论

作　　者	沈辉香　著
责任编辑	肖润楷
出版发行	九州出版社
地　　址	北京市西城区阜外大街甲 35 号 (100037)
发行电话	(010)68992190/3/5/6
网　　址	www.jiuzhoupress.com
电子信箱	jiuzhou@jiuzhoupress.com
印　　刷	北京九州迅驰传媒文化有限公司
开　　本	720 毫米 ×1020 毫米　16 开
印　　张	17.75
字　　数	298 千字
版　　次	2025 年 7 月第 1 版
印　　次	2025 年 7 月第 1 次印刷
书　　号	ISBN 978-7-5225-3965-2
定　　价	62.00 元

目　录

导 论

伴随着全球化和我国现代化的进程，个体成为越来越重要的关注对象。社会的进步不仅赋予个体更多的权利与自由，而且必然让个体承担更多义务和责任。而关怀品格作为公民道德素质的重要组成部分，其涵养受到越来越广泛的关注，也遭遇复杂的时代挑战，呈现为：多元文化背景下人与人之间的友善关系疏离、市场经济下自我与他人利益选择所产生的关系冲突、媒体信息真假难辨所导致的关怀失陷、社会治理中道德冷漠与道德盲视所产生的关怀失宜、智能技术关怀代替人类道德关怀所导致的关怀失黏等。2019 年 10 月，中共中央、国务院印发《新时代公民道德建设实施纲要》指明："要把社会公德、职业道德、家庭美德、个人品德建设作为着力点。"《中国学生发展核心素养》提出培养全面发展的人，应包括"人文底蕴、科学精神、学会学习、健康生活、责任担当、实践创新"[①]六大素养，其中人文情怀重点为"具有以人为本的意识，尊重、维护人的尊严和价值；能关切人的生存、发展和幸福等"[②]。

因此，本书基于时代挑战，把关怀品格塑造作为对现代社会的思考和探究的重要问题之一。因为现实中，个人与社会是相互联结的，个人离不开社会，社会不能离开个人；个人内蕴社会，社会包含个人；个人的利益即是社会的利益，社会的利益蕴藏个人的利益。"活动家的个人品质对个人的社会作用的制约。"[③]也就是说，个人品质制约社会发展。关怀品格是处理人与人之间关系的品格，"顾及人与人之间的关联"，"关注的问题在于专注、信任、对需要的反

① 核心素养研究课题组 . 中国学生发展核心素养 [J]. 中国教育学刊，2016，(10)：1.

② 核心素养研究课题组 . 中国学生发展核心素养 [J]. 中国教育学刊，2016，(10)：2.

③ 韩庆祥 . 现实逻辑中的人：马克思的人学理论研究 [M]. 北京：北京师范大学出版社，2017：253.

应……和培育关爱关系”[1]。“镌刻着各种关怀和被关怀画面的道德理想”[2]，“真正关心别人的人不会容忍残酷、羞辱、讽刺和欺骗的行为”[3]。因此，“关怀是人类生活中的一个基本要素”[4]，强调从人与社会出发看待人，尊重人与人关爱关系的价值。

一、研究缘起与研究的意义

（一）研究缘起

1. 关怀品格是个人的基本道德品质

“美德和品格常常被视为道德的基础。”“对个人的行为或共同体的政策做出评判，很大程度上要依据其对品格的影响。”[5]2018 年，习近平总书记在全国宣传思想工作会议上指出：“中华优秀传统文化是中华民族的文化根脉，其蕴含的思想观念、人文精神、道德规范，不仅是我们中国人思想和精神的内核，对解决人类问题也有重要价值。”[6]孔子一生“志于道、据于德、依于仁、游于艺”，《论语》中许多章句都含有对仁的意义诠释，仁意为爱人与忠恕。爱人指有博爱、仁慈之心，忠恕是“己所不欲，勿施于人”。因此，仁既含有慈爱，又注重对他人的尊重，以此处理人与人之间的关系。在通行本《老子》里，“仁”字出现八次。可以说，先秦儒家的仁学都蕴含丰富的关怀品格思想。而到宋明理学阶段，儒学从本源阐述人道思想，“天下一家”“万物一体”“仁者爱人”，充满着人与人、人与社会、人与自然的关怀品格。而道家的自然之道，主张无为，做人遵循自然之道。庄子强调“道之所以亏，爱之所以成”[7]，“‘道’亏缺的原因，正是‘爱’生成的现实条件”[8]。佛家“普度众生”“利济苍生”，扬善去恶

---

① ［美］弗吉尼亚·赫尔德．关怀伦理学 [M]. 苑莉均，译．北京：商务印书馆，2014：20.

② ［美］内尔·诺丁斯．培养有道德的人：从品格教育至关怀伦理 [M]. 汪菊，译．北京：教育科学出版社，2017：16-17.

③ ［美］内尔·诺丁斯．学会关心——教育的另一种模式 [M]. 于天龙，译．北京：教育科学出版社，2011：6.

④ ［美］内尔·诺丁斯．始于家庭：关怀与社会政策 [M]. 侯晶晶，译．北京：教育科学出版社，2006：10.

⑤ 袁贵仁．马克思主义人学理论研究 [M]. 北京：北京师范大学出版社，2017：79.

⑥ 习近平．举旗帜 聚民心 育新人 兴文化 展形象 更好完成新形势下宣传思想工作使命任务 [N]. 人民日报，2018-8-23（1）.

⑦ 郭庆藩辑．庄子集释 [M]. 北京：中华书局，1961：74.

⑧ 许建良．道家道德的普世情怀 [J]. 哲学动态，2008，(5):75-76.

的修心思想，无疑均体现关怀品格。孙中山在评价中国传统文化时，指出："还有一种文化，好过霸道的文化，这种文化的本质，是仁义道德。用这种仁义道德的文化，是感化人，不是压迫人；是要人怀德，不是要人畏威。"[①]诚如马克思所说，人是社会的存在。也意味着人是关系的存在，而且应是积极关系的存在，"关怀的关系在任何地方都被看成是最基本的善"[②]。"关怀最关心的事项是人与人之间的关系。"[③]"'关爱'（caring）界认为一种积极正面的价值。"[④]可以看出，关怀品格是以爱为核心价值，能够妥善处理人与人之间、人与社会之间关系的道德品质。如果"一个人活在角落里，脱离社会群体，不要说没有机会帮助别人，就连帮助人的意识都已丢失"[⑤]。一个和谐的社会，因为他人的存在，自我天然存在道德关怀；因为自我的存在，他人也需要伦理关怀的存在。因此，和谐社会的个体必定是"在体力、智力、情绪、伦理"[⑥]各方面有素养的完整个人。《国家中长期教育改革和发展规划纲要（2010—2020 年）》指出，"坚持德育为先""坚持以人为本、全面实施素质教育""面向全体学生、促进学生全面发展"。《新时代公民道德建设实施纲要》要求，全面推进"个人品德建设""不断提升公民道德素质，促进人的全面发展"。因此，关怀品格成为新时代的个人的基本道德品质。

2. 关怀品格：新时代社会的亟需

进入新时代，由于交往、沟通方式的新变化，关怀品格面临着新问题。然而，党的十八大和十九大对个人品德的关注，以及《新时代公民道德建设实施纲要》的颁布，这一切均表明，关怀品格又面临着新的机遇与挑战。

人与人之间的关系淡漠化。无论是陌生人之间，还是熟人之间，人与人之间的关系趋向复杂化、虚拟化和冷漠化。2017 年 11 月，16 岁尖子生因班主任对他要求较严格，26 刀把班主任刺死；2018 年 1 月，江西一中学女生因被怀疑其向老师举报同学抽烟，被 7 名同学踩踏踢打；2018 年 6 月，甘肃 19 岁女孩

---

① 孙中山 . 孙中山全集（第 11 卷）[M]. 北京：中华书局，2006：407.

② ［美］内尔·诺丁斯 . 培养有道德的人：从品格教育至关怀伦理 [M]. 汪菊，译 . 北京：教育科学出版社，2017：105.

③ ［美］弗吉尼亚·赫尔德 . 关怀伦理学 [M]. 苑莉均，译 . 北京：商务印书馆，2014：59.

④ ［英］伊恩·伯基特 . 社会性自我：自我与社会面面观 [M]. 李康，译 . 北京：北京大学出版社，2012：190.

⑤ ［英］塞缪尔·斯迈尔斯 . 品格的力量 . 文轩，译 . 北京：中国书籍出版社，2017：49.

⑥ 联合国教科文组织国际教育发展委员会 . 学会生存——教育世界的今天和明天 [M]. 华东师范大学比较教育研究所，译 . 北京：教育科学出版社，1996：195.

跳楼自杀身亡，围观人群冷漠、麻木，为其不快点跳楼而焦急、不耐烦；2019年4月，甘肃14岁少年因被同学怀疑其拿张某的耳机，被同校5名学生围殴致死；2019年10月，四川一初中男学生因违反学校规定受班主任教育，持砖头在教室猛砸老师头部至其重伤住院。还有，儿子向奄奄一息的父亲发出的惊人质问："你到底死不死？我只请了七天丧假！"人格是相等的，尊重也是双向的，一旦失去宽容、理解、关爱、善意，人与人之间的距离也就越来越远。

网络非关怀话语的任意传播。2018年6月，南京摔狗者妻子因难以忍受网上的骚扰、威胁，选择"割腕为狗偿命"；2018年8月，四川女医生因泳池的一个冲突，不堪网络暴力而自杀身亡；2019年3月死于空难的女大学生，隐私被键盘侠们扒得精光，并被进行人身攻击；2019年5月广州奔驰女司机闯红灯后各种个人信息、隐私均被网友扒出。现在的网络语境，有时是愈是善良的网友，愈遭受欺凌；愈是善意的评论，愈遭诋毁。我们不排除社会舆论对"不文明行为"的积极一面，但是如果站在虚伪的道德制高点，而对当事人实行匿名攻击和语言暴力，这本身就是暴力。

人工智能引发关怀伦理弱化。人工智能的数理逻辑思维、算法计算增强了推理论证的事实逻辑，现在已有越来越多的人借助AI搜集资料、编写材料以辅助复杂化的学习及工作，这在增强工作效率的同时，不仅可能弱化人的思维活动的自主性，还可能排斥了人的主观的直觉思维，引发选择与决策风险，削弱了事物之间的有机整体联系，弱化了人的逻辑判断能力和情感思维能力。人工智能模拟并逐渐替代人类感知能力，如，人们现在无智能导航已寸步难行，人们已习惯通过微信信息、语音或视频来沟通和交流工作任务，即便在同一个单位、甚至在隔壁办公室。不可否认，人工智能为我们的生活和工作带来极大便利，但有可能同时弱化了人类的天然的、丰富的、整体的感知能力。同时，人工智能在改善人与人的交往关系的同时，减少了人与人之间的直接接触机会，人与人之间自然的、面对面的直接陪伴与交往时间和机会被忽视和减少，导致抑郁症患者增多、青少年学生自杀、手机带娃、智能辅导作业等现象不断增多，给个人和社会发展带来的伦理风险不可小觑。

社会文明行为受到挑战。高铁、列车上的霸座，人行道隔离栏上晒香肠，"景区杀手"，公共场地随地吐痰，资源的过度使用，水土流失，大气的污染，环境的破坏等。这一切都提醒我们，对人的尊重、对社会的尊重和对自然的尊重缺一不可。2019年，全国道德模范人物58位，其中包括助人为乐、见义勇为、诚实守信、敬业奉献和孝老爱亲，彰显优良的社会主义道德和社会主义核心价值观的实践品质。人类命运共同体的提出，希冀“持久和平、普遍安全、共同繁荣、开放包容、清洁美丽”[①]的世界建构，表明对人类前途和命运的深切关注，其自始至终“体现着一种向善共生的伦理指向和团结互助的道德逻辑——‘人道’的伦理精神。‘人类如何在一起？’‘我们如何共存？’这一问题的忧思本身就是一个伦理的思考，本身就具有人道的意蕴”[②]。这一切毋庸置疑，新时代社会使人们对关怀品格充满亟需。

3. 关怀品格的培育亟需系统的理论建构

“人的品格——这里指的是最好的品格——不会自发形成，是要经过一番努力的，要经过不断的自我审视、自我约束、自我节制的训练。”[③]关怀品格具有自身的内涵、结构、特征、价值及语境，是需要通过道德努力才能实现的品格。“如果关怀是道德生活的基础，那么培养关怀素养的教育就是极其重要的了。”[④]那么我们需通过人为的措施，如公开的教导或私人的教育，来增强这种道德，维护他人利益约束自我行为，发生荣誉感和义务感。因此，关怀品格的培育需要系统的理论建构。

中国、外国文化都蕴含丰富的关怀思想。儒家“仁”，墨家“兼爱”，道家和谐，佛家慈悲，蔡元培“博爱、自由、平等”，陶行知“爱满天下”，梁漱溟关怀人生、社会与自然；亚里士多德的善、大卫·休谟的德与同情、艾里希·弗洛姆的人道主义伦理学、卡尔·罗杰斯的共情、亚伯拉罕·马斯洛的需求层次理论和完美人格、内尔·诺丁斯和弗吉尼亚·赫尔德的关怀伦理。这些丰富的关怀思想无疑为关怀品格的培育奠定了扎实的理论基础。关怀品格的培育需要个人、学校、家庭、社会和政府的通力协作。个人的主观能动性是其自身素养养成的关键因素，关怀品格的养成或提升过程，可看作是自我实现的过程，即“人达到和谐，完整，自由的主观感受，人可以满意地发挥作用”[⑤]。人与社会从来就没有分离过，离开人，社会不复存在；离开社会，人不成为人。“按照马克思主义本身的逻辑，假如马克思要谈未来社会培养目标问题，应是：道德完善的（体

① 习近平．共同构建人类命运共同体——在联合国日内瓦总部的演讲[N]. 人民日报，2017-1-20（1）.

② 马东景，李杰．人类命运共同体理念的伦理价值[J]. 湖南科技大学学报（社会科学版），2019，（4）：113.

③ [美]马斯洛．马斯洛人本哲学[M]. 成明，译．北京：九州出版社，2003：297 － 298.

④ [美]内尔·诺丁斯．始于家庭：关怀与社会政策[M]. 侯晶晶，译，北京：教育科学出版社 2006.22.

⑤ [美]马斯洛．马斯洛人本哲学[M]. 成明，译．北京：九州出版社，2003：307.

力、智力）‘全面发展’的个人。”[①] 学校教育对个人的修养作用历来均受重视，如何避免侧重知识、忽略心灵，而关注两者的有机统一，一直是教育界探索的问题。“我们总的教育目的是鼓励有能力、关心人、懂得爱人也值得别人爱的人的健康成长。”[②] 而有论者认为家庭在个人的人生成长作用中甚于学校、社会，姑且不评论此观点的偏颇，但足以证明家庭教育的不可忽视地位。“孩子的发展能力取决于父母的发展。”[③] “对于关怀的回应是关怀伦理的一个核心内容,这种能力是在最佳家庭和学校里培养起来的。”[④] 无论如何,家庭对于关怀品格的培育地位不可忽略。与此同时，政府更是道德价值导向的保障，关怀品格的政策导向、舆论氛围离不开政府的相关决策支持。

（二）研究的意义

1. 理论价值

（1）构建关怀品格的理论体系

本书进行了大量的关怀品格理论源流的文献梳理，厘清关怀与品格相关概念，界定与诠释关怀品格概念，多维度构筑关怀品格结构，多方面分析关怀品格特征，剖析关怀品格教育功能，探讨关怀品格未来走向，形成完善的关怀品格理论体系，为后续关怀道德培育提供理论借鉴。

（2）建构关怀品格培育的理论支撑范式

本书从家庭、学校、社会及自我四个维度提出并建构了关怀品格的生成路径，形成了关怀品格生成的理论支撑范式，为学校与政府的关怀品格培育提供了理论依据。

2. 实践价值

（1）解决目前关怀品格研究不足问题

本书在研究关怀品格理论体系的基础上，梳理大量的文献资料，考察关怀品格面临困境，对其困境进行归因分析，解决目前关怀品格研究不足的问题。

---

① 陈桂生 . 人的全面发展理论与现时代 [M]. 上海：华东师范大学出版社，2012：232.

② ［美］内尔·诺丁斯 . 学会关心——教育的另一种模式 [M]. 于天龙，译 . 北京：教育科学出版社，2011：15.

③ 马克思恩格斯全集（第 3 卷）[M]. 中共中央马克思斯恩格斯列宁斯大林著作编译局编译，北京：人民出版社，2002：498.

④ ［美］内尔·诺丁斯 . 始于家庭：关怀与社会政策 [M]. 侯晶晶，译 . 北京：教育科学出版社，2006：207.

（2）提供关怀品格提升的方法论指导

本书构建了“家庭、学校、社会及自我”四位一体的完善的、可操作性强、可持续发展的关怀品格培育机制，为公民关怀品格的提高提供了方法论指导。

二、国内外研究现状述评

（一）国外的研究

1. 国外研究的文献统计

（1）国外期刊文献统计

据知网外文文献（1914 年—2019 年），结合选题与现有研究情况，将检索目录分四种：一是以 care 为篇名，分别匹配 virtue 和 character；二是以 caring 为篇名，分别匹配 virtue 和 character；三是以 ethic of care 为篇名；四是以 caring 为篇名，匹配 ethic。以 care 和 virtue 为检索词，有论文 81 篇；以 care 和 character 为检索词，有论文 76 篇；以 caring 和 virtue 为检索词，有论文 28 篇；以 caring 和 character 为检索词，有论文 19 篇；以 ethic of care 为检索词，有论文 1396 篇；以 caring 和 ethic 为检索词，有论文 285 篇，合计 1885 篇。具体分布情况如图 1 所示。

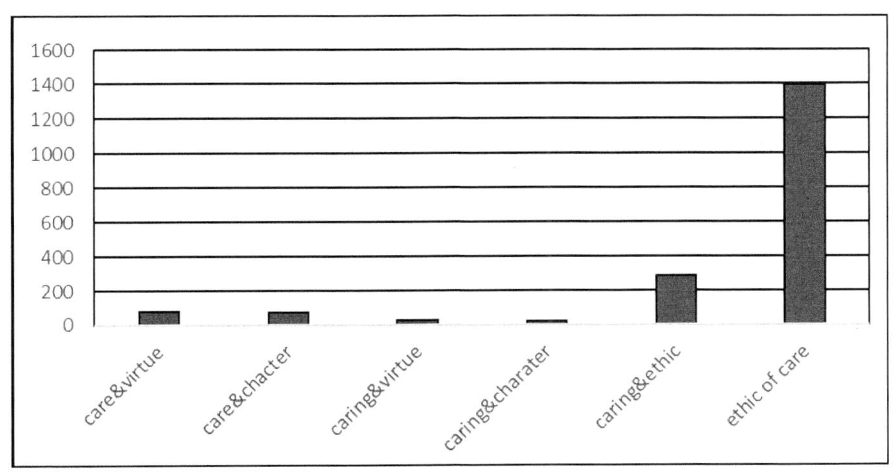

图 1　1914 年—2019 年国外发表的相关文献分布情况图（单位：篇）

（2）国外著作统计

笔者统计相关的外国专著有近百部。已有的译著，如：卡罗尔·吉利根

(Carol Gilligan)《不同的声音：心理学理论与妇女发展》(肖巍译，1999)；内尔·诺丁斯 (Nel Noddings)《学会关心——教育的另一种模式》(于天龙译，2011)、《始于家庭：关怀与社会政策》(侯晶晶译，2006)、《关心——伦理和道德教育的女性路径》(武云斐译，2014)及《培养有道德的人：从品格教育到关怀伦理》(汪菊译，2017)；弗吉尼亚·赫尔德 (Virginia Woolf)《关怀伦理学》(苑莉均译，2014)；瓦尔特·施瓦德勒 (Walter Schweidler)《论人的尊严——人格的本源与生命的文化》(贺念译，2017)；塞缪尔·斯迈尔斯 (Samuel Smiles)《品格的力量》(文轩译，2017)；瑞安·涅米耶克 (Ryan M. Niemiec)《品格优势：六大维度解析品格的奥秘》(赵昱鲲，段文杰译，2022)；等等。

现有的相关外文专著，如：Alexandre Lefebvre(2018) 的《人权与自我关怀》(*Human Rights and the Care of the Self*)，Carla Mooney(2018) 的《全球化：我们关心遥远事件的原因》(*Globalization:Why We Care About Faraway Events*)，Alan Blum,Stuart J. Murray(2016) 的《关怀伦理：道德知识，沟通和照顾艺术》(*The Ethics of Care:Moral Knowledge,Communication,and the Art of Caregiving*)，Marian Barnes,Tula Brannelly 等 (2015) 的《关怀伦理：国际视野中的重要进展》(*Ethics of care:Critical advances in international perspective*)，Mary Jeanne Larrabee(1992) 的《关怀伦理：女性主义和跨学科视角》(*An Ethic of Care:Feminist and Interdisciplinary Perspectives*)，Michael Slote(2015) 的《教育和人类价值：融合关怀伦理与才能》(*Education and Human Values:Reconciling Talent with an Ethics of Care*)，Christine M.Koggel,Joan Orme(2013) 的《关怀伦理：新理论与应用》(*Care Ethics:New Theories and Applications*)，等等。

2. 国外研究的主题与进展

(1) 关怀概念的界定

在西方，“关怀”作为一种概念被认为首先出现在马丁·海德格尔 (Martin Heidegger) 著的《存在与时间》(1927) 一书中，把“Sorge”译为“关怀”。关怀作为人的一种存在状态，是做事时必须考虑的一种方式，蕴含怜悯、担心和痛苦等意思。从现有的相关译著看，英语“care”与“caring”有两种不同的翻译，一是将其译为“关心”，二是将其译为“关怀”。米尔顿·梅尔奥夫 (1971) 认为最严肃意义上的关怀就是帮助他人成长，帮助他人实现自我。内尔·诺丁斯的《学会关心：教育的另一种模式》一书指出：“关心意味着一种关系，它最基本的表现是两个人之间的一种连接或接触。两个人中，一方付出关心，另一方接受关心。”[①] 她在《关心：伦理和道德教育的女性路径》一书中认为：“关心意味着负有保护或维持某人或某事的责任，使他幸福。”[②] 她在《始于家庭：关怀与社会政策伦理关怀》一书中指出，伦理关怀是一种需要道德努力的关怀，要求道德主体“进行伦理与逻辑的慎思”，然后作出选择和行动。弗吉尼亚·赫尔德的《关怀伦理学》则认为，关怀是一种价值，关怀注重实践，“重视人和人之间的关系和善解人意”[③]。理查德·菲利普斯指出关怀包括承诺或兴趣和关注的品质，也即谨慎。[④]

（2）基于女性视角的关怀研究

从 20 世纪 80 年代起，卡罗尔·吉利根 (Carol Gilligan) 的《不同的声音》(1982) 首次从女性的视角提出关怀伦理概念，提出与柯尔柏格公正取向相对的关怀道德发展理论。两年后，女性主义关怀伦理学体系的创立者内尔·诺丁斯的《关心：伦理和道德教育的女性视角》则赞同关心关系是伦理的基础，而关系则是关心的本体性基础，人类存在的基本事实是人类的相遇以及随之而来的情感回应，关系由关心者和被关心者双方组成。关心可分为自然的关心，即有意识或无意识地表现出的善；伦理的关心，即作为关心者所处的关系，为我们提供道德的动力；关怀伦理学关注如何道德地与他人相遇，保护相遇者的独特性；专注于道德教育，依赖于伦理思想的强度和敏感性，即使是在追求个体的善良方面依然相互依赖。诺丁斯的关怀伦理理论的特点在于在关系中赋予主观性以正确的位置，将快乐作为人类的基本情感。Mary Jeanne Larrabee(1992) 的《关怀伦理：女性主义和跨学科视角》(*An Ethic of Care*：*Feminist and Interdisciplinary Perspectives*）一书对吉利根的“不同的声音”进行探讨，探讨女性特征在道德理论上的需要，对男性与女性之间道德差异开展研究，批判带颜色的性别文化，分析女性的理性与男性的美德，主张超越性别差异，解放关怀。Sheryl Conrad Cozart,Jenny Gordon 使用女性关怀框架解决如何使社会基础与教师教育相关，主张教师在社会基础课程中使用女性关怀来帮助学生审视和

① ［美］内尔·诺丁斯．学会关心——教育的另一种模式 [M]. 于天龙，译，北京：教育科学出版社，2014：33.

② ［美］内尔·诺丁斯．关心——伦理和道德教育的女性路径 [M]. 武云斐，译，北京：北京大学出版社，2014：2.

③ ［美］弗吉尼亚·赫尔德．关怀伦理学 [M]. 苑莉均，译．北京：商务印书馆，2014：99.

④ Richard Phillips.Curiosity:Care,Virtue and Pleasure in Uncovering the New[J].*Theory*,Culture & Society,2015,(3):149.

重新构思自己关于关心社会变革的观点。①

（3）关于关怀与伦理的研究

关怀与伦理的研究可分为关怀与美德的研究、关怀与正义的研究和基于关怀的道德教育研究。

第一，关怀与美德的研究。关怀与美德的研究主要可分为两个方面：关怀是女性主义美德。如 Tong R. 认为关怀是女性主义美德，女性主义美德伦理与正义伦理、叙事伦理、关怀伦理和德性伦理区分开来，通过关注与性别相关的问题，研究主张真正的关怀和真诚的美德可以、只有在尊重和考虑所有人的社会中才能蓬勃发展。② 关怀不等同于美德。Allmark P. 提出关怀不是美德，而是美德涉及正确的关怀。③Raja Halwani 认为关怀伦理应纳入德性伦理之中，将关怀视为重要的美德。这样做可以实现两个理想的目标：一是保留关于关怀伦理的重要性，如坚持特殊性、偏袒性、情感参与以及关怀对我们道德生活的重要性；二是明晰关怀并不忽视正义，也并不拒绝包含任何可以监管的机制。④Maureen Sander-Staudt(2006) 建议美德伦理（VE）和关怀道德（CE）之间的理论合作模式保持其全面性，允许 CE 增强 VE，并通过它来加强 CE，并使 CE 对其他合作开放。⑤Dave Chang，Heesoon Bai 则强调关怀道德崇尚主体间性和互惠性，而美德伦理却为了自己的利益而承诺崇高的理想，反思传统的观点和实践可以促进关怀和道德伦理的整合，减轻关怀关系中断的风险，同时最大限度地减少个人对道德偏见的可能性，将互惠和美德理解为互相渗透的相互关系。⑥

第二，关怀与正义的研究。Robert Taylor 对道德和政治哲学中关于关怀伦理和正义伦理的相对美德的辩论进行了第一次以经济学视角的分析，提出了一个正式的关怀过程模型，其参数包括许多与关怀、正义争辩直接相关的项目，例如男性和女性的平均工资水平，需要关怀的人口数量，以及发现和关怀给有

① Sheryl Conrad Cozart,Jenny Gordon.Using Womanist Caring as a Framework to Teach Social Foundations[J].2006,(1):9.

② Tong R.The ethics of care:a feminist virtue ethics of care for healthcare practitioners[J].The Journal of medicine and philosophy,1998,(2):131.

③ Allmark P.Is Caring a Virtue?[J]. Journal of advanced nursing,1998,(3):466.

④ Raja Halwani.Care Ethics and Virtue Ethics[J].Hypatia,2003,(3):161.

⑤ Maureen Sander- Staudt.The Unhappy Marriage of Care Ethics and Virtue Ethics[J]. Hypatia.2006,(4)：21.

⑥ Dave Chang,Heesoon Bai.Self-with-other in teacher practice:a case study through care,Aristotelian virtue,and Buddhist ethics[J].Ethics and Education，2016,(1):17.

需要的人带来的益处。[①]Botes A. 指出医疗保健专业人员在他们的道德决策中，只使用正义伦理和关怀伦理中的一种，某些伦理困境几乎肯定会一直没有得到解决。因此，公平和平等对待所有人（来自正义伦理）和这种治疗的整体性、情境性和以需求为中心的性质（来自关怀伦理）应该保留综合应用于正义和关怀的道德规范。[②]SOILE JUUJÄRVI 通过对实践护理、学士学位社会工作和执法学生两年的调查，结果表明，在参与者中，34% 的研究对象在关怀论证过程中取得进步，48% 的研究对象在正义论证过程中取得进步；社会工作和护理学生在关怀论证过程中取得进步，所有小组都在正义论证过程中取得进步，仅有一位参与者（占 1.7%）在关怀论证过程中倒退。在内部一致性方面，关怀和正义论证是平行的，并且它们彼此正相关。调查结果表明，关怀论证遵循发展顺序，涉及三个主要水平和两个过渡级别：主要水平包括自我关心（1 级），照顾他人（2 级）和平衡照顾自我和他人（3 级）。[③]

第三，基于关怀的道德教育研究。一是探讨关怀伦理与品格教育的异同。诺丁斯的《培养有道德的人：从品格教育到关怀伦理》（2002）一书探讨了关怀伦理与品格教育的异同，认为关怀伦理与品格教育都属于道德范畴。品格教育的理论属于美德伦理学，承认道德准则的作用，关怀理论则以关系为中心，而非以行为者为中心；品格教育以强制方式灌输给学生，关怀理论采取故事等教育方式来引导。因此，诺丁斯主张以关怀理论作为道德教育的新方式，从而使道德教育由榜样、对话、实践和认可四个组成部分构成。学校教育的首要义务是让关怀在教育结构、在学校关系、在课程中清晰体现出来，以对话、故事等方式培养能够关怀他人、有能力、有爱心同时也值得别人爱的人。Sue Winton(2008) 将关怀关系和批判性民主教育视为社会公正替代传统品格教育的承诺。[④] 二是基于关怀的德育教学。Ilke Oruc，Muammer Sarikaya (2011) 从关怀伦理的角度阐述德育教学，通过故事进行对话，为学生提供“置身于”角色的机会，连接学生的人际关系经历，在关系挑战或争论中，学生们详尽地讲解故

① Robert Taylor.The ethic of care versus the ethic of justice: an economic analysis[J].Journal of Socio-Economics,1998,(4):479.

② Botes A.A comparison between the ethics of justice and the ethics of care[J].Journal of Advanced Nursing,2000,(5):1071.

③ SOILE JUUJÄRVI.The ethic of care development:A longitudinal study of moral reasoning among practical- nursing,social-work and law-enforcement students[J].Scandinavian Journal of Psychology,2006,(47):193.

④ Sue Winton.The appeal(s) of character education in threatening times:caring and critical democratic responses[J].Comparative Education,2008,(3):305.

事如何促进他们的学习以彼此关心。[①]Maaike Hermsen，Petri Embregts(2015) 指出社会工作专业学生的道德发展和同一性已被证明在关怀教育中得到了加强，提出从伦理的角度阐述反思实践的重点在于体制背景下的关系和关系能力的互惠。[②]三是关怀与道德生活及社会政策的研究。同时，诺丁斯在《始于家庭：关怀与社会政策》(2002)一书中主张关怀是人类生活中的一个基本要素，关怀作为一种道德取向是不限于一个领域或一个性别的。她对关怀进行了现象学的分析，讨论了为何需要关怀，关怀可取得何种成就，并充分讨论了道德生活和社会政策，认为学校和家庭是教育的核心。弗吉尼亚·赫尔德的《关怀伦理学》(2006) 一书认为关怀伦理学是一种独具特性的道德理论或方法，其主要研究人与人之间的相互关系而非个人的倾向气质；关怀既是实践的价值，同时又是一系列价值的价值观；关怀者依据适当动机对他者作出反应以提供关怀，并依据关怀效果调适其参与的关怀实践活动；关怀与正义之间能够实现融会贯通，以关爱方式来思考社会是完全适当的，关怀及其相关价值观能够显现最全面和令人满意的道德模式，解释权力、关怀和法律的范畴；研究伦理学对于政治和社会问题、国家之间关系和全球文明性的含义。

(4)基于关怀的教学研究

第一，关怀视角的教育模式研究。诺丁斯的《学会关心：教育的另一种模式》探讨了以关心为核心的教育新模式。她主张学校课程围绕关心来重新组织，教会学生学会关心自我，关心他人，关心动物、植物，关心自然环境，关心人类创造的物质世界和精神世界；同时，教育不仅要教育学生学会竞争，更要学会关心，教育的目的是培养有能力关心他人、关爱他人、并受到别人关爱的人。Franziska Vogt 研究小学教师在教学中的关怀观念，并讨论了关怀伦理在教学中的相关性。在教学中关怀可以通过以下几种方式来理解：作为责任的关爱、作为关系的关爱、作为身体护理的关爱、表达喜爱的关怀、教养的关爱和作为母性的关爱。[③]Lynn H.Doyle,Patrick M.Doyle 指出建设关怀共同体的学校需要结合学校中每个人的关心创造一种关怀的学校文化，并将关怀作为课程的一个组成部分，采用元认知的策略，研究设计一个程序关注五个关键活动的模型

---

① Ilke Oruc; Muammer Sarikaya.Normative stakeholder theory in relation to ethics of care[J]. Social Responsibility Journal,2011,(3):381.

② Maaike Hermsen,Petri Embregts.An Explorative Study of the Place of the Ethics of Care and Reflective Practice in Social Work Education and Practice[J].2015，(7):815.

③ Franziska Vogt.A Caring Teacher:explorations into primary school teachers' professional identity and ethic of care[J].Gender and Education，2002，(3)：251.

以教会关怀：一是建立强大的公平政策；二是赋权团体；三是在教室中进行教学关怀；四是关心学生；五是受到学生的关心。[①] 第二，关怀视角的学科教学研究。Brian White(2003)、Thomas Falkenberg(2005)、Amy J.Hackenberg(2010) 研究了关怀在数学、英语教学与学习中的应用。第三，关怀视角的教育价值研究。Michael Slote(2015) 在《教育和人类价值：融合才能与关怀伦理》(*Education and Human Values:Reconciling Talent with an Ethics of Care*) 一书中指出只有通过关怀伦理教育的学生才会彼此敏感，才能以一种方式很大程度上削弱教育机构和实践的负面心理影响，这些教育机构和实践承认一些学生具有更大的才能或创造力。第四，关怀视角的教师研究。Constance M.Perry 从教师关怀的视角探讨了教师教育的问题与启示。[②]Jason J.Teven 认为教师关爱与情绪疲惫、人格解体、个人成就丧失和神经质主义有负相关，同时与自信、认真、工作满意度和动机有正相关。[③]Brandelyn Tosolt 的研究指出，因阶级、性别、文化和其他差异，学生对关怀教师行为的认知会产生差异。[④]Barbara Jo McKinley Bennett(2011) 在其《城市学校的关怀伦理》一书中，将访谈集中于教师和学生如何体验关怀，并揭示教师和学生如何定义关怀实践。通过调查，发现教师和学生都有需要，甚至渴望联系，研究结果为课堂实践、专业发展、学校领导和决策实践、学校文化、技术使用和学校整体表现提供了现实意义。

（5）基于关怀的社会研究

第一，基于私人与公共道德的社会关怀研究。Scott D.Gelfand 主张正义可以被看作是关怀的一部分，关怀伦理可能比许多人认识到的作为一种全面的、独立的方式运作更有利于私人和公共道德。[⑤]Daniel Engster(2009) 的《正义的核心：关怀伦理和政治理论》(*The Heart of Justice:Care Ethics and Political Theory*) 一书，首先提供一个以实践为基础的关怀理论和义务理论，解释为什么个人应该关心他人。然后，系统展示关怀对于国内政治、经济、国际关

① Lynn H.Doyle,Patrick M.Doyle.Building Schools as Caring Communities：Why，What，and How?[J].The Clearing House,2003,(5):259-261.

② Constance M.Perry,Russell J.Quaglia.Perceptions of Teacher Caring：Questions and Implications for Teacher Education[J].Teacher Education Quarterly，1997,(2):75.

③ Jason J.Teven.Teacher Temperament:Correlates with Teacher Caring,Burnout，and Organizational Outcomes[J].Communication Education,2007,（3）:382-400.

④ Brandelyn Tosolt.Differences in Students'Perceptions of Caring Teacher Behaviors:The Intersections of Race,Ethnicity, and Gender[J].Race,Gender & Class，2008,(1/2):274.

⑤ Scott D.Gelfand.THE ETHICS OF CARE AND (CAPITAL?) PUNISHMENT[J].Law and Philosophy,2004,(6):593-614.

系和文化的含义，以更全面地描述关爱社会的制度和政策。Helena Olofsdotter Stensöta 指出公共关怀的道德观念对福利国家的公共行政是有用的，公共关怀伦理以及公共正义伦理两种伦理措施是补充而非矛盾的。[①]Marian Barnes (2012) 的《日常关怀：实践中的关怀伦理》(*Care in everyday life:An ethic of care in practice*) 一书认为关怀是私人生活和公共政策的基本价值。作者提出关怀对福祉和社会正义具有重要作用，并将女性主义关怀道德的见解应用于关怀工作，并关注个人关系；作者还着眼于"陌生人关系"，分析我们如何与我们生活的地方相关联，以及公众对社会政策进行审议的方式。第二，关怀对弱势群体的个性化服务研究。Kirstein Rummery 通过借鉴不同国家背景下的几种计划的比较，填补发达福利国家的残疾人和老年人提供关怀和支持服务的个性化发展计划，以开发一种借鉴女权主义理论和关怀伦理方法的分析检验：性别化政策结果和此类计划的影响；对个性化治理影响的女性主义分析；对性别分工的影响，特别是有偿和无偿护理工作之间以及不同群体有偿和无偿护理者之间的影响；关于个性化对残疾人和老年人以及护理人员的生活过程的影响的关怀伦理分析；讨论商业化、赋权、公民权和选择性关怀伦理学家的工作之间的关系。[②]

（6）基于关怀的卫生护理研究

第一，关怀在卫生护理中的积极作用。Janice M.Morse 认为需在以下五方面达成一致认识：关怀作为人的存在状态、关怀是责任抑或理想的道德、关怀属于情感、关怀是一种人际关系、关怀是护理措施。他还指出了关怀存在的两种结果：一是关怀是主体经验，二是关怀是病人的生理回应。研究结果为：涉及护理的关怀知识发展受限于关怀理论细化的缺失，关怀价值规范的缺乏，忽略从辩证的视角检验关怀，并且理论家和研究人员局限于对护士的关注而排除患者。[③]Mccance Tanya 主张用一种关怀的方式来评估以人为中心的护理，旨在说明关怀和以人为中心的概念之间的协同作用。他指出，有证据表明有效的以人为本的护理需要在他们生活中对专业人士、患者及其有重要意义的事件间形

---

① Helena Olofsdotter Stensöta.The Conditions of Care:Reframing the Debate about Public Sector Ethics[J].2010,(2):303.

② Kirstein Rummery.A Comparative Analysis of Personalisation: Balancing an Ethic of Care with User Empowerment[J].Ethics and Social Welfare,2011,(2):138.

③ Janice M.Morse,Shirley M.Solberg,Wendy L.Neander,Joan L.Bottorff,Joy L.Johnson.Concepts of caring and caring as a concept[J].Advances in Nursing Science,1990,(1):1.

成治疗关系，且这些关系建立在相互信任、理解和共享知识的基础之上。[①]Mary Kalfoss 以斯旺森中程关怀理论（描述特定的关怀水平，包括关爱的特征，人们的关怀和深切关怀的承诺，增强或抑制关怀和关怀与不关怀后果的条件，这个条件可以把探讨关怀概念的两篇文献综述的结果进行分类。）基于 29 篇研究文献，发现关心的人具有同情、知识、积极和反思等特点；关心和关怀潜在的责任是做正确的事情，连接、关注他人的经验，承认个人的尊严和价值，并在场；增强或抑制关怀的条件是情境约束、个性特征，沟通能力、健康问题和组织特征；关怀和非关怀行为的后果均包括病人、家人和护士的积极和消极情绪、精神、身体和社会成果方面。[②]第二，关怀对促进护理专业学生发展的积极作用。Yu-jie Guo，Lei Yang，Hai-xia Ji，Qiao Zhao 指出关怀被认为是护理的精髓，也是护理实践的核心，而积极的职业认同可以导致个人，社会和职业的满足。研究结果表明，护理专业研究生认为他们拥有积极关爱的品格，而他们的职业认同度处于较低水平。而护理关怀品格评估工具与护理专业学生的专业同一性量表之间存在显著的正相关关系，改进职业认同的策略是将关怀内化于教育过程，提出护理教育工作者应该更多地关注学生专业身份的形成，并将关怀作为其促成因素。[③]

（7）基于关怀的政治研究

M.Slote(2007) 的《关怀与移情伦理》（*The Ethics of Care and Empathy*）书中，认为以关怀为基础的观点可以为一阶道德和政治理论以及元伦理学提供很多服务。Yayo Okano 考察了关怀伦理对于男性主导的政治哲学特别是正义理论的三大挑战。关怀伦理为我们提供了一种新的道德和政治问题方法，因为它关注社会不公正，提出了一种关于自我的新观点，并将社会关系模式引入正义。[④]Bob Pease，Anthea Vreugdenhil，Sonya Stanford(2017) 的《社会工作中批判的关怀伦理：转变关怀的政治和实践》（*Critical Ethics of Care in Social Work:Transforming the Politics and Practices of Caring*）一书指出，关怀是一个政治和道德的概念，关怀有可能审问权力关系，并成为对与人权和社会正义有关

① Mccance Tanya,Slater Paul,McCormack Brendan.Using the caring dimensions inventory as an indicator of person-centred nursing[J].2009,(3):409.

② Mary Kalfoss,Jenny Owe Cand.Building Knowledge:The Concept of Care[J].Open Journal of Nursing,2016,(6):995.

③ Yu-jie Guo，Lei Yang，Hai-xia Ji，Qiao Zhao. Caring characters and professional identity among graduate nursing students in China-A cross sectional study[J].Nurse Education Today,2018,(65):150.

④ Yayo Okano.Why Has the Ethics of Care Become an Issue of Global Concern？ [J].International Journal of Japanese Sociology,2016,(25):85.

的新兴重要社会工作进行激进政治分析的工具。书中重新构想社会工作与关怀的关系，社会工作的责任分为“关怀的责任”或“去关怀的责任”，关怀与正义是社会工作中重要关怀伦理的两个方面，并提出借助关怀的重要伦理从个人责任到集体责任重新思考自我关怀。

第一，基于关怀的意识形态研究。R.Eliasson Lappalaine，I.Nilsson Motevasel 指出女性与关怀伦理之间没有语境联系，研究政治和意识形态关系如何影响关怀内容和质量。[①]Fiona Robinson A.(1999) 的《全球性的关怀：伦理、女性主义理论和国际关系》(*Globalizing Care:Ethics,Feminist Theory,And International Relations*) 基于关怀伦理重新思考国际伦理，批判性重估国际伦理传统，在全球社会关系与排斥中迈向关键的关怀伦理，并分析在国际关系中的关键关怀伦理。Virginia Held 在处理当代种族冲突和暴力问题时，以政治和道德理论来处理其不足之处，而关怀的道德理论更具希望。[②] Bryson Stephanie A. 植根于承认的政治理论，认为关怀伦理通过关注个人的独特性和‘整体特殊性’来应对危机，拒绝把冷漠与国家政治景观联系起来。[③] 第二，基于关怀的政策研究。Stensöta 促进公共道德关怀概念（PEC）的研究，旨在把它作为一般公共道德，从而将关怀伦理的范围扩大到迄今未被视为以关怀为导向的政策领域，例如执法政策、监狱管理以及作为住房、基础设施和环境的政策，并展示了 PEC 在实践中如何重塑关注点。[④] 第三，基于关怀的法律研究。Botes A. 分析如何在司法决策制定过程中将正义道德与关怀道德相辅相成？提出正义道德和关怀道德应该相互补充并相兼容。[⑤]Weiting Tao，Sora Kim 以法律战略以及司法应对公共关系存在缺陷，而以关怀方法伦理来调查组织的危机应对，可以帮助组织重建危机后的声誉并长期保持与公众的积极关系。[⑥]

---

① R.Eliasson Lappalaine.I.Nilsson Motevasel.Ethics of care and social policy[J].International Journal of Social Welfare,1997,(6):189.

② [美] 弗吉尼亚 · 赫尔德 . 关怀伦理学 [M]. 苑莉均，译 . 北京：商务印书馆，2014：221-246.

③ Bryson Stephanie A .An ethic of care? Academic administration and pandemic policy[J]. Qualitative Social Work,2021,(20): 632-638.

④ Stensöta.Public Ethics of Care—A General Public Ethics[J].Ethics and Social Welfare,2015,(25):85.

⑤ Botes A..Normative stakeholder theory in relation to ethics of care[J]. Curationis,1998,(3):19.

⑥ Weiting Tao,Sora Kim.Application of two under-researched typologies in crisis communication: Ethics of justice vs.care and public relations vs. legal strategies[J].Public Relations Review,2017,(4):690.

（二）国内的研究

1. 国内研究的文献统计

检索词为“关怀品质”的论文仅有 109 篇（检索截至 2019 年），为达到全面、准确了解现有研究现状的目的，以下的论文统计结合本书与“关怀”相关的主题进行系统统计。

（1）期刊论文统计与分析

国内期刊统计采用文献计量学分析方法，对知网中文期刊数据库进行检索（检索截至 2019 年）。结合已有研究的状况，本选题检索词分别为“人文关怀”“伦理关怀”“关怀伦理”“道德关怀”“社会关怀”“教育关怀”“关怀教育”、“关怀品质”，检索项为“篇名”，检索条件为“精确”，梳理与本书相关的研究成果。检索词为“人文关怀”，有论文 13138 篇；检索词为“伦理关怀”，有相关论文 159 篇；检索词为“关怀伦理”，有相关论文 157 篇；检索词为“道德关怀”，有相关论文 90 篇；检索词为“社会关怀”，有相关论文 117 篇；检索词为“教育关怀”，有相关论文 65 篇；检索词为“关怀教育”，有相关论文 281 篇；检索词为“关怀品质”，有相关论文 71 篇，合计相关论文 14076 篇。以下研究，基于原文文献，在定量研究的基础上对样本文献进行增长规律及关键词的分析。

第一，文献发表年度分布情况。根据检索结果，检索词为“教育关怀”，最早的论文发表于 1977 年，至 1994 年间发表的论文仅有 3 篇；检索词为“人文关怀”，第一篇论文发表于 1993 年，至 1994 年间发表的论文仅有 2 篇；其他检索词 1994 年前无论文发表。为此，以下论文根据以上检索词，统计从 1995 年起，统计情况如图 2：

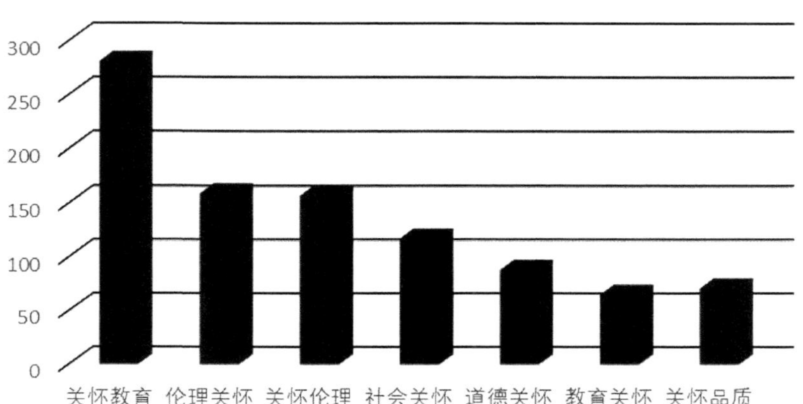

图 2　1995 年—2019 年国内发表的相关文献分布情况图（单位：篇）

其中，检索词为“人文关怀”的发表年度统计结果属极端数字，另列图，情况为图 3：

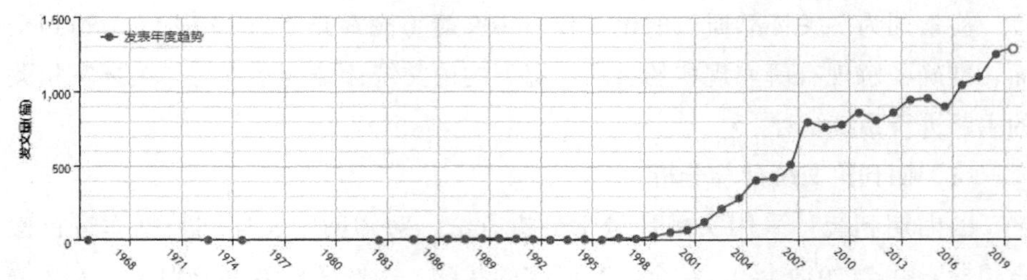

图 3　1962 年—2019 年国内发表的相关文献分布情况图

从以上两个图看，涉及关怀主题的论文呈递增长趋势，其中，2000 年前属萌芽阶段，2000—2007 年属起步阶段，2008 年至今属快速发展阶段。因此，以关怀为主题的问题仍是当今研究的重要议题。

第二，文献关键词的分析。通过对关键词的统计与分析，可进一步了解关怀的研究领域、研究对象及研究主要内容，有助于下一步的文献归纳。通过分析，其中，研究主要内容为：伦理关怀、人文关怀、人文关怀品质、人文关怀能力、人文关怀护理、道德关怀、教育关怀、社会关怀等；研究主要领域有医学、社会学、教育学、德育、政治教育和伦理学；研究对象有护理人员、学生、弱势群体、诺丁斯、马克思主义、社会等。

（2）学位论文统计与分析

第一，学位论文统计。学位论文同样采用以上方法进行统计，对知网中文期刊数据库进行检索。以“关怀”为题名，进行“精确”查找，共找到学位论文 1240 篇，其中以“关怀”为题名的博士论文 60 篇。具体年份分布情况如图 4：

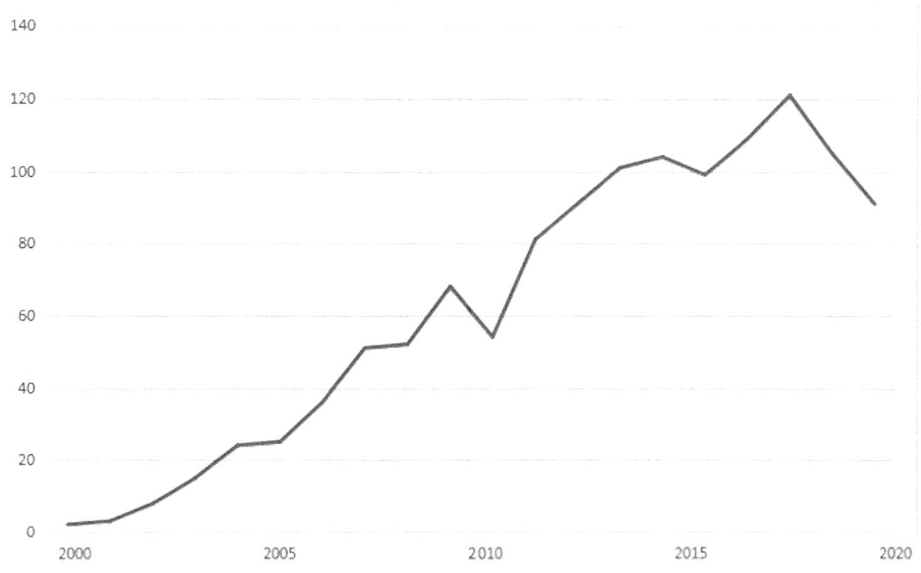

图 4 2000 年—2019 年相关学位论文分布情况图（单位：篇）

第二，学位论文主要研究对象与领域。根据检索结果，关键词为“人文关怀”的学位论文 439 篇，研究对象主要为护士与学生，研究领域主要为医学和思想政治教育；关键词为“思想政治教育”的学位论文 152 篇，研究对象主要为学生，研究领域主要为思想政治教育；关键词为“诺丁斯”的学位论文 48 篇，研究对象主要为学生与教师，研究领域主要为教育学与道德教育；关键词为“情感教育”的学位论文 37 篇，研究对象主要为学生与教师，研究领域主要为教育学、思想政治教育与道德教育；关键词为“道德教育”的学位论文 34 篇，研究对象主要为学校与学生，研究领域主要为道德教育；关键词为“关怀教育”的学位论文 32 篇，研究对象主要为教师与学生，研究领域主要为道德教育；关键词为“伦理关怀”的学位论文 34 篇，研究对象主要为教师与学生，研究领域主要为教育学、伦理学、社会学。

2. 国内研究的主题与进展

从现有的 14076 篇相关期刊论文、1240 篇硕士和博士学位论文和为数不多的相关著作（如侯晶晶（2006）的《关怀德育论》、沈晓阳（2010）的《关怀伦理研究》、梁德友（2013）的《关怀的伦理之维：转型期中国弱势群体关怀研究》、苏永刚（2013）的《中英临终关怀比较研究》、曾妮（2013）的《学会关怀》、寇东亮，等（2015）《人文关怀论》和王海霞（2017）的《马克思经济学人文关怀思想研究》等来看，可以发现国内的研究主要涉及以下研究主题：

（1）关于我国古代关怀思想的研究

在中国，古代儒家、道家及佛家等蕴涵有丰富的关怀思想。张岱年认为“中国古典哲学中确有许多思想可以说是关于终极关怀的思考”，他将终极关怀问题认定为“精神生活的最高追求”“最后的精神寄托”“精神生活的最高寄托”。[①] 郁万彩分析了先秦儒家文化的人文关怀：先秦儒家把“孝悌”作为家庭伦理的主要内容，要求每个家庭成员处理好家庭内部的伦理关系；家庭伦理是先秦儒家人文关怀、教育的基础，并由家庭伦理进一步扩展到社会伦理；以“孝悌”为根本的家庭伦理和以“忠恕”为内涵的社会伦理的有机结合，构成“内圣外王”的社会责任和历史使命的国家伦理。[②] 毛文凤研究“仁”与“礼”的双重关怀，揭示儒家终极关怀的双重走向。“仁”并非仅仅是一些具体的道德规范如“爱人”等，而是人生不可推脱的担当，生命存在的最终意义。人向着“成仁”而存在，以“仁”作为存在的目的和根据。与“仁”联系在一起，具有同等意义的是“礼”。“礼”并不局限于具体的制度和规范，它具有理想性，体现为价值评判的标准并成为价值的根源。[③] 曹小现分析了终极关怀问题，认为终极关怀是人们在对自己的存在及意义的无限追问和探究中所觉解到的一种能够托付整个身心的理想境界和状态。他把终极关怀归纳为三个方面：一是通过尽心、知性、知天而达到与天地合德的理想境界；二是通过立德、立功、立言而获得与圣贤比肩的不朽人生；三是通过传宗接代、继志述事而实现与身家（先祖的血统和基业）相继的永世传承。[④] 晏钶主张，道家生命关怀思想的核心是生命与自然、生命与社会，以自我实现对个体生命有限性的超越，从而实现人类社会的和谐发展。[⑤] 尚科指出，“天地合德”和“天人合一”是周敦颐和张载在对人的生存方式进行深入思考的基础上提出的极其重要的伦理道德思想，塑造了中华民族热爱和平、与人为善的民族品格，是中国传统道德思想追求的最终价值目标。这一思想有助于塑造中国人的仁爱忠恕美德构造中国人推崇和谐、友爱、互助的人生观念。[⑥] 赵峰研究了朱熹的终极关怀思想，认为终极关怀总

① 张岱年 . 社会科学战线 [J].1993，（1）：95-97.

② 郁万彩 . 先秦儒家文化的人文关怀 [D]. 福建师范大学，2004：3-10.

③ 毛文凤 . 近代儒家终极关怀研究 [D]. 华东师范大学，2004：20-32.

④ 曹小现 .《孝经》中的儒家终极关怀思想探析 [D]. 西藏民族学院，2014：5.

⑤ 晏钶 . 道家思想中的生命关怀及其对现代教育的启示 [D]. 南京师范大学，2006：7-16.

⑥ 尚科 . 宋初理学教育家的道德追求和价值关怀——以周敦颐、张载为例 [D]. 河南大学，2008：50-54.

是以追问人的存在、意义和终极命运为其主要内容，是人的精神生命的最高形式，是人的全部思想和行动的最底层的原动力，是对人的生存本身的无条件肯定，是为人的无限需求寻求彻底满足的生命投入，是对人的生存的根本问题予以终极解决的精神冒险。通俗地说，终极关怀就是一种信仰、一种追求、一种寻觅。[①]

综上所述可以看出，我国当代学者对中国古典文化的关怀主题研究多倾向于终极关怀、生命关怀等，以“孝悌”，“仁、礼”，“天地合德”与“天人合一”等作为关怀的主要内容和中国传统道德思想追求的最终价值目标，将它们看成是人的精神生命的最高形式。

（2）关于关怀内涵的研究

侯晶晶提出关怀道德教育，关怀道德教育的“关怀”是情感、理性、智慧的综合体，“关怀可能宜于作为道德学习的核心”[②]。沈晓阳将关怀理解为：“一种牵挂对方，为对方忧虑，愿意为之负责，并导向实际行动的普遍的道德情怀。”[③]梁德友认为：“关怀不仅是一种道德情感，更是人的一种生活方式、一种存在状态，它体现了人与人之间的伦理关系。”[④]

（3）关于人文关怀的内涵研究

徐金超指出，人文关怀的核心是指对人的精神价值和人性的根本关怀。人文关怀的宗旨是“助人自助”，促进人“充分的存在”，强调生存环境和主体自身自觉的自我调节和控制，实现自我完善和功能的充分发挥。[⑤]寇东亮等指出，“所谓人文关怀，就是人对人本身的自我关怀。作为一种理念，人文关怀是人文知识、人文思想、人文方法与人文精神的统一。它集中表现为，对人的生命和人的存在的关爱，对人的合理需求和生活质量的关心，对人的人格尊严和社会地位的关切，对人的理想追求和自我完善的关照，对人的发展前途和终极命运的关注”[⑥]。王海霞认为，人文关怀的内涵包含了人的生存状况、人的生命和健康、人的精神状态和人性的深切关怀；对人的情感、意志和价值的尊重；对人

① 赵峰.《朱熹的终极关怀》：导论 [J]. 国际儒学研究（第二辑），1996，（10）：231.

② 侯晶晶. 关怀德育论 [M]. 北京：人民教育出版社，2005：289.

③ 沈晓阳. 关怀伦理研究 [M]. 中共中央马克思恩格斯列宁斯大林著作编译局编译，北京：人民出版社，2010：62.

④ 梁德友. 关怀的伦理之维——转型期中国弱势群体伦理关怀研究 [M]. 南京：南京大学出版社，2013：35.

⑤ 徐金超. 人文关怀：当代思想政治教育的新取向 [J]. 湖北社会科学，2009，（8）：194.

⑥ 寇东亮，张永超，张晓芳. 人文关怀论 [M]. 北京：中国社会科学出版社，2015：14.

的基本权利的尊重和保护；对人的独立思想和人格尊严的尊重。[①]

（4）关于社会关怀的研究

第一，社会关怀的内涵。陈晶环等认为社会关怀的概念来源于西方国家的Social Care。社会关怀是一种社会行为、政治政策，体现了宏观社会结构对微观个体的需要、责任。关怀可分为发展性关怀和反思性关怀两种类型。[②]唐代虎等提出，社会关怀是一种行为，一种活动。社会关怀的定义就是关怀的主体（施予关怀者）对关怀的受体（接受关怀者）的一种主动或被动的行为。这种行为是义务性质的，没有回报的。[③]王新喜等指出，社会关怀实质是对人的关怀，因为人是社会的人，而没有人也就不存在社会。社会中最需要关怀的是弱势群体，除了依靠经济发展，还必须通过政治、法律、文化和思想道德的进步才能得到有效的解决。[④]第二，社会关怀的价值。张彦等指出，社会关怀的价值需要将马克思主义正义理念同中国相对贫困问题的实际结合起来，而不能直接照搬西方理论来研究中国的实际，对当代中国经济社会转型的特殊性和多元性的认识，不仅要从制度层面，而且要深入个体的意义研究。相对贫困的伦理关怀追求的是人的全面发展，包括人的身体素质、智力提升、自由个性和社会人的全面发展。[⑤]第三，社会关怀的内容。焦岚等指出，社会关怀中的关注、关心和关爱影响着大学生社会适应和心理生活质量的提升。社会关注是大学生心理生活质量提升的基础，社会关心是大学生心理生活质量提升的动力，社会关爱是大学生心理生活质量提升的保障。[⑥]张富良构建了对弱势群体社会关怀的体系层次，具体包括物质与生活关怀，精神、文化关怀和人文关怀。[⑦]第四，社会关怀的路径。杜振吉等提出以适当的手段和方式作为社会关怀的具体路径：通过社会救助满足弱势群体的物质需要；凝聚社会力量关心弱势群体的情感需要；运用心理疏导调节弱势群体的不良社会心态；实施教育支持提高弱势群体的竞争能力；

---

① 王海霞 . 马克思经济学人文关怀思想研究 [M]. 北京：光明日报出版社，2017：24.

② 陈晶环，叶敬忠 . 发展性关怀抑或反思性关怀？——对中国农村留守人口社会关怀研究的梳理与反思 [J]. 西北人口，2016，（5）：71-72.

③ 唐代虎，陈建明 . 宗教界社会服务与社会关怀概念之辨析 [J]. 天府新论，2013，（3）：99.

④ 王新喜，王险 . 马克思主义与社会关怀 [J]. 江汉论坛，2005，（11）：34.

⑤ 张彦，孙帅 . 论构建“相对贫困”伦理关怀的可能性及其路径 [J]. 云南社会科学，2016，（3）：7-12.

⑥ 焦岚，郭秀艳 . 社会关怀提升大学生心理生活质量 [J]. 教育研究，2014，（6）：117-121.

⑦ 张富良 . 如何构建对弱势群体的社会关怀体系 [J]. 中国特色社会主义研究，2002，（4）：50-51.

依靠制度关怀保障弱势群体的权利实现。①

（5）关于伦理关怀的研究

第一，伦理关怀的内涵。肖巍认为伦理关怀是一种德性的关怀，关怀由关怀方和被关怀方构成。关怀作为一种德性，是一种道德情感和一种道德认识的综合表现；关怀作为一种情境道德，是一种意志和由这种意志所支持的行为。他主张从关怀伦理学的角度将道德教育分为四个主要组成部分：榜样 (MODELING)、对话 (DIALOGUE)、实践 (PRACTICE) 和认可 (CONFIRMATION)。② 楚丽霞则认为关怀是一种道德情感，关怀伦理是一种情境伦理，表现为关怀人的感情、情绪和态度等，还表现为人与人的关系、相关人与情境的关系。③ 李玢认为，道德关怀是道德教育者基于关怀价值，促进道德接受者的和谐发展。④ 梁德友认为，伦理关怀的内容既是一种理性的关怀，又是一种情感的关怀；既是一种物质的关怀，又是一种精神、道德的关怀；既是一种理想的关怀，又是一种现实、具体的关怀；伦理关怀的维度包括物质、精神与道德三个维度。⑤ 杜振吉等将“伦理关怀”立足于人的需要和生存状况，尊重人的价值理念，促进道德价值的情感以及由此决定的行为实践，实现人的发展。因此，首先，伦理关怀是一种具有道德价值的情感表达和行为实践，由关注、关心和关爱三个相互关联的层面构成；其次，伦理关怀建立在尊重人价值的理念基础上；再次，伦理关怀须立足于人的真实需要和生存状况。对于弱势群体来说，他们需要“名副其实”“有的放矢”“雪中送炭”和“细致入微”的伦理关怀。⑥ 第二，伦理关怀的作用。楚丽霞提出伦理关怀在构建和谐社会中的重大实践意义：可以解决人际间存在的分歧问题，帮助建立相互间可信赖、可依恋的关系，实现和谐的道德生活。⑦ 陈喜林指出，伦理关怀在重视道德教育、道德教育目标的终极关怀、注重学生个体体验、加强道德教育环境整合等方面给我国的道德教育以启

① 杜振吉，孟凡平．论社会转型期的弱势群体伦理关怀 [J]. 河北学刊，2015，（6）：129-130.

② 肖巍．关怀伦理学：主题与思考 [J]. 教学与研究，1999，（3）：41-42.

③ 楚丽霞．关怀伦理的心理特征及应用价值 [J]. 道德与文明，2006，（3）：51-52.

④ 李玢．道德教育应重视关怀 [J]. 道德与文明，2002，（6）：55.

⑤ 梁德友．关怀的伦理之维——转型期中国弱势群体伦理关怀研究 [M]. 南京：南京大学出版社，2013：37-41.

⑥ 杜振吉，孟凡平．论社会转型期的弱势群体伦理关怀 [J]. 河北学刊，2015，（6）：127-131.

⑦ 楚丽霞．关怀伦理的心理特征及应用价值 [J]. 道德与文明，2006，（3）：54.

示。[①]第三，伦理关怀的建议。肖巍从关怀伦理学视角对学校如何进行道德教育提出了以下建议：教育的目的应当是培养有能力的、关怀的、爱人的人；满足相关的需要；放松对冲动的控制；取消纲要的等级制，为所有学生提供出色的纲要；每天至少有一部分时间从事关怀主题的活动；告诉学生在任何领域的关怀都需要有能力。[②]何霞萍主张教育制度管理与人文关怀的有机统一：注重制度管理，要尊重人、信任人，持“以人为本”的原则，并充分调动教师工作的积极性、主动性和创造性。[③]王东莉指出，德育人文关怀对于青少年德性的养成意义重大，主要表现为：培养道德情感、启迪理性自觉、引导精神自律和完善心灵和谐。[④]张瑞敏认为，德育人文关怀的理论与实践建构需要将道作为德育人文关怀的理论主线，将人作为德育人文关怀的主体定位，以情作为德育人文关怀的本体要素，以爱作为德育人文关怀的价值指向，以柔作为德育人文关怀的实践形式。[⑤]

（6）关于教育关怀的研究

关于教育关怀的研究主要分为普通教育的关怀和思想政治教育关怀两个方面：

第一，普通教育的关怀研究。袁丽认为，教育关怀应具有以下品质：同情、容忍和洞察学生发展的潜能。[⑥]余小茅指出，人文关怀是教育研究方法的价值取向，从教育学研究对象、教育理想、教育过程、教育方法四个方面阐明了教育研究宜取人文关怀。[⑦]何齐宗等认为，对教师的人文关怀包括关怀教师人性化、发展性、整体中的生命；教师人文关怀的特征表现为尊爱生命，彰显主体性，回归生活，追求崇高；人文关怀有助于促进教师职业和教师个体的发展；要从外在的人文环境和自我的人文关怀着手关怀教师。[⑧]彭兴蓬等认为，教育关怀的领域是关怀者就“教育”问题而展开的关心和支持，教育关怀的目的是通

① 陈喜林.诺丁斯关怀伦理对我国道德教育的启示[J].湖北社会科学，2009,（8）：153-155.

② 肖巍.关怀伦理学对西方道德教育领域的冲击[J].清华大学教育研究,1998,（2）：99-100.

③ 何霞萍.论教育制度管理与人文关怀的有机统一[J].教育理论与实践，2006,（6）：62-64.

④ 王东莉.德育人文关怀与青少年德性养成[J].当代青年研究，2007,（10）：43-48.

⑤ 张瑞敏.德育人文关怀的追寻、失落与建构[J].当代青年研究，2017,（5）：50-51.

⑥ 袁丽.论关怀主义教育哲学的教师观及其对教师教育的影响[J].教师教育研究，2013,（11）：19-24.

⑦ 余小茅.人文关怀：教育研究的别一种思考[J].教育科学，2002,（6）：18-19.

⑧ 何齐宗，沈辉香.论人文关怀与教师的发展[J].教师教育研究，2006,（6）：48-52.

过关怀让“被关怀者”获得健康的身心发展，教育关怀的实质是关怀者和被关怀者之间相互理解、对话、实践和互动的关系性品质。教育关怀具有自然性品质、伦理性品质、制度性品质和关系性品质。融合教育的教师关怀品质存在以下三方面的问题：理想与现实碰撞、角色与体制冲突、职业与情感迷失。融合教育的教师关怀品质的价值选择为：非歧视性的关怀、法律人和社会人的关怀、多元性和充分性的关怀。融合教育的教师关怀品质的模式构建：关怀平台的构建，包含初级关怀和充分关怀，具备充分关怀品质；关怀的实践性基础，表现为关怀的“敏感性”养成；关怀的关系性品质，包含对话和交往；关怀的伦理性和制度性的互构，体现为实现自然状态下的权利关怀。因此，关怀是一种道德和伦理，一种制度和规范，存在于人与人之间的关系中，为人与人之间交往和对话的桥梁。① 范伟伟将关怀教育与品格教育进行了比较，认为在教育内容方面，关怀教育是关系优先，培育伦理理想，建构维系关怀的关怀圈；在教学方法方面，关怀教育是真诚对话；在教育场所方面，关怀教育是始于家庭，全民参与。②

第二，思想政治教育关怀的研究。一是思想政治教育中人文关怀的内涵。谢芳芳指出，思想政治教育中人文关怀的内涵是：以人的本质和需要为前提，以尊重人的人格为基础，以确认人的主体地位为核心，以促进人的全面而自由发展为终极目标。③ 王东莉认为，马克思主义人文关怀的理论精髓包括：对人的需要、个性的尊重和重视，对人的自由、解放的执着追求，对人的全面发展的深刻论述；创造性地转化中国文化中的刚健有为、自强不息的人生精神，注重人格修养，追求至善至美的人生境界，推己及人、修己安人的道德伦常；合理吸收西方文化中宣扬人性、人权，反对神性、神权的人文思想，主张个性解放，反对禁欲主义，倡导科学理性，反对蒙昧主义，创造现实人生，反对神秘虚幻。④ 二是思想政治教育中人文关怀的意义。王滨等认为，人文关怀是思想政治教育良性运行的必要支撑，能够有效控制、有力助推、有效导向思想政治教育的良性运行。⑤ 韩华认为思想政治教育注重人文关怀是思想政治教育的价值

① 彭兴蓬，雷江华 . 教育关怀：融合教育教师的核心品质 [J]. 教师教育研究，2015，(1)：17-22.

② 范伟伟 . 新品格教育和关怀教育的差异及启示 [J]. 比较教育研究，2010，(1)：50-51.

③ 谢芳芳 . 思想政治教育人文关怀的内涵及其意义探析 [J]. 求实，2014，(S1)：193.

④ 王东莉 . 思想政治教育人文关怀的思想资源 [J]. 浙江学刊，2005，(3)：220-223.

⑤ 王滨，宋劲松 . 人文关怀：思想政治教育的创新思路 [J]. 思想教育研究，2008，(2)：14.

诉求、现实需要和创新基点。[①]孙瑛辉指出，思想政治教育与人文关怀高度契合，表现为：以“人”为价值主体，以“人的需要”为价值尺度，以实现“人的发展”为价值取向。[②]王东莉认为，思想政治教育的人文关怀价值指向人文精神，建设人本身，充分尊重人、理解人、肯定人、丰富人、发展人、完善人，促进人的全面发展。在全面建成小康社会的进程中，思想政治教育的人文关怀可以从三个方面来引导人们的人生价值取向：把对人生的思考导向伦理方面，提高人的道德境界，完善人的道德人格，实现对人的发展和社会发展的道德行为选择；把对人生的思考导向终极关怀，超越现实的物质追求，寻求人与人文精神上的沟通与契合；把对人生的思考导向于人类命运的关注，从全人类的发展高度来观照和协调人与人、人与社会、人与自然的关系。[③]陈思坤提出，思想政治工作注重人文关怀具有实践价值，应发挥人的主体作用，尊重人的个性差异，加强人的心理疏导，促进人的全面发展。[④]孙瑛辉主张思想政治教育要注重人文关怀的时代价值，是充分发挥本质功能的必然要求，是中国共产党发挥“生命线”作用的重要体现，也是凝聚中国力量、展示“中国精神”的现实需要。[⑤]三是思想政治教育中人文关怀的实践路径。孙瑛辉指出，思想政治教育注重人文关怀的实践路径是：坚持用马克思主义的“人”的立场引领多元化的人文资源，根据中国现阶段发展的国情确定人文关怀的具体内容，用现代化的思想理念来支撑和提升人文关怀的精神实质。[⑥]王滨等认为，人文关怀思想政治教育效用提升的有效路径为复归人性、回归生活、彰显个性、走向幸福。[⑦]徐金超提出了思想政治教育加强人文关怀的措施：转变观念，把人的全面发展作为思想政治教育的目标和根本；拓展内容，着力满足人们日益丰富的精神文

① 韩华.人文关怀视野下的思想政治教育[J].山西师大学报(社会科学版)，2008，(6)：41.

② 孙瑛辉.人文关怀：思想政治教育发展的重要维度[J].东北师大学报(哲学社会科学版)，2015，(2)：160-161.

③ 王东莉.论思想政治教育人文关怀价值建构的现实背景[J].浙江社会科学，2004，(6)：207-209.

④ 陈思坤.论思想政治工作注重人文关怀的理论渊源及实践价值[J].学术论坛，2009，(4)：79-80.

⑤ 孙瑛辉.人文关怀：思想政治教育发展的重要维度[J].东北师大学报(哲学社会科学版)，2015，(2)：161.

⑥ 孙瑛辉.人文关怀：思想政治教育发展的重要维度[J].东北师大学报(哲学社会科学版)，2015，(2)：162-163.

⑦ 王滨，宋劲松.人文关怀：思想政治教育的创新思路[J].思想教育研究，2008，(2)：14-15.

化需求；创新方法，不断增强思想政治教育的吸引力和实效性。[①]韩华提出了思想政治教育注重人文关怀的路径选择：加强理念引导，用马克思主义引领多元化的人文关怀思想资源，突出主体保障，使人文关怀立足于尊重人、关心人、理解人，强化制度支撑，把人文关怀渗透到制度设计之中，注重实践养成，把人文关怀融入日常工作生活之中。[②]李强认为思政教育的开展既要注重方式方法，也要强调人文关怀。[③]

（7）关于关怀品质的研究

第一，关于品质的界定。什么是品质？江畅认为，品质是个人的，判断个人品质善恶的直接根据和标准是社会在品质方面的道德原则或德性原则。品质善恶的根据和标准不仅考虑特定社会的德性原则及其所属的占主导地位的道德体系，而且要考虑人类谋求更好生存的本性、全人类更好地共同生活的需要以及由此派生的人类的普适性的基本道德原则，还得考虑人类在德性原则上形成的共识。[④]杨艳春等认为，人的品质侧重指向人的"社会属性"，指在"实践活动中"所表征的心理、行为上的个性特质。主体性是属于人的概念，在何种程度上发挥主体性受到人的品质及其行为的制约。人的品质是主体在对象性活动中展现的个性特质，或者说主体性是人在对象性活动中具有的实践品质。社会现代化进程的持续推进依赖于人的健全的品质与合理的行为。唯有如此，才能在实践过程中实现主体性。[⑤]毛晋平等认为积极人格品质（Character Strengths）是指基于个体的先天潜能和环境交互作用，通过个体认知、情感和行为所反映出来的一系列积极人格特质。[⑥]

第二，关于关怀品质的内涵。李定庆认为关怀品质是对他人、对社会的一种责任和使命，一种基本的道德操守。具有关怀品质的人能够表现出一种稳定的、一贯的关心和爱护周围的人和事物的关怀精神；具有关怀品质的人能以一

① 徐金超．人文关怀：当代思想政治教育的新取向 [J]. 湖北社会科学，2009，（8）：195-196.

② 韩华．人文关怀视野下的思想政治教育 [J]. 山西师大学报（社会科学版），2008，（6）：43-44.

③ 李强．思想政治教育人文关怀的基本理论、方法和技术探究——评《思想政治教育人文关怀的理论与方法研究》[J]. 思想政治教育研究，2019，（12）：1.

④ 江畅．论品质及其道德性质 [J]. 社会科学战线，2011，（4）：29.

⑤ 杨艳春，卞桂平．人的品质与行为的主体性之维 [J]. 江西社会科学，2013，（10）：22-23.

⑥ 毛晋平，杨丽．大学生的积极人格品质及其与学习适应的关系 [J]. 大学教育科学，2012，（4）：38.

种关怀的视角展示关怀的能力，实现关怀的行为。[①]张倩倩认为关怀品质由“关怀”和“品质”构成。“关怀品质”是一个科学体系，包括关爱自己、关爱他人、关爱社会、关爱自然等，其实质在于对人的生命力和责任的呵护与培育。[②]赵浚把德性作为一种人的获得性内在道德品质，与关怀品质有着密切关系。德性的关怀品质内涵：从共生性角度出发，是一种社会关系，表现为一种群体性的社会属性；从思想政治教育出发，是一种道德行为，表现为一种符合社会道德规律的动态变化与发展的优秀道德品格；从关怀伦理角度出发，是一种伦理情感，表现为一种德性情感价值；从教育实践出发，是一种教育实践内容和方法，表现为关怀受教育者的思想与精神的健康发展。[③]苏静等探讨了关怀品质的结构，认为关怀品质是其他道德品质的基础。关怀品质包括两大构件：一是关怀的品质；二是感激的品质。关怀品质的培养过程包括关怀情感的觉醒、关怀知识和判断的形成、关怀或感激行为的践行三大方面，是一个由情到知再到行的过程。[④]

第三，关于关怀品质的培养。一是关怀品质培养的意义。苏静等探讨了关怀品质培养的必要性：首先是关怀危机带来了许多社会问题；其次是关怀不仅是社会伦理关系和谐的基础，而且是个体健康成长的前提。[⑤]李定庆探讨了培养大学生关怀品质的现实意义，认为关怀是社会主义集体主义原则的具体彰显；关怀是大学生思想政治教育的内在要求；关怀是道德伦理意识转化为行动的催化剂。[⑥]赵浚研究了德性的关怀品质的实践意义，认为关怀品质是提升个体精神生活的有效途径，是思想政治教育的实践动力，是我国构建社会主义和谐社会的基础。[⑦]张倩倩研究了培养高职院校学生关怀品质的意义：从微观层面来看，有助于促进学生身心健康发展；从宏观方面来看，有助于培养学生学会关爱社会、关爱他人。[⑧]二是关怀品质培养的方式。李定庆探讨了大学生关怀品质的

---

① 李定庆．论大学生关怀品质的培养 [J]. 思想理论教育导刊，2013，(12)：119-120.

② 张倩倩．关怀品质：高职院校大学生全面发展之要 [J]. 乌鲁木齐职业大学学报，2015，(4)：12.

③ 赵浚．作为德性的关怀品质研究评述 [J]. 陕西学前师范学院学报，2015,(5)：109-110.

④ 苏静，檀传宝．学会关怀与被关怀——论信息时代未成年人关怀品质的培养 [J]. 中国教育学刊，2006,(3)：25.

⑤ 苏静，檀传宝．学会关怀与被关怀——论信息时代未成年人关怀品质的培养 [J]. 中国教育学刊，2006,(3)：23-24.

⑥ 李定庆．论大学生关怀品质的培养 [J]. 思想理论教育导刊，2013，(12)：119-121.

⑦ 赵浚．作为德性的关怀品质研究评述 [J]. 陕西学前师范学院学报，2015，(5)：110-111.

⑧ 张倩倩．关怀品质：高职院校大学生全面发展之要 [J]. 乌鲁木齐职业大学学报，2015，(4)：12.

培养问题，认为只有通过具有关怀品质的教育者才能培养出具有关怀品质的受教育者，要促进大学生由被关怀者向关怀者转化，要引导学生在实践中提升关怀能力。[①]张倩倩指出，在培养高职院校学生关怀品质时学校要加快教学改革，充分发挥学校主阵地作用；教师要践行言传身教，充分发挥灵魂工程师的作用；家长要营造和谐氛围，充分发挥家庭的启蒙作用。[②]

第四，关于关怀品质的实证研究。一是在教育领域，有学者采用问卷调查法，从社会关怀对象、社会关怀效果和社会关怀动机三个维度分析了当前中小学生社会关怀品质的现状，并根据调查结果从榜样、对话和实践三方面提出了培养学生社会关怀品质的建议。[③]二是在医学领域，张秀伟等采用问卷调查的方式探讨护理专业学位硕士研究生人文关怀品质的行之有效培养方法。调查问卷的内容包括人文关怀理念、人文关怀知识、人文关怀能力与人文关怀感知四个一级要素；关怀责任意识、人道主义信念、关怀体验能力和关怀行为能力等八个二级要素；职业良知、整体仁爱意识，职业崇高、关爱生命信念，等等，22个三级要素。同时考虑到人文关怀品质形成的两个影响因素，即专业教师与文化氛围。调查结果发现，学生人文关怀品质的提升与人文课程教育、同学关心显著相关；学生人文关怀品质的提升亦与师带生、相互激励的关怀氛围密切相关。[④]雷鹏琼等采用护士人文关怀品质量表对护生的人文关怀品质进行了测评，随机分为对照组和干预组。测评结果发现，干预组在人文关怀总分、人文关怀理念、人文关怀知识、人文关怀感知、人文关怀能力等方面得分明显高于对照组。因此，研究者认为：开展与专业贴合度较高的第二课堂活动，是对第一课堂的补充与延续，能有效强化护生的人文关怀理念、增长人文关怀知识、提高人文关怀能力和人文关怀感知能力，为以后进入临床开展护理工作奠定基础，更好地促进护患关系，提高患者满意度。[⑤]苏伟才等对来自全国24个省、自治区、直辖市的160名参加中华护理学会肿瘤专科护士培训班的学员进行了人文关怀品质现状及影响因素的问卷调查。调查问卷包括人文关怀理念、人文关怀知识、人文关怀能力、人文关怀感知四个维度。调查结果显示，肿瘤专科护士

---

① 李定庆．论大学生关怀品质的培养 [J]. 思想理论教育导刊，2013，(12)：120-121.

② 张倩倩．关怀品质：高职院校大学生全面发展之要 [J]. 乌鲁木齐职业大学学报，2015，(4)：12-13.

③ 邵琪．中小学生社会关怀品质调查研究 [J]. 当代教育科学，2011，(16)：54-57.

④ 张秀伟，李丽红，彭剑英，等．护理硕士专业学位研究生人文关怀品质培养的效果分析 [J]. 湖州师范学院学报，2017，(6)：50-55.

⑤ 雷鹏琼，高颖．第二课堂教学专业化对高职护生人文关怀品质影响的研究 [J]. 中国高等医学教育，2016,(11)：57-58.

人文关怀品质均分为（124.99 ± 15.87）分，得分率高低按各维度排列依次为人文关怀知识、人文关怀能力、人文关怀感知和人文关怀理念。[①]

（三）对已有研究的评析

1. 对已有研究的概述

（1）关怀的内涵研究

综上研究，关怀理论的内涵与相关概念多为描述性的概念分析。第一，关怀是一种情感，在中国古代文化中含有“仁”“爱”与“天人合一”之义，在西方则有“担心”“忧虑”“怜悯”之义；第二，关怀是一种道德行为，表现为一种符合社会道德规律的动态变化与发展的优秀道德品质；第三，关怀是一种社会关系，表现为一种群体性的社会属性；第四，关怀追求人与人之间的一种关系价值。因此，关怀既是道德情感，更是人的一种生活方式。在现有研究中与关怀相关概念主要有人文关怀、社会关怀、教育关怀、伦理关怀、道德关怀、关怀品质。从现有相关研究看，把社会关怀、教育关怀界定为一种行为；而把其余概念界定为道德或伦理，涉及物质、精神和道德的层次。

（2）关怀的结构模型研究

现有研究的关怀结构模型主要如下：第一，关怀由关注、关心和关爱三个相互关联的层面构成；第二，道德关怀包括知识、情感、意志和行为四个要素；第三，伦理关怀的维度包括物质、精神与道德三个维度；第四，马克思主义的人文关怀包含个人的现实性和人的全面发展，体现为人与自然之间、人与社会之间、人与其自身间和谐相处；第五，教育关怀具有同情、容忍和洞察学生发展的潜能的品质，包含自然性品质、伦理性品质、制度性品质和关系性品质；第六，把教师关怀行为分为尽责性、支持性和包容性的三维结构；第七，护士人文关怀品质检测模型为人文关怀理念、人文关怀知识、人文关怀能力、人文关怀感知四个一级指标要素，关怀责任意识、人道主义信念、关怀体验能力、关怀行为能力、关怀者的自我感知与对象感知等八个二级指标要素；职业良知、整体仁爱意识，职业崇高、关爱生命信念，行为观察、同理体验、专业感悟、情境分析、情感沟通、精神支持、人际协调与问题解决能力，职业成就、道德

① 苏伟才，孟哲慧，徐璟．肿瘤专科护士人文关怀品质现状及影响因素调查 [J]. 护理学杂志，2013,（24）：4-6.

愉悦与向善使命感知等22个三级指标要素。

（3）关怀的应用研究

从现有研究看，关怀理论在不同领域均具应用价值。关怀在医学领域的运用，主要以护理人员和病人为研究对象，注意特定的人际关系，提供个别化的、适当的护理。在社会方面，关怀已涉及国内政治、经济、国际关系和文化的含义，关怀的研究主要着眼点在于建立和谐的社会。一是关怀有利于将社会关系模式引入正义，如，建构公共道德，帮助法律及司法应对公共关系存在的缺陷，建构以关怀为导向的政策领域；二是关怀有助于促进社会更加公平，如对弱势群体的关怀，建设关爱社会的制度；三是关怀有助于促进全球的包容性关系发展。

（4）关怀的影响因素研究

现有研究的关怀影响因素主要如下：第一，关怀会受到关怀者的适切动机、被关怀者的反应、关怀的效果的影响。第二，学生人文关怀品质的提升与学校的教学改革、课堂实践、人文课程教育、同学关心和以师带生、相互激励的关怀氛围密切相关，需要学校、教师、家长共同体的努力。第三，教师关爱与情绪疲惫、人格解体、个人成就丧失和神经质主义呈负相关，而与自信、认真、工作满意度和动机呈正相关。第四，护理关怀品格评估工具与护理专业学生的专业同一性量表之间存在显著的正相关关系；护理的关怀知识发展与关怀理论细化、关怀价值规范、辩证从护士与患者视角检验关怀呈正相关；在护理关怀中，增强或抑制关怀的条件是情境约束、个性特征、沟通能力、健康问题和组织特征。那么，作为公民的关怀品格有哪些影响因素？

（5）关怀的策略研究

综上梳理，关怀理论研究的主要策略是：关怀的道德教育由榜样(MODELING)、对话(DIALOGUE)、实践(PRACTICE)和认可(CONFIRMATION)四个主要部分组成；社会关怀制度的实现路径是转变思想观念，营造良好的社会关怀氛围，完善法律与政策资源配置，健全社会保障制度，设置关怀基金，建立管理机构，培育专业化的管理与帮扶团队；学校道德关怀的策略：发挥社会主义核心价值观的正确的社会导向作用，将人文关怀理念融入教育中，坚持贯彻交往对话原则、全面发展原则和自主育德原则等基本原则，提高学生的关怀能力，强化自我“关怀”教育；在护理教育中改进职业认同的策略，将关怀内化于教育过程，提出护理教育工作者应该更多地关注学生专业身份的形成，并将关怀作为其促成因素。因此，构建关怀提升及实现的整体策略仍需进行系统探究。

2. 未来的研究走向

通过对已有相关文献的梳理，可以看出已有的关怀研究主要有四个特点：一是现代西方的关怀理论研究较为深入，近年来中国学者对该领域的研究也逐渐增多。二是关怀主题的研究多侧重于人文关怀、社会关怀及关怀与道德的关系，而在实践领域则主要是对护理专业人员的调查研究。三是在西方的研究中关怀侧重于一种实践价值选择，而在中国的研究中关怀更多倾向为一种精神追求。四是从社会关怀与护士人文关怀主题研究来看，被关怀者相对于施予关怀的关怀者是弱势群体。未来的研究需要从以下方面着手：

（1）研究内容的深化与丰富

首先，梳理关怀品格思想的溯源。现有关怀方面的研究成果虽然不少，但是鲜见对关怀品格思想的溯源。未来的研究将梳理国内外的关怀品格思想和马克思主义的关怀思想，以期奠定扎实的研究理论基础。其次，对关怀品格进行深度理论阐释。研究关怀品格的界定、结构、特征和价值等，深化与丰富理论内容。再次，构建完善的关怀品格理论培育体系。

（2）研究领域的整合

从现有研究的领域看，主要涉及伦理学、教育学、思想政治教育、马克思主义、社会学、医学等领域。目前的研究虽然涉及多学科领域，但仍较为偏狭和单一，集中于“关怀品格”为主题的综合学科的研究仍然有待开展。未来的研究需整合教育学、社会学、政治学、经济学、心理学、伦理学、人类学等多学科角度的研究成果，以马克思主义理论为指导，全面践行社会主义核心价值观，从道德品质的角度探究关怀品格。

三、研究的思路与内容

（一）研究的思路

任何一种道德品质都具有鲜明的时代特质。新时代给关怀品格发展提供了新的机遇，也带来了新的挑战。关怀品格虽是个体的道德品质，但正是由于人的社会性，关怀品格与社会紧密相联。因此，唯物辩证的方法论贯穿于本书研究的始末，关怀品格作为一个独特的道德价值观体系而存在；其又与社会、自然普遍联系，成为这个大体系中的一部分。因此，关怀品格既是个体生活的普遍存在，又是类生活的特殊存在。“个体是社会存在物。”“人的个体生活和类生活不是各不相同的，尽管个体生活的存在方式是——必然是——类生活的较为特殊的或者较为普遍的方式，而类生活是较为特殊的或者较为普遍的个体生活。”① 关怀过程的生发除以相互支持的方式相交外，也以相互干扰破坏的方式发生相互转化，我中有你，你中有我。这就意味着关怀品格的提升与作用过程不能不是复杂道德存在，也不能不是动态变化的过程。

为此，本书采取了“提出问题→分析问题→解决问题”的分析路线，运用唯物辩证的认识观和实践观探索关怀品格，重点解决从理论到实践的飞跃。本书的研究立足于关怀品格问题的提出，以理论和实践相结合的思路分析问题、解决问题，最终实现个人的发展和社会的发展。其研究思路总体框架如图 5 所示：

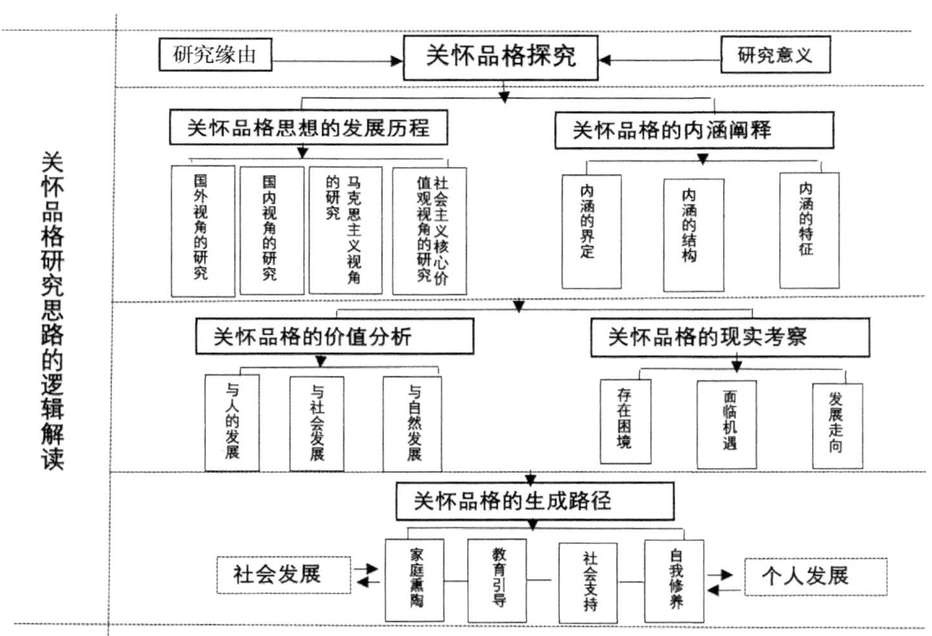

图 5　研究思路的总体框架图

（二）研究内容

本书的研究内容分为五部分：

① 马克思.1844 年经济学哲学手稿 [M]. 中共中央马克思恩格斯列宁斯大林著作编译局编译，北京：人民出版社，2018：80-81.

1. 关怀品格的理论源流

本部分主要梳理古今中外文献资料，包括中国的关怀品格思想、西方的关怀品格理论和马克思主义的关怀品格思想，对中外的关怀品格理论起源进行概括和总结、分析与归纳，凝练关怀品格的理论。主要遵循寻“关怀品格”的理论发展历程。

2. 关怀品格的内涵阐释

第一，关怀品格的概念界定。在理论溯源的基础上，分析关怀相关概念：关怀与人文关怀、关怀与正义、关怀与关心、关怀与关注、关怀与关爱；分析相关品格概念：德性与品格、品德与品格。从而进一步界定关怀品格，阐述其内涵。第二，关怀品格的结构。从要素、层次和指向三个层面构建关怀品格的结构。第三，关怀品格的特征。系统分析关怀品格的六个方面特征：友善驱向的动力特征、自由诉求的本质特征、关系取向的价值特征、和谐发展的实践特征、尊重差异的个性特征和终生提升的趋向特征。主要建构“关怀品格”的内涵体系。

3. 关怀品格的价值分析

关怀品格的价值与具体个人、社会现实和自然界有着不可分割的紧密关系。关怀品格与人的发展价值体现于关怀品格与个体人的发展和社会人的发展中；关怀品格与社会的发展价值体现为关怀品格蕴意社会文明、彰显社会和谐和旨向社会正义；关怀品格与自然界的发展价值体现为生态理性的自然发展价值观和人与自然界的共生共存发展。主要诠释“关怀品格”研究的重要性和必要性。

4. 关怀品格的现实审思

主要研究关怀品格存在的困境、关怀品格面临的机遇和关怀品格发展走向三大方面。首先，我们需要客观理性看待和审视现有关怀品格存在的问题：关怀认知模糊、关怀情感淡漠、关怀意志薄弱和关怀行为乏力。其次，关怀品格面临时代机遇，体现为：和谐社会的构建是关怀品格的环境保障，生态经济的兴起是关怀品格的物质基础，文化自信的坚定则是关怀品格的精神支持。第三，关怀品格呈现时代的特质，其发展趋势主要体现为关怀空间拓展和关怀内涵深化。主要研究“关怀品格”怎么样的问题。

5. 关怀品格的培育路径

关怀品格作为一种道德品质，离不开家庭、学校、社会和个人全方位的力量体系构建。关怀品格的生成离不开家庭熏陶，包括家庭培育内容、家庭特征、家庭建构方式三方面；关怀品格的培育需要学校教育引导，包括教育引导特征、教育引导原则、教育引导途径三个方面；关怀品格的培育亟需社会支持，包括社会支持特征、社会支持内容、社会支持措施；关怀品格的培育需提升个人修为，包括学习关怀知识、丰富关怀情感、锻炼关怀意志和培养关怀能力。主要研究“关怀品格”的培育体系。

四、研究的主要方法

关怀品格属于道德品质，既体现个人的精神素养和价值取向，又体现社会的整体风貌和精神样态。本研究立足于马克思主义的唯物史观和人学理论，以唯物辩证的思维分析关怀品格对人、社会与自然的影响作用，旨在促进新时代的道德建设和人的全面发展。这样既保证了研究的方向性、现实性和目的性，又保障了研究的科学性、规范性和实践性。具体而言，本书主要采用了文献研究法、系统科学方法和历史分析法。

（一）文献研究法

收集资料的方法主要有：一是搜集了马克思主义理论、思想政治教育学、伦理学、心理学、教育学、哲学和社会学等学科的国内外相关关怀品格研究的文献资料。二是搜集网络媒体相关关怀品格方面的事件报道与评论，收集了2017年年底起的大量的道德网络事件报道。三是查阅了党的重要文献选编、公民道德建设、国家教育改革与发展、中国教育发展报告、中国社会道德发展研究报告、大学生思想政治教育发展报告等文献资料。在较充分掌握相关文献资料的基础上，对相关文献进行整理、归类、分析和比较，借鉴关怀品格深入研究的文明成果，奠定关怀品格深入研究的扎实理论基础，建构关怀品格的研究逻辑。

（二）系统科学方法

本书充分运用系统科学方法，将“关怀品格”作为一个由关怀认知、关怀情感、关怀意志和关怀行为构成的自洽系统。第二章以系统科学方法分别对关怀品格的界定、关怀品格的结构、关怀品格的特征作了理性冥思与多维建构。第三章关怀品格的价值从关怀品格与人的发展、关怀品格与社会的发展和关怀品格与自然的发展作三个层面的系统科学分析。第四章则从关怀品格存在的困境、关怀品格面临的机遇、关怀品格发展的走向三个方面的逻辑系统考察关怀品格的现实。第五章将关怀品格的培育作为一项系统工程，构建家庭熏陶、教育引导、社会支持和自我修养的关怀品格培育共同体。

（三）历史分析法

本书采用历史分析法，追溯关怀品格思想的发展历程，分别从古代至近现代分析中国的关怀品格思想、国外的关怀品格思想和马克思主义的关怀品格思想，把不同阶段的关怀品格思想加以联系和比较，弄清其实质，揭示其发展规律。本书基于对关怀品格的历史分析，对当前关怀品格的内涵、关怀品格的价值、关怀品格的现实和关怀品格的生成作进一步的研究。

五、研究的创新与不足之处

（一）研究的创新

1. 研究视角的特色

本书采用跨学科的研究视角，从马克思主义理论、伦理学、心理学、社会学和教育学等多学科的视角全面审视关怀品格问题，体现研究视角的鲜明特色。关怀品格属于个人的思想品格，必然立足于马克思主义人学理论，即从人的存在、人的本质和人的发展理论全面考察关怀品格，同时，关怀品格又是一种意识形态，全文论述中将关怀品格与社会主义核心价值观、人类命运共同体、和谐社会、人与自然和谐、生态经济、文化自信等融汇为一体；从伦理学视角看，关怀品格面临的挑战在于道德取向与物质取向的衡量、个人利益与社会利益取向的抉择，这是关怀品格需要面临的挑战；从心理学视角看，关怀品格离不开人的思想和意识，这一点从关怀品格的关怀认知、关怀情感、关怀意志、关怀行为可窥见；从社会学视角看，人的社会属性决定了关怀品格与社会密切相关、相互依存和相互促进，关怀品格与社会交互作用于整个研究脉络；从教育学视角看，关怀品格是教育的目的，而关怀品格的提升无法离开教育的作用。当然，这些学科视角并不是孤立地存在于研究中的某一个部分，而是相互联系、相互作用于研究的整个体系中。

2. 研究观点的创新

本书提出并深入论证以下观点：一是关怀品格具有自身独特的、完整的道德构成体系：关怀品格的要素结构由关怀认知、关怀情感、关怀意志、关怀行为四个因素构成；关怀品格的层次结构由同情、尊重、责任和幸福四个水平层次相互依存；关怀品格的指向结构包括关怀人、关怀社会和关怀自然三个维度。二是关怀品格的发展趋势体现在关怀空间拓展方面和关怀内涵深化方面。三是关怀品格的培育需要家庭、学校、社会和个人四方面的合力推进。

3. 研究路线的创新

"关怀品格"探究可从伦理和发展两个维度创新其研究路线。"辩证法用关于'事物'的'过程'观（包含着事物的历史和可能的未来）和'关系'观（把一种事物与其他事物之间的联系当作该事物本身的一部分）取代了关于事物的常识（认为事物有其历史，但与其他事物之间的联系是外在的），并以这样的'过程'观和'关系'观重构了我们关于现实的思想。"[①] 一方面，关怀品格是个人道德品质，具有丰富的伦理意义。另一方面，关怀品格属于意识形态的范畴，立基于具体的现实社会环境中，关怀品格的优劣与社会发展的程度息息相关。因此，本书一方面深入探究关怀品格的伦理要素，一方面全面分析社会发展与关怀品格的相互促进作用。伦理和发展并不是完全平行的两条研究路线，也不是简单相交的两条研究路线，而是螺旋式上升或发展，并且两者间还具有反作用。这也是关怀品格面临困境的原因之一。本书的研究路线有助于保证关怀品格的道德价值取向，同时把关怀品格的价值和培育植根于具体的社会发展历史中，使本书的研究服务于社会主义道德建设。

（二）研究的不足之处

1. 本书的理论研究部分，进行了大量的中西方关怀品格理论源流的文献梳理，在不同的历史阶段，由于社会经济、政治、文化、精神等方面的不同，关怀品格不可避免具有时代的问题、特征、价值和责任。虽然关怀品格的内涵体系、影响因素和培育路径的分析框架比较稳定，但在不断变化、流动的社会中，如何把握关怀品格的影响因素、发展机遇与趋势及其培育路径时，需要在不断的修改中注意叙述的分寸，仍存在深化的研究空间。

2. 本书的研究主要进行关怀品格的概念界定，研究关怀品格的结构、特征、价值取向、现实考察与培育路径。下一步的研究要以本书为基础和出发点开展

---

① ［美］伯特尔·奥尔曼. 辩证法的舞蹈——马克思方法的步骤 [M]. 田世锭，何霜梅，译. 北京：高等教育出版社，2006：6-7.

实证调查。针对当前我国个体关怀品格的现状设计调查问卷，对调查对象进行分层抽样，对调查结果进行统计分析，并结合典型案例开展关怀品格的个案研究。

第一章　关怀品格的理论源流

关怀品格与人类的发展历史相伴随。中国传统文化中的“仁”“爱”“慈”“天人合一”等思想，西方传统文化中的“善”“同情”“爱”等理论，马克思指出人的最高发展目标是“人的自由全面发展”“每个人的发展是一切人发展的前提条件”等思想，都体现出关怀品格的蕴意。追溯关怀品格的理论源流可分为中国的关怀品格理论、西方的关怀品格理论和马克思主义的关怀品格思想三个维度。

一、中国的关怀品格理论

中国的关怀品格理论源远流长，可分为中国古代关怀品格思想和中国近现代关怀品格思想。中国古代关怀品格思想可以儒家、墨家、道家和佛家为代表，近现代则笔者主要探讨蔡元培、陶行知和梁漱溟等的关怀品格思想。

（一）中国古代关怀品格思想

中国古代关怀品格思想相当丰富，限于篇幅，主要分析儒家的“仁”、墨家的“兼爱”、道家的和谐和佛家的慈悲。

1. 儒家的“仁”

“仁”贯穿儒家的整个思想体系，是儒家伦理思想的重要价值取向。“仁”是关怀品格思想的集中体现，以下从儒家“仁”的定义、“仁”的对象和“仁”的方式三个方面分述。

（1）“仁”的定义

《论语》里仁字总计 108 个，《十三经》里仁字达 445 个。《论语》中的“仁者爱人”，是对仁的基本界定，可见“仁”与“爱”是相联系的。先秦儒家孔孟荀均认为“仁”的根本内涵为“仁爱”。《吕氏春秋·不二》指称：“孔子贵仁。”孔子的“仁”蕴含“从尸”的含义。孔子针对宰我守丧三年太长的观点，“子曰：‘予之不仁也！子生三年，然后免于父母之怀。夫三年之丧，天下通丧也。予也有三年之爱于其父母乎！’”①在此，孔子虽未指意爱人，而是从对祖先的尽哀敬孝角度理解仁，批评宰我厌守三年丧为不仁。另外，“孝弟也者，其为仁之本与！”②“孝”是对祖先的哀祭和对父母及长辈的敬重，“弟”是心中要有兄弟，这些都阐明了仁的根本内涵。孟子的“仁”基于孔子，为“四端心性”之仁，即“恻隐之心，仁之端也；羞恶之心，义之端也；辞让之心，礼之端也；是非之心，智之端也。人之有是四端，犹其有四体也”③。另外，《孟子》：“恻隐之心，仁也；羞恶之心，义也；恭敬之心，礼也；是非之心，智也。”④“恻隐之心，仁之端也”强调“仁”之实践是发自于心；“恻隐之心，仁也”强调“仁”之德性内在于心，均指“仁”出自“本心”，指出了“仁”的心理基础和人性根基。荀子基于孔孟，不仅讲仁爱，还讲心性，并突出“仁”的差等性和政治倾向。“君子养心莫善于诚，致诚则无它事矣，……，诚心守仁则形，形则神，神则能化矣。”⑤“圣也者，尽伦者也；王也者，尽制者也。”⑥圣人为王，方能以最善治理社会。汉儒董仲舒是后儒以爱释仁的代表，“何谓仁？仁者，憯怛爱人”，“仁之法在爱人，不在爱我”⑦，是受命于天，其仁取于天，并赋予天意、天志、天心的宗教意味。董子“霸王之道，皆本于仁”⑧，霸王的道德根基来源于天志之仁，如若国家政治有失，上天就会降下灾祸，董子认为这是上天仁爱的体现。清儒阮元以汉儒郑玄“相人耦”之义重新释仁，阮氏说仁为“以此一人与彼一人相人偶”“必有二人而仁乃见”⑨。阮元表明仁德具社会性，是人与人之间的关系，不是个人的道德。总之，儒家之“仁”充盈“爱”之意，其“爱”生于人的内心，与天意相连；同时“仁”是社会的一种道德，彰显的是人与人之间的关系，是关怀品格的意义所在。

① 张燕婴译注．论语 [M]. 北京：中华书局，2006：274.
② 张燕婴译注．论语 [M]. 北京：中华书局，2006：2.
③ 万丽华，蓝旭译注．孟子 [M]. 北京：中华书局，2006：69.
④ 万丽华，蓝旭译注．孟子 [M]. 北京：中华书局，2006：245.
⑤ 方勇，李波译注．荀子 [M]. 北京：中华书局，2015: 31-32.
⑥ 方勇，李波译注．荀子 [M]. 北京：中华书局，2015: 354.
⑦ 张世亮，钟肇鹏，周桂钿译注．春秋繁露 [M]. 北京：中华书局，2012: 314.
⑧ 张世亮，钟肇鹏，周桂钿译注．春秋繁露 [M]. 北京：中华书局，2012: 186.
⑨ 邓经元点校．揅经室集(一集卷八)[M]. 北京：中华书局，1993：176.

（2）“仁”的对象

“仁”学的核心是爱人，儒家强调五种具体的人际关系，父子、君臣、夫妇、兄弟、朋友，被称为“五伦”，蕴含中国传统社会中最基本的人与人之间的交往关系。为此，儒家爱人，首先是亲人，其后向外延展，爱他人、爱人类。孔子说：“仁者，人也，亲亲为大。”[①]此处阐明，仁爱父母是首位，从“亲亲”做起。孟子基于此，指出理想的人际关系应当是，“父子有亲，君臣有义，夫妇有别，长幼有序，朋友有信”[②]，列举出诸种亲缘关系、君臣关系和社会关系。但儒家并不仅限于血缘之仁，孔子关爱民众，亲近有仁德的人；孟子所谓“老吾老，以及人之老；幼吾幼，以及人之幼”[③]；董仲舒认为圣人的教化，“先之以博爱，教以仁也”[④]，首次明确提出“博爱”，对儒家仁学作出新的概括，即“仁者所以爱人类也”[⑤]。这些经典表述都超越了亲缘的范畴，涉及他者、人类。同时，儒家之仁还超出人的樊篱。孟子曰：“君子之于物也，爱之而弗仁；于民也，仁之而弗亲。亲亲而仁民，仁民而爱物。”[⑥]孟子的“仁爱”对象从亲人至百姓，再扩展至自然万物；血缘之亲高于人类之仁，再次才是事物。孟子的“仁”不限于血缘亲情，而扩充至世界的博爱。虽然孟子提出了爱物，但他认为对待人的仁爱与对待物的喜爱有差别。

儒家珍视、保护自然界的万物生命。孔子主张“钓而不纲，弋不射宿”[⑦]，这种垂钓不用网捕小鱼，狩猎时不用箭射归巢的兽鸟，体现着对自然弱小生命的守护。孟子反对滥杀虐待生物：“君子之于禽兽也，见其生，不忍见其死；闻其声，不忍食其肉。”[⑧]体现对生物的仁慈之心。孟子还指出：“不违农时，谷不可胜食也；数罟不入洿池，鱼鳖不可胜食也；斧斤以时入山林，林木不可胜用也。谷与鱼鳖不可胜食，材木不可胜用，是使民养生丧死无憾也。养生丧死无憾，王道之始也。”[⑨]这体现他的农业生产的生态发展观。荀子对此也有相似的内容：“……洿池、渊沼、川泽谨其时禁，故鱼鳖优多而百姓有馀用也。斩伐养长不失

① 王国轩译注．大学·中庸[M].北京：中华书局，2006：95.
② 万丽华，蓝旭译注．孟子[M].北京：中华书局，2006：111.
③ 万丽华，蓝旭译注．孟子[M].北京：中华书局，2006：14.
④ 张世亮，钟肇鹏，周桂钿译注．春秋繁露[M].北京：中华书局，2012:401.
⑤ 张世亮，钟肇鹏，周桂钿译注．春秋繁露[M].北京：中华书局，2012:325.
⑥ 万丽华，蓝旭译注．孟子[M].北京：中华书局，2006：315.
⑦ 张燕婴译注．论语[M].北京：中华书局，2006：97.
⑧ 万丽华，蓝旭译注．孟子[M].北京：中华书局，2006：13.
⑨ 万丽华，蓝旭译注．孟子[M].北京：中华书局，2006：5.

其时，故山林不童而百姓有馀材也。”[①] 孔子对于无生命的自然界同样给予道德的审视，他登高俯瞰奔流的大河，发出“逝者如斯夫！不舍昼夜”[②] 的感叹。孟子进一步把这一现象蕴含阐释为“有本有根、源源不断、笃行不倦、名实相应”的价值义涵。孔孟立足于自然界，反省提升自身的精神境界。宋明儒者周敦颐主张“绿满窗前草不除”，张载提倡“观驴鸣”，程颢认为“观鸡雏，此可以知仁”，王阳明的《大学问》“见鸟兽之哀鸣觳觫而必有不忍之心”“见草木之摧折而必有悯恤之心”“见瓦石之毁坏而必有顾惜之心”的说法，均以自然生命的律动展现仁爱，而王阳明则展示由心及物的仁者胸怀。

由此，儒家不仅倡导爱亲人，爱人类，爱世间万物，而且提出“天人合一”的理念，这些均是关怀品格关怀对象之存在。在汉代，董仲舒提出“天人感应”论，从“天人相类”的基点出发，得出“以类合之，天人一也”[③] 的结论。两宋时期，天人合一理论走向成熟。程颢语：“仁者，以天地万物为一体。”他把天人合一的理论具体化为人与自然的和谐。而张载在《正蒙·乾称》中首次明确提出“天人合一”的概念，并提出了“民，吾同胞；物，吾与也”的命题。

（3）“仁”的方式

“弟子入则孝，出则悌，谨而信，泛爱众，而亲仁。”[④] 孝顺父母，敬爱兄长，亲近有仁德的人，以此躬行实践仁的思想。立于血缘关系，孔子认为，通向“仁”的关键就是“忠恕之道”。所谓“忠”，“夫仁者，己欲立而立人，己欲达而达人”[⑤]；所谓“恕”，“己所不欲，勿施于人”[⑥]。“颜渊问仁。子曰：‘克己复礼为仁。一日克己复礼，天下归仁焉。为仁由己，而由人乎哉？’颜渊曰：‘请问其目。’子曰：‘非礼勿视，非礼勿听，非礼勿言，非礼勿动’。”[⑦] 在孔子看来，践行“仁”始于尊敬长辈，以“己”为标准，帮助他人；克制自己，归顺礼制，实践礼制，才能治理天下。袁准在《袁子正书·礼政》中曰：“治国之大体有四：一曰仁义，二曰礼制，三曰法令，四曰刑罚；四本者具，帝王之功立矣。所谓仁者，爱人者也。爱人，父母之行也。为民父母，故能兴天下之利也。”同样提出以仁义治理国家，并用父母爱子女的品行来兴盛天下。晋儒傅玄的《傅子·仁

① 方勇，李波译注．荀子 [M]. 北京：中华书局，2015: 128-129.

② 张燕婴译注．论语 [M]. 北京：中华书局，2006：126.

③ 张世亮，钟肇鹏，周桂钿译注．春秋繁露 [M]. 北京：中华书局，2012: 445.

④ 张燕婴译注．论语 [M]. 北京：中华书局，2006：4.

⑤ 张燕婴译注．论语 [M]. 北京：中华书局，2006：83-84.

⑥ 张燕婴译注．论语 [M]. 北京：中华书局，2006：171.

⑦ 张燕婴译注．论语 [M]. 北京：中华书局，2006：171.

论》曰："夫仁者，盖推己以及人也。故己不欲，无施于人。推己所欲，以及天下。"同样彰显"推己及人"的与人相处及治理国家的方式。另一方面，仁道并不强调对他人的情感之爱，而是自己对自我作为人的本体之性的切己认识和实现，即所谓"知仁道之在己而由之，乃仁也"[①]。程伊川以公释仁，曰："仁道难名，惟公近之，非以公便为仁。"[②]"仁者公也。"[③]"公"是行仁的要法，是践行仁的方式。

为此，儒家仁爱的实践是基于自我的身心体验，以自我为标准，始于爱亲敬长之义的真挚情感与实践，推己至他人和社会，符合关怀品格的价值取向。

2. 墨家的"兼爱"

"兼爱"是墨家思想体系的基础，倡导在个人、家庭、社会、国家间的无差等的、一视同仁的爱。墨家"兼爱"含有多层意思：一是爱不分亲疏。仁人之事者，"兼以易别"[④]。二是爱不分贵贱。《墨子·小取》中指出"获，人也，爱获，爱人也。臧，人也，爱臧，爱人也。""获"与"臧"虽然地位低贱，但他们是人类，我们要爱护他们。而君主，也应与老百姓一样爱人的心，即"贵为天子，其利人不厚于正夫"[⑤]。从而，呈现"天下之人皆相爱，强不执弱，众不劫寡，富不侮贫，贵不敖贱，诈不欺愚"[⑥]的积极现实。三是爱不分古今。"爱尚世与爱后世，一若今之世人也"[⑦]充分表明墨子爱不分古今，不厚此薄彼的思想。四是爱不分国别。子墨子"视人之国若视其国"[⑧]。墨子指出："爱众众世与爱寡世相若。兼爱之，有相若。"[⑨]对拥有众多人口的国家与人口稀少的国家都应一视同仁爱护。五是爱不外己。墨子说："爱人不外己，己在所爱之中。己在所爱，爱加于己。伦列之爱己、爱人也。"[⑩]即是爱自己不排除在爱他人之中，爱他人，他人也必爱爱他人之人。六是爱无有私。"文王之兼爱天下之博大也，譬之日月兼照天下之无有私也。"[⑪]正是无私利他的写照。

---

① 王孝鱼点校．二程集 [M](上册). 北京：中华书局，2004：366-367.
② 王孝鱼点校．二程集 [M](上册). 北京：中华书局，2004：63.
③ 王孝鱼点校．二程集 [M](上册). 北京：中华书局，2004：105.
④ 方勇译注．墨子 [M]. 北京：中华书局，2015：136.
⑤ 方勇译注．墨子 [M]. 北京：中华书局，2015：381.
⑥ 方勇译注．墨子 [M]. 北京：中华书局，2015：126.
⑦ 方勇译注．墨子 [M]. 北京：中华书局，2015：376.
⑧ 方勇译注．墨子 [M]. 北京：中华书局，2015：126.
⑨ 方勇译注．墨子 [M]. 北京：中华书局，2015：376.
⑩ 方勇译注．墨子 [M]. 北京：中华书局，2015：375.
⑪ 方勇译注．墨子 [M]. 北京：中华书局，2015：143.

墨家“兼爱”，是爱自己、爱家庭、爱社会、爱国家、爱人类。爱他人并不排除爱自己，爱他人同时也就爱自己。墨家反对“子自爱不爱父，故亏父而自利”[①]，而《经上》主张:“孝，利亲也。”由此可见，“孝”“利”家人，即爱家庭是墨家的主张。同时，《墨子·兼爱上》说:“爱人若爱其身，犹有不孝者乎？”如爱自己一样爱一切人，一定也会爱亲人。然而，墨家把对亲人之爱与对他人之爱联系起来。《墨子·兼爱下》说:“吾必先从事乎爱利人之亲，然后人报我以爱利亲也。”先“爱利人之亲”，他人才会回报我的亲人“爱利”。《墨子·大取》中，墨子主张:“杀己以存天下，己以利天下。”由此可见，墨家是把社会摆在首位。墨家之爱，还超越了国界。《墨子·小取》篇中概括了墨家爱天下之人的精神:“爱人，待周爱人而后为爱人。不爱人，不待周不爱人；不周爱，因为不爱人矣。”在墨家看来，普遍地爱人，才能称之为爱他人；不普遍地爱人，是因为不爱他人。墨家已将人归为整体，天下之人是一个有机整体，爱整个人类才是“兼爱”。

“爱人”在墨子那里就是指“爱所有的人(即周爱人)”，而“兼爱(人)”则是指“所有的人爱人”[②]。《墨子·兼爱下》提出,“兼相爱”与“兼以易别”是“兼爱”的实施原则，即互利互惠，一视同仁。《墨子·天志中》说:“兼爱天下之人”，这是兼爱的基本要求。兼爱追求利益共享，其利益涉及天鬼人的全部利益，即《墨子·非攻下》所言:“上中天之利，而中中鬼之利，而下中人之利。”因此，墨子认可报应，“爱人者，人必从而爱之；利人者，人必从而利之；恶人者，人必从而恶之；害人者，人必从而害之”[③]，以此实现“兴天下之利，除天下之害”[④]。墨家“兼爱”是对自我、他人、社会、国家乃至整个人类一视同仁的关怀，大家相互关爱，利益互惠。

3. 道家的和谐

道家思想广博精微，其中蕴含丰富的关怀品格理论。道家思想中的慈、养生、包容等观点都是其关怀品格的典型表现。

（1）道家之慈

道家以道贯穿其整个思想体系。道家的慈善观源于“道”。《老子》多次阐

① 方勇译注. 墨子[M]. 北京：中华书局，2015：120.

② 周志荣. 对墨家“兼爱”概念的逻辑分析[J]. 广西师范学院学报（哲学社会科学版），2009,（3）：19-23.

③ 方勇译注. 墨子[M]. 北京：中华书局，2015：127.

④ 方勇译注. 墨子[M]. 北京：中华书局，2015：137.

述“道”为天地万物的元始，“道”生养万物、长育万物、包容万物，“生之畜之、长之育之、成之熟之、养之覆之”[①]。道即母性的慈爱，是天地万物诸善的根源。老子还认为“道”本身乃是至善至爱，“上善若水。水善利万物而不争，处众人之所恶，故几于道”[②]。以水喻“道”，水“善利万物而不争”和慈爱的特性近乎于道。老子的慈爱，包含着对人宽广博大的胸襟，如“善者，吾善之；不善者，吾亦善之，德善。信者，吾信之；不信者，吾亦信之，德信”[③]。“为无为，事无事，味无味。大小多少。报怨以德。”[④]对善良和不善良的行为，均采取善良的方法相处，以获取真正的善良。道家主张为人处世要具有“旷兮，其若谷”[⑤]的胸怀，故《老子》云：“天道无亲，常与善人。”[⑥]道虽然无所亲爱，其却常常眷顾善良之人。《老子》说：“我有三宝，持而保之：一曰慈，二曰俭，三曰不敢为天下先。慈，故能勇；俭，故能广；不敢为天下先，故能为成器长。今舍慈且勇，舍俭且广，舍后且先，死矣！夫慈，以战则胜，以守则固。天将救之，以慈卫之。”[⑦]慈居于三宝之首，具有慈爱德性之人，在作战或守卫中都将得到上天的保护。此处，慈已转向人类社会的功用。因此，道家之慈展现了对天地万物本源、人及社会的关怀。

（2）道家之养生

道家尊重个体生命，注重身体保养，《老子》云：“出生入死。生之徒，十有三；死之徒，十有三；人之生，动之于死地，亦十有三。夫何故？以其生生之厚。盖闻善摄生者，陆行不遇兕虎，入军不被甲兵；兕无所投其角，虎无所用其爪，兵无所容其刃。夫何故？以其无死地。”[⑧]老子对大部分人不能寿终进行归因分析，从而提出其顺应自然本性的主张。其追求的是“真人”，主张存养人的本性，而不崇尚人为改变。《庄子》云：“何谓真人？古之真人，不逆寡，不雄成，不谟士。若然者，过而弗悔，当而不自得也；若然者，登高不栗，入水不濡，入火不热。是知之能登假于道者也若此。古之真人，其寝不梦，其觉无忧，其食不甘，其息深深。真人之息以踵，众人之息以喉。屈服者，其嗌言若哇。其耆欲深者，其天机浅。古之真人，不知说生，不知恶死；其出不䜣，其

① 陈鼓应．老子今注今译 [M]. 北京：商务印书馆，2006：108.
② 饶尚宽译注．老子 [M]. 北京：中华书局，2016：20.
③ 饶尚宽译注．老子 [M]. 北京：中华书局，2016：123.
④ 饶尚宽译注．老子 [M]. 北京：中华书局，2016：159.
⑤ 饶尚宽译注．老子 [M]. 北京：中华书局，2016：39.
⑥ 饶尚宽译注．老子 [M]. 北京：中华书局，2016：195.
⑦ 饶尚宽译注．老子 [M]. 北京：中华书局，2016：170.
⑧ 饶尚宽译注．老子 [M]. 北京：中华书局，2016：125.

人不距；翛然而往，翛然而来而已矣。不忘其所始，不求其所终；受而喜之，忘而复之。是之谓不以心捐道，不以人助天，是之谓真人。”[①]其真人是顺应内心保存本原之性之人，无人无天，不受外在事物的影响。《黄帝内经·素问·宝命全形论》曰：“天覆地载，万物悉备，莫贵于人。……君王众庶，尽欲全形。”由此可见，道家把人置于最尊贵的地位，无论君王还是百姓均保全形体以守护生命。道爱提出了一系列的养生方法，如行气、导引、吐纳、服气等，《庄子》说：“吹呴呼吸，吐故纳新，熊经鸟申，为寿而已矣。”[②]《黄帝内经·素问·移精变气论》把养神作为养生的最高目标，提出“得神者昌，失神者亡”。可见，神的摄养能够促进健康长寿，从而实现“恬淡虚无”“精神内守”。道家的养生思想，展现了其自爱的关怀品格。

（3）道家之包容

如老子所云：“生之畜之，生而不有，为而不恃，长而不宰，是谓‘玄德’。”[③]体现道家对万物尊重，自然无为的德性。“天地与我并生，而万物与我为一。”[④]展现道家天地万物顺应自然的博大情怀。“道大，天大，地大，人亦大。域中有四大，而人居其一焉。”[⑤]是道家的尊重生命、万物平等、天地和谐论的包容伦理观。“道生一，一生二，二生三，三生万物。”[⑥]同样展示了道家博大包容的品格。庄子将道家的包容情怀推向极致，描述他所追求的人与自然和谐的理想的景象：“故至德之世，其行填填，其视颠颠。当是时也，山无蹊隧，泽无舟梁；万物群生，连属其乡；禽兽成群，草木遂长。是故禽兽可系羁而游，乌鹊之巢可攀援而窥。夫至德之世，同与禽兽居，族与万物并，恶乎知君子小人哉！同乎无知，其德不离；同乎无欲，是谓素朴；素朴而民性得矣。”[⑦]庄子在他向往的“至德之世”中，人与自然其乐融融地交织在一起，彰显一派生机勃勃的自然景象，展现人与自然和谐相处的生态景象，充分体现尊重自然的伦理品格。因此，老子曰：“天地不仁，以万物为刍狗。”[⑧]主张人类与天地万物平等，无偏向的和谐观。因此，道家提出善待一切生命，包括动物与他人，即“慈心于物，恕己及人，仁逮昆虫，乐人之吉，愍人之苦，赒人之急，救人之穷，手

① 方勇译注．庄子 [M]. 北京：中华书局，2015：95.
② 方勇译注．庄子 [M]. 北京：中华书局，2015：247.
③ 饶尚宽译注．老子 [M]. 北京：中华书局，2016：26.
④ 方勇译注．庄子 [M]. 北京：中华书局，2015：31.
⑤ 饶尚宽译注．老子 [M]. 北京：中华书局，2016：66.
⑥ 饶尚宽译注．老子 [M]. 北京：中华书局，2016：108.
⑦ 方勇译注．庄子 [M]. 北京：中华书局，2015：143.
⑧ 饶尚宽译注．老子 [M]. 北京：中华书局，2016：13.

不伤生，口不劝祸，见人之得如己之得，见人之失如己之失，不自贵，不自誉，不嫉妬胜己，不佞陷阴贼”[①]。综上可知，道家对自然万物和人类社会的包容情怀，旨在促成物种繁荣和社会和谐。

道家思想的关怀范畴包括自我、他人与自然。道家思想的关怀方式核心是“无为”。道家强调“道法自然”“清静”“无为”，由此完成了治身养体，从另一个方面实现了天人合一。道家的“道法自然”应用于生态伦理思想中，不仅表现为顺应自然万物的生长，而且体现出人对自然的关心、尊重，依据自然规律与法则办事。

4. 佛家的慈悲

佛家的哲学伦理思想核心是“慈悲”，“慈”为友爱、友善，即给众生予快乐；“悲”为怜悯、同情，意为帮助众生脱离苦海。佛家以缘起关涉宇宙万物的整体性，强调圆融，主张慈悲，平等善待众生，抑恶向善。

“缘起”是佛家哲学思想的基石，承载着佛家对宇宙与人生的根本观点。佛家原典《杂阿含经》卷十二：“此有故彼有，此生故彼生，此无故彼无，此灭故彼灭。”阐明了宇宙存在的相对状态，表明事物间的依存关系。《梵网经》第二十四卷中“一切地水是我先身，一切火风是我本体”，宇宙间四大物质与众生身体相互依存，进行能量转化，预示着人们作为宇宙的一部分而存在。华严宗主张“一即一切，一切即一”，以借此阐明宇宙万物相互含摄、圆融无碍的整体性。佛家否定独立自存的实体，主张“法无我”，甚至一并否认自我、自信，主张“人无我”，由此，佛家借助“中道”之法关注“空”与“有”间动态的联结，不即不离而且互动生成。因此，佛家缘起即预示宇宙间的一切事物和现象彼中有此，此中有彼，互为因果，相互联系，互为条件，互为共存，离开关系或条件，就不可能有任何的事物或现象的存在。对个人而言，一切人、一切事物乃至整个宇宙均是个人依存的缘；而对社会而言，一切个人、一切人、一切事物和现象，乃是宇宙整体的缘。因此，一切个人的存在、一切生物的存在与社会的存在休戚与共、息息相关，这种关系性存在正是关怀品格的彰显。

由此，慈悲为怀贯穿于佛家的哲学理念。佛经认为所有的善根，均以慈为根本。慈是善，关爱一切众生。正如《大宝积经》所云：“于诸众生”“起大慈心”“慈爱众生如己身”。这种慈爱，不分等级、性别、物种、贫贱、亲疏。慈

① 王明．抱朴子内篇校释 [M]. 北京：中华书局，1985：236.

悲为本，大慈悲是“无差别的、普遍的慈悲”“是最高层次的慈悲”[①]，“慈悲是佛道之根本”[②]。为此，慈悲“慈悲乃入有之基，树德之本”。《大宝积经》云：“能为众生作大利益，心无疲倦”，“普为众生，等行大悲。”《法华经》中得到揭示：“大慈大悲，常无懈怠，恒求善事，利益一切。”因此，佛家慈悲是根本，是对宇宙间所有生命的尊重与救护。其中，《中阿含经·说处经》中提出“四无量心”，即慈、悲、喜、舍；《增一阿含经·苦乐品》与其对应地提出“四等心”即慈、悲、喜、护。慈悲为佛家的出世宗旨。《涅槃经》卷二十七：“一切众生悉有佛性，如来常住无有变易。”对于佛，人与其他一切生物均是平等的。佛家提出普度众生的慈悲情怀，“大慈与一切众生乐，大悲拔一切众生苦”[③]。佛家认为关爱众生，对自己和万物生命怜悯，即可达成“佛”这一生命的最高境界。学会以慈悲之心关爱众生，摆脱生死轮回之道，进入涅槃佛性的极乐世界。“大慈者，令众生得乐，亦与乐事；大悲怜悯众生苦，亦能令脱苦。”[④]在佛家看来，万物皆是平等的，宇宙间万物整体，任何生物均具有其存在的价值与作用，体现关怀品格的爱。

佛家的慈善不仅指向人、指向社会，还包括一切有生命之物。慈善从关怀个体转向关怀社会，从注重、计较自我利益转向清静的心灵，“协助个人心志的坚定与安定，做到身心平衡，提升自我，清融自我，以关怀他人，净化社会”[⑤]，帮助个体身心平衡，进而带来社会的清静安宁。“不但众生有佛性，草木亦有佛性也。若悟诸法平等，不见依正二相故，理实无有成不成相，假言成佛。以此义故，若众生成佛时，一切草木亦得成佛。”[⑥]众生皆有佛性，亦即以慈悲之心平等地对待众生，爱惜宇宙万物和自然生命，保护世间万物的尊严。著名史学家汤因比就认为：“宇宙全体，还有其中的万物都有尊严性，它是这种意义上的存在。就是说，自然界的无生物和无机物也都有尊严性。大地、空气、水、岩石、泉、河流、海，这一切都有尊严性。如果人侵犯了它的尊严性，就等于侵

① 文史哲编辑部 . 道玄佛：历史、思想与信仰 [M]. 北京：商务印书馆，2012：308.

② [日] 高楠顺次郎，等 . 大正新修大藏经（第 25 卷）[M]. 东京：日本大正一切经刊行会，1934：256.

③ [日] 高楠顺次郎，等 . 大正新修大藏经（第 25 卷）[M]. 东京：日本大正一切经刊行会，1934：256.

④ [日] 高楠顺次郎，等 . 大正新修大藏经（第 25 卷）[M]. 东京：日本大正一切经刊行会，1934：256.

⑤ 圣严 . 圣严法师学思历程 [M]. 台北：正中书局，1993：7.

⑥ [日] 高楠顺次郎，等 . 大正新修大藏经（第 45 卷）[M]. 东京：日本大正一切经刊行会，1934：40.

犯了我们本身的尊严性。”[①] 尊重和敬畏世间万物的生命，成为佛家的积极旨义，也成为关怀品格的意义所在。

佛家慈悲哲学思想实现的路径主要在于“五戒十善”和“四摄六度”。“人间紊乱乃因不守戒律，丧失心灵道德，致人伦失序。”[②] 以五戒十善为道德规范，戒为佛家的行为、习惯、性格等自律特征。五戒指不杀生、不偷盗、不邪淫、不妄语、不饮酒，其中，“不杀生”是对生命的尊重，对人、鸟兽虫蚁和草木的保护。十善分为身、口、意三类。十善比五戒更全面、更具可行性，十善不仅不杀生，而且主张放生、护生、救生；不仅不偷窃，而且行施舍，布施钱财。以“四摄六度”为实现路径，“摄”为导引，四摄指布施、爱语、利行、同事；“度”为济度、引度，六度是引度众生从生死此岸到达涅槃彼岸的六种途径和方法。其中，布施为四摄六度之首，又分为财施、法施和无畏施三种，蕴含佛家为他人安乐的怜悯心、同情心和慈悲，体现佛家“自利利他”“自觉觉他”的慈悲伦理思想。佛家慈悲哲学思想的实现路径是关怀品格善的体现。

（二）中国近现代关怀品格思想

梳理我国近现代关怀品格思想的主要代表有蔡元培、陶行知和梁漱溟，他们的关怀品格思想覆盖了教育、社会建设、国家发展和与自然关系等方面。

1. 蔡元培的关怀品格思想

蔡元培（1868—1940），中国革命家、教育家、政治家。他的关怀品格思想主要体现于他的人格思想、德性理念、博爱及爱国心中。

（1）关于人格

蔡元培主张培养“爱自由、好平等、尚博爱的人”“发展个性和涵养同情心”[③]。他认为只有自由平等，并能博爱互助，民主共和的精神才能实现。他的人格理想，包括调和世界观与人生观，具有独立不惧的精神，担负将来之文化。即他的健全人格能“使国人能思、能言、能行、能担重大之责任”“使国人能发达自由之精神，享受平等之机会”[④]。他主张的平等是人格、机会的平等，但是

① [英]汤因比，[日]池田大作．展望二十一世纪——汤因比与池田大作对话录[M]．荀春生，译．北京：国际文化出版公司，1992：429.

② 证严．慈济十戒[OL]．慈济网站：http：//www.tzuchi.org.tw/index.php/option=com_tentent&view=article&id=408%3A2009-02-06-02-15-11&catid=81%3Atzuchi-about&Itemid=198&lang=zh.

③ 中国蔡元培研究会．蔡元培全集（第4卷）[M]．杭州：浙江教育出版社，1997：82.

④ 中国蔡元培研究会．蔡元培全集（第3卷）[M]．杭州：浙江教育出版社，1997：550.

并不仅在于发展共性，而是注重个性发展，促进个人自由发展，体现关怀品格的人之关爱。

（2）关于德性

蔡元培注重人的德性，他把德性与良心相联系，把良心与善相联结。他认为，人之所以为人，在于具有德性，而道德的本质，就在于“安于履行，自然而然地就会欣然符合义务的要求”①。他的德性的基本内容为“遵循良知”②，他认为“修德之道，先养良心”③。在他看来，如果遵循良知，就是有道德的人，体现为信义、恭俭等，从而能实事求是、不违背正义，宽容他人，在人际交往中处理好与父母、与他人的关系。良心的培育，依赖于智慧、情感、意志三个方面，缺一不可，假如缺失智慧，个人也可能仍具有从善如流、疾恶如仇的情感，但是却缺乏善恶的判断力；而意志薄弱，也就可能做出违背道德的行为。涵养良心，最重要的莫不是善，而去恶又是行善之本。蔡元培的德性，是具有良心的德性，能够宽容他人，处理好人与人之间的关系，而良心的孕育离不开人的善行。因此，蔡元培的德性蕴含关怀品格的意义。

（3）博爱

蔡元培把博爱视为人生有价值的道德。蔡元培认为：“博爱是人生最有价值的道德，这也是人之为人的一个标志。”④在他看来，“行使正义，能使人免于作恶；而引导人行善，没有博爱就不行”⑤。他的博爱，包括父母对于子女的爱，子女对父母的孝，夫妇之间的相互关爱，兄弟姐妹之间的亲厚和睦，族戚及主仆的高尚情感等。对子女的爱，首先是他们健康的成长，其次表现为价值的自我实现与追求；他还专门论述了孝，表现为顺从、关爱、敬重和报德，并特别指出了从身体和精神两方面孝敬父母。其主张的博爱，并不要求回报，但是有序之博爱，“不爱其亲，安能爱人之亲？不爱其国人，安能爱异国之人？”⑥也就是，以亲疏为先后顺序。他认为，如果人人都有博爱之心，就会父子亲密、兄弟和睦、夫妇和美，老、幼、病、残均有人照料，人有需要时有人救助，公益事业有人捐献，公共财物有人爱护，等等，整个社会人与人之间和善而友好，社会秩序井然，此正是关怀品格的关爱关系之体现。

① 蔡元培．中国人道德修养读本 [M]. 长春：吉林人民出版社，2012：200.

② 蔡元培．中国人道德修养读本 [M]. 长春：吉林人民出版社，2012：114.

③ 洪志纲．蔡元培经典文存 [C]. 上海：上海大学出版社，2008：205.

④ 蔡元培．中国人道德修养读本 [M]. 长春：吉林人民出版社，2012：142.

⑤ 蔡元培．中国人道德修养读本 [M]. 长春：吉林人民出版社，2012：152.

⑥ 洪志纲．蔡元培经典文存 [C]. 上海：上海大学出版社，2008：163 － 164.

（4）爱国心

蔡元培的爱国心并不仅局限于对本国及本国人民的热爱，还体现为国际关系中平等相待。源自人们爱惜和依恋土地的心理。人们爱国心的强弱，与国家昌盛有着紧密关系，爱国心既能使国家人民一起享受安乐生活，也能让国家人民共同度过危难。因此，“爱国心乃是源于人民和国土之间深厚感情”①，其体现着对人民、对土地、对国家的热爱。在国际关系中，对于国与国之间，都属于人类的一分子，无论亲疏、社会差等、国家与国家的不同，每个人都应承担人与人间相互对待的责任，使人人实践道德，“人我同享其利”②。

2. 陶行知的关怀品格思想

陶行知 (1891—1946)，中国的人民教育家和思想家，他的关怀品格思想主要包括爱满天下的胸怀、甘为骆驼的教育之爱和独特的修德之道。

（1）爱满天下的胸怀

陶行知先生爱满天下的胸怀不仅包括了对小孩、青年人、教师的爱，还包括对人民（特别是农民）、中华民族和全人类的爱；他不仅爱人类，还热爱一切自然生命。他特别关注小孩和青年人的成长，在他的世界里，“小孩和青年是最大，比什么伟人还大”③。同时，他主张以慈爱培养幼稚园导师，提高教师师德。另外，陶行知先生爱中华民族、爱中国人民和全人类，“因为他爱人类，所以他爱人类中最多数而最不幸之中华民族；因为他爱中华民族，所以他爱中华民族中最多数而最不幸之农人”④。因此，他的爱时刻伴随着中华民族与全体人民。他认为，只要有爱，也就能让中华民族全体人民充满爱。

陶行知先生爱满天下还体现为热爱一切自然生命，以大自然为生物园，对于一切动物、植物的养育，都要创设大自然的环境，“养一个小猴子必得当自己的小宝宝养”⑤其对于课堂的生物试验无不展现其对自然生命的尊重与热爱，例如，关于蛤蟆籽，“如果要在课堂里或试验室里养几粒，那必定是以养几粒为限。这几粒的生长条件，必定为他们准备齐全”⑥。可以说，陶行知先生把爱生与爱才、爱民族和爱人类、爱自然和爱世界统一起来，是关怀品格的善的体现。

① 蔡元培．中国人道德修养读本 [M]. 长春：吉林人民出版社，2012：167.

② 洪志纲．蔡元培经典文存 [C]. 上海：上海大学出版社，2008：179.

③ 顾明远，边守正．陶行知选集（第 3 卷）[M]. 北京：教育科学出版社，2011：477.

④ 徐明聪．陶行知德育思想 [M]. 合肥：合肥工业大学出版社，2009：37.

⑤ 顾明远，边守正．陶行知选集（第 3 卷）[M]. 北京：教育科学出版社，2011：475.

⑥ 顾明远，边守正．陶行知选集（第 3 卷）[M]. 北京：教育科学出版社，2011：471.

（2）甘为骆驼的教育之爱

陶行知坚持极端困难条件下的办学，体现其“捧着一颗心来，不带半根草去”[①]的教育精神。对于晓庄办学，陶行知先生认为就是爱的产物，没有爱便没有晓庄。有爱，就不会把晓庄毁掉。陶行知先生的敬业之精神，其爱生，体现为爱一个整体的人的成长，他认为一个完整的人拥有健康的身体、独立的思想和独立的职业。陶行知先生还非常关注儿童身体，保障学生身体的营养，关爱学生的衣着和关注学生的健康。其以爱力作为奋斗的工具，“爱是一种力量”[②]，他认为发自内心的爱才能打动学生的内心，要求对学生担当责任、平等相待，体现着对学生的尊重与信任。陶行知先生甘为骆驼的教育之爱体现了关怀品格的关爱。

（3）独特的修德之道

陶行知先生“爱满天下”“学而不厌”“诲人不倦”“以身作则”“以人教人”“共学、共事、共修养”“培养合理的人生”，无不体现其关怀品格之素养。其乡村教育、大众教育，彰显着其人格思想，“陶行知讲道德，不只是着眼于个人，而是着眼于集体，着眼于社会”[③]。如他不仅讲“私德”“公德”观，而且提出要明“大德”，即大众之德。“建立人格长城的基础，就是道德”[④]。他相当重视道德教育的作用，强调知行合一、身体力行的道德规范。

首先，他认为“为善无分大小”[⑤]。有些人认为，小善益处不大就没有必要做，而没有认识到善无大小之分。关怀品格之品德，应为不问大小，见善而为，善的思想与善的行为相互作为，而养成关怀之习惯。其次，“去恶为行善之本”[⑥]，倡导我们应该有去恶的勇气，“改过悔司为去恶迁善之机”[⑦]。以去恶行善为志向，也不可能没有过错，过错并不可怕，关键是如何改过自新。犯了过失如果不给予改正，就有可能再次发生，从而养成恶习。因此，“恶人洗心，可以为善人；善人不改过，则终为恶人”[⑧]。悔悟就成为善良的转机，良心重新唤起，进而日渐进入善的道德境界。其三，“进德贵于自省。”[⑨]人各有所长，个性特征

① 顾明远，边守正．陶行知选集（第3卷）[M]. 北京：教育科学出版社，2011：460.
② 徐明聪．陶行知德育思想 [M]. 合肥：合肥工业大学出版社，2009：141.
③ 徐明聪．陶行知德育思想 [M]. 合肥：合肥工业大学出版社，2009：157.
④ 徐明聪．陶行知德育思想 [M]. 合肥：合肥工业大学出版社，2009：175.
⑤ 洪志纲．蔡元培经典文存 [C]. 上海：上海大学出版社，2008：206.
⑥ 洪志纲．蔡元培经典文存 [C]. 上海：上海大学出版社，2008：206.
⑦ 洪志纲．蔡元培经典文存 [C]. 上海：上海大学出版社，2008：206.
⑧ 洪志纲．蔡元培经典文存 [C]. 上海：上海大学出版社，2008：206.
⑨ 洪志纲．蔡元培经典文存 [C]. 上海：上海大学出版社，2008：206.

各异，对于德性的养成会产生不同的影响。因此，根基于自我资质禀赋，结合自我的环境遭遇，反思自我的过去，审察现在的事实，分析未来的趋势，发扬自己的长处，提升自我的短处，力求达成全面、和谐的境界，否则，如依据任意自我的喜怒与禀性，随意妄为，就有可能犯上道德错误，一方面发展，另一方面缺陷，成为道德畸形人。以上善的修养之道，体现关怀品格的修为。

3. 梁漱溟的关怀品格思想

梁漱溟（1893—1988），中国著名的思想家、哲学家，被称为中国“最后的儒家。”其关怀品格思想主要体现为关怀人生与社会、关注人之生命、注重人与自然的依存关系。

（1）关怀人生与社会

一个人需有自己的“志”，这是做人的基本准则。做人要为好学深思，不能苟同于人，要自主。其指出逐求、厌离、郑重的三种人生态度。逐求为第一种人生态度，“为人对于物的问题”①，是人基于现实生活的逐求，在与自然相处的过程中，追求物质的享受，从某种意义看，也是一种哲学。厌离为第二种人生态度，“为人对于自己本身的问题”②，人对自己生活的反思，感觉人生太苦，人生因偏私、仇怨等而无意义。郑重为第三种人生态度，“为人对于人的问题”③，其分两种，一种是不反观自己，听从自我生命之自然的向前逐求，另一种是反观自己生活，向内反观而郑重生活。三种人生态度皆有深浅，逐求是世俗之路，厌离是宗教之路，郑重为道德之路。其把人生问题与社会问题相联系，“社会问题的解决必以个体生命的安顿为前提”④，而中国近现代的民族与社会问题，均是由于人的精神迷失造成。因此，中国的社会问题如军阀混战、社会无序、政治经济文化军事的被入侵，要得以解决需国人树立健康的价值观与人生观。其推崇民主，民主趋向人民的自由和更美好的生活，“民主是人类社会生活的一种精神，或者倾向”⑤其包含承认旁人、平等、讲理、尊重多数、尊重个人自由五个方面的内容，而他认为中国人拥有民主精神。三种人生态度涉及的是对人的物质生活、人自身、人与社会的关怀。

① 梁漱溟．梁漱溟全集（第二卷）[M]. 济南：山东人民出版社，2005：82.
② 梁漱溟．梁漱溟全集（第二卷）[M]. 济南：山东人民出版社，2005：82.
③ 梁漱溟．梁漱溟全集（第二卷）[M]. 济南：山东人民出版社，2005：82.
④ 郭齐勇，龚建平．梁漱溟哲学思想 [M]. 北京：北京大学出版社，2011：15.
⑤ 梁漱溟．梁漱溟全集（第六卷）[M]. 济南：山东人民出版社，2005：124.

（2）关注人之生命

注重生命直觉，他认为直觉是儒家之道德本体，即仁，是价值源泉，是生命本身；直觉与生俱来，是自然本能；直觉属情感、精神，完全由主观决定。直觉进一步发展则为理性。梁漱溟基于对传统西方思想的回应从理智角度理解理性，基于儒家传统道德哲学的继承与发展从本能角度理解理性，他认为，本能不等同于道德，理性则从本能中获得解放并实现对本能的超越，即从本能道德上升到理性道德。道德问题最终落实到身心关系问题，并把儒家道德作为解决人生、社会、国家问题的根本，对于其而言，理性的核心内容仍然是道德本心，因此，其理性“即是传统儒家的道德本体‘仁’或‘良知’”[①]。梁漱溟的宇宙生命概念，生命是直觉、理性更为根本的概念。受儒家思想影响，他认为，生命与生命为一体而不是二，宇宙生命一体，强调天人合一的意义，而与天地的沟通者，不能是赤裸裸的自然人，而是道德上有修养的人，从而确立了人在宇宙中的位置。其宇宙生命本体，“包括了存在与活动的关系、存在与万有的关系、道德与本体的关系。它给天地间一切人、一切物、一切相对的价值系统以一定的地位，并使宇宙与人的动态关联和创化过程得以完整体现”[②]。因此，其以宇宙本体取代了无根的自然本体和虚拟的精神本体。

（3）注重人与自然的依存关系

宇宙大生命者是宇宙通乎宇宙万物而为一体。关于自然与人、人与自然的关系：一方面，人类生存依赖于自然，人涵育于自然中浑为一体。其中，生物不能以其机体为限，其与环境成为一个总体，生物不能脱离关乎其机体赖以生存的环境而孤立对待。人生息于自然界，与自然界不可分，自然界可看作为人的非有机的身体。“生命本性要通而不要隔，事实上本来亦一切浑然为一体而非二。”[③]生物进化是从“局”往“通”发展，“滞于局者，失其通”[④]。一切生物都是通的，但其通的灵敏度却很不相同。但是人类与生物有根本不同，只进不止，其通的灵敏高度无法限制。“人之所以为人在其心”“心之所以为心在其自觉”。[⑤]另一方面，人的生产劳动改造了自然。人源于自然界演进而来，无法完全脱离自然界，人与自然界息息相通，人得于自然界的加工改造，创造了人自身。因此，梁漱溟实际指明了人与自然的相依相存关系，“人从自然发展而来，其前途

① 郭齐勇，龚建平．梁漱溟哲学思想 [M]. 北京：北京大学出版社，2011：191.

② 郭齐勇，龚建平．梁漱溟哲学思想 [M]. 北京：北京大学出版社，2011：199.

③ 梁漱溟．梁漱溟全集（第三卷）[M]. 济南：山东人民出版社，2005：583.

④ 梁漱溟．梁漱溟全集（第三卷）[M]. 济南：山东人民出版社，2005：586.

⑤ 梁漱溟．梁漱溟全集（第三卷）[M]. 济南：山东人民出版社，2005：593.

亦只能继续自然发展去”[①]。其进一步指出,“社会是人（指个体）和自然界之间真实的中介者”[②]，在人形成过程中起决定作用，人只有生活在社会中才成为可能，社会作为人之为人的存在本质方式，孤立的个人是抽象的存在。为此，梁漱溟的人与自然的相互关系，也即社会与自然的依存关系，是关怀品格的指向。

综合我国的关怀品格的演变历程，主要有：儒家的“仁”，包含了“仁”的定义、“仁”的对象、“仁”的方式和“仁”的目的四个方面的论述；墨家的“兼爱”，倡导在个人、家庭、社会、国家间的无差等的、一视同仁的爱；道家的慈、养生、包容；佛家的“慈悲”，强调圆融，主张慈悲，平等善待众生，抑恶向善；蔡元培的人格思想、德性理念、博爱及爱国心；陶行知的爱满天下的胸怀、甘为骆驼的教育之爱和独特的修德之道，这些中国文化所蕴含的关怀品格思想，成为现代关怀品格理论的文化土壤。虽然上述不同期的不同思想家的关怀品格内涵各有差异，侧重点不同，但其仍有以下一些共同的特征：关怀品格思想内核可概述为爱、仁、包容、慈悲、良心与善等，体现了个人、家庭、社会、国家间的无差等的、一视同仁的爱；展现了人与自然休戚与共、万物平等的繁荣与和谐；在人与人之间宽容相待，承担人与人之间相互对待的责任，促进整个社会人与人之间和善而友好；同时，主张人格、机会的平等，注重个性和共性的共同发展。

二、西方的关怀品格理论

在西方，从古代至当代，许多哲学家一直关照人之意义存在。国外的关怀品格思想可追溯至古希腊亚里士多德的善和友爱，苏格兰哲学家大卫·休谟的社会德性和正义和亚当·斯密的正义与仁慈美德，现代关怀品格思想有艾里希·弗洛姆的人道主义伦理学和爱的艺术，卡尔·罗杰斯的个人中心和共情，亚伯拉罕·马斯洛人的需求层次理论和完美人格，内尔·诺丁斯的关怀基本理念和关怀教育与弗吉尼亚·赫尔德的关怀道德理论。

（一）西方古代关怀品格理论

西方古代关怀品格理论主要以亚里士多德 (Aristotle，公元前 384—前 322) 为代表，古希腊哲学家、科学家和教育家，被称为古代先哲。他的关怀品格理

① 梁漱溟 . 梁漱溟全集（第三卷）[M]. 济南：山东人民出版社，2005：626.

② 梁漱溟 . 梁漱溟全集（第三卷）[M]. 济南：山东人民出版社，2005：627.

论主要包括善和友爱两方面内容。

1. 善是目的

善是人的一切实践与选择的目的,“所有事物都以善为目的”[①]。善有多层含义，含崇敬的、该赞扬的、有潜能的和“能保持和造成善的东西”[②]。为此，亚里士多德把善分为具体的善和终极的善。具体的善即“某种善”或善事物；终极的善是最高善，也叫总体的善。善事物有两种，自身即善的事物和作为它们的手段的善的事物。亚里士多德“把那些始终因其自身而从不因它物而值得欲求的东西称为最完善的”[③]，并指出“幸福是所有善事物中最值得欲求的、不可与其他善事物并列的东西”[④]，幸福是善的目的，是至善，是最完满的，其他的善事物是实现幸福的必要条件或有用手段。他进一步指出，造成幸福的活动是合乎德性的，幸福的人常常思考和实践合乎德性的活动。相对于个人而言，城邦的善是“更重要、更完满的善”。

2. 友爱

亚里士多德的关怀德性主要具体化为友爱。友爱“是一种德性或包含一种德性”[⑤]，友爱意味着朋友的存在，它不仅是生活中必要的存在，“而且是高尚（高贵）的”[⑥]。友爱指双方均抱有善意，并为对方所感知。友爱分为善的、有用的、快乐的三种友爱，其中有用的友爱和快乐的友爱短暂且容易破裂，而善的友爱在德性上具有相似性，是持久的，相互“都由于自己的实践而愉悦”[⑦]，且不受离间。因为善的友爱是因爱的人自身原因让对方好，施爱的人自身就爱着自身的善，双方都爱着各自的善，双方都爱着对方，并以愉悦来回报双方，因而友爱蕴含平等。相对于平等的友爱，存在着一方有着优越地位的友爱，此种友爱追求成比例的爱，但如若“因朋友自身之故”友好对待对方，则仍然是善的友爱。三种友爱中，德性的友爱因自身原因选择，如果以报酬或配得回报，友

① [古希腊]亚里士多德.尼各马可伦理学[M].廖申白，译.北京：商务印书馆，2017：2.

② 苗力田.亚里士多德选集（伦理学卷）[M].北京：中国人民大学出版社，1999：263.

③ [古希腊]亚里士多德.尼各马可伦理学[M].廖申白，译.北京：商务印书馆，2017：17.

④ [古希腊]亚里士多德.尼各马可伦理学[M].廖申白，译.北京：商务印书馆，2017：18.

⑤ [古希腊]亚里士多德.尼各马可伦理学[M].廖申白，译.北京：商务印书馆，2017：248-249.

⑥ [古希腊]亚里士多德.尼各马可伦理学[M].廖申白，译.北京：商务印书馆，2017：250.

⑦ [古希腊]亚里士多德.尼各马可伦理学[M].廖申白，译.北京：商务印书馆，2017：255.

爱很难长久坚持，完善的友爱是善的人和德性相近的人间的友爱。即亚里士多德所说的公道的人，遵循着自身的善，他因他自身善而快乐，他人因其存在而善。亚里士多德把不求回报的友爱看作是高尚，但同时认为回报是好事情。在友爱的实践中，施惠者更爱受惠者，一是因施惠者在实践中获得了高尚的东西；二是两者中，施惠者是主动的。对于两种自爱，亚里士多德推崇高尚而又有益于自身和他人的自爱，认为这种自爱自身是高贵的，因为“崇高乃是完满的德性”①。

（二）西方近代关怀品格理论

西方近代关怀品格理论的主要代表为大卫·休谟和亚当·斯密。

1. 大卫·休谟的关怀品格理论

西方近代的关怀品格理论，主要以大卫·休谟（David Hume，1711—1776）为代表，他是苏格兰哲学家、经济学家、历史学家，也是西方哲学最重要的人物之一。他的关怀品格理论主要体现为德、社会德性和、正义与同情。

（1）德：爱的情感和慈善相结合

休谟把德作为情感，把爱的情感和慈善相结合，爱伴随幸福，反对受苦。爱是一种联系，因关系的远近而获得爱。关系是把两个观念在想象中联系起来或比较两个没有联系原则的观念，观念间如果缺乏关系，则会打断印象间的关系，从而阻止相互间的作用和影响。怜悯是次生的爱情感，怜悯依靠于接近关系，常常因对象引起，即是我们说的传来的同情的情感。“慈善是对于所爱的人的幸福的一种欲望和对他的苦难的一种厌恶”。②慈善与爱发生联系，怜悯与慈善的双重同情现象及由其引起的爱的倾向，有助于对亲友自然产生好感；而习惯和关系则使我们感受他人的情绪。道德准则受感情和行为影响，不是理性的结果，理性不能是道德上善恶的源泉；而道德准则刺激情感，产生或阻止行为，理性同样不产生作用。德是善良的，因为其由思维中的一个品格感觉到一种特殊的快乐，“德和恶是被我们单纯地观察和思维任何行为、情绪或品格时所引起的快乐和痛苦所区别的”③。勇敢、宁静等品质产生于对人类的幸福或苦难的同胞感。因此，在休谟看来，德是情感的，而非理性的，是爱的情感和慈善的联结。德因其善良而使人幸福，相反，恶则让人感到痛苦。

① 苗力田. 亚里士多德选集（伦理学卷）[M]. 北京：中国人民大学出版社，1999：475.

② [英] 休谟. 人性论 [M]. 关文运，译. 北京：商务印书馆，2016：415-416.

③ [英] 休谟. 人性论 [M]. 关文运，译. 北京：商务印书馆，2016：511-512.

（2）社会德性：仁爱

休谟认为具有慈爱情感的人，其德的概念总是掺杂着慈善与仁爱。“关心越细微，体贴就越生动，体贴也越具价值，也就越能使一个仁爱的人受感动。”[①] 休谟同时指出，善良的动机是行为善良的必要条件，行为善良则会尊重行为的德。对于一个人的赞赏，是由于他在与他人交往时，他的人格或性质对他人的人格或性质产生的积极影响，而不是因他们间关系的亲疏或远近，不是因个人的利益。因此，“如果一个人具有自然地倾向于有益于社会的一种性格，我们就认为他是善良的”[②]，对一个人的慈善表示赞许，因为他个人的善行给社会带来的利益。仁爱情感的一部分价值来自其“促进人类利益和造福人类社会的趋向”[③]。也就是说，这些品质的部分价值是由于社会德性的效用产生。社会德性实现着人类幸福、社会秩序、家庭和睦、朋友互助，具有广泛的影响力。因此，借助我们本性结构中的仁爱，与社会德性站在同一边，产生对社会有益的倾向。仁爱和友谊、人道和仁慈等情感，拥有为一切感情所共同的好处，并直接给人愉快的享受。对于拥有直接令我们自己愉快的品质的人，他们自身直接就感觉愉快，他人则因感染或同情而领略愉快，我们也因那个传达愉快品质的人产生好感。“个人价值完全在于拥有一些对自己或他人有用的或令自己或他人愉快的心理品质。”[④] 因此，社会德性是仁爱，给自身和他人都带来快乐。

（3）正义与同情：关怀社会的和谐

休谟认为正义有助于关怀社会的和谐，而同情则促进社会福利。第一，正义关怀社会秩序。休谟认为，人依赖于社会，社会才能弥补个人的缺陷，增长个人才能。人性感情的偏私性，为了补救社会利益的不稳定性，从而产生正义观念，正义有助于建立完善的和谐与协作。休谟认为正义不因公益的尊重或慈善的感情而产生，正义也不建立于理性，相反，正义产生于对自己利益和公共利益的关心，“如果没有正义，社会必然立即解体”[⑤]。正义法则具有普遍性，协调社会目的，正义是人为的。“正义是对社会有用的”[⑥]，其趋向于维护社会的秩序达到幸福和安全。第二，同情促进社会福利。休谟对于道德起源的探究，考究的是同情。借助同情，人类可感受愉快或痛苦，从而趋向人类的福祉，“同

① ［英］休谟．人性论［M］．关文运，译．北京：商务印书馆，2016：643.
② ［英］休谟．人性论［M］．关文运，译．北京：商务印书馆，2016：622.
③ ［英］休谟．道德原则研究［M］．曾晓平，译．北京：商务印书馆，2001：34.
④ ［英］休谟．道德原则研究［M］．曾晓平，译．北京：商务印书馆，2001：121.
⑤ ［英］休谟．人性论［M］．关文运，译．北京：商务印书馆，2016：534.
⑥ ［英］休谟．道德原则研究［M］．曾晓平，译．北京：商务印书馆，2001：38.

情是我们对一切人为的德表示尊重的根源”[①]，“同情是人性中一个强有力的原则”。[②]他认为在进行道德判断时，同情影响美感，而大部分的德是同情发生作用的必要条件，这些德具有促进社会福利或具有这些德的人的福利的倾向。因此，正义与同情关怀社会的和谐。

2. 亚当·斯密的关怀品格理论

亚当·斯密(Adam Smith，1723—1790)，英国经济学家，其著作《道德情操论》论述的主要是伦理道德问题，其中蕴含着丰富的关怀品格思想。亚当·斯密以“合宜”与否来判断一种行为是否是美德，而美德处于合宜性中。正义和仁慈是两种不同的美德，是其关怀品格理论的内蕴。

（1）正义的美德

正义的美德是底线道德，是不作恶。亚当·斯密认为，人们可以“通过静坐不动和无所事事的方法来遵守有关正义的全部法规”[③]。也就是说，不施恶行，不产生损害行为，也是遵守正义；只有给他人以损害，带来不利后果，才是违背正义。因此，正义不是善行，不能推崇和赞扬。但是，如果失去正义品德，会给他人带来侵犯和不幸，引发社会不和谐。换句话说，正义是个人必须具备的美德，但他同时又认为，正义“只是一种消极的美德，它仅仅阻止我们去伤害周围的邻人”[④]。正义是不伤害他人利益，虽然他不如仁慈崇高，但他不会破坏他人幸福，否则，会遭遇恶报。

（2）仁慈的美德

相较于正义美德，较高层次的是仁慈之德。仁慈是个人给他人带来幸福，是出于利他之纯正动机，感他人之所感，想他人之想，由此产生的同情心。仁慈是个人善良的情感，体现个人良心。“如果一个人有能力报答他的恩人，或者他的恩人需要他的帮助，而他不这样做，毫无疑问他是犯了最丢人的忘恩负义之罪……但是，他仍然没有对任何人造成实际的伤害。”[⑤]这句话意思是，缺乏仁慈，不会造成对他人的伤害，只不过会使人失去对善的期待，从而受人鄙视和

---

① ［英］休谟．人性论 [M]. 关文运，译．北京：商务印书馆，2016：616.

② ［英］休谟．人性论 [M]. 关文运，译．北京：商务印书馆，2016：657.

③ ［英］亚当·斯密．道德情操论 [M]. 蒋自强，钦北愚，朱钟棣，沈凯璋，译．北京：商务印书馆出版，2015：103.

④ ［英］亚当·斯密．道德情操论 [M]. 蒋自强，钦北愚，朱钟棣，沈凯璋，译．北京：商务印书馆出版，2015：102.

⑤ ［英］亚当·斯密．道德情操论 [M]. 蒋自强，钦北愚，朱钟棣，沈凯璋，译．北京：商务印书馆出版，2015：98-99.

谴责。亚当·斯密并不否定人的自利心，即对自己幸福的关心，包括关心自己的学习、工作、生活等自我控制的合宜性。他认为大多数人把自我利益置于他人利益之首，是合乎人性的表现。而当追求自我利益，而损害他人利益时，就触碰了正义的道德底线。所以人性中除了自利心，还有仁慈心。而社会没有仁慈之心，人与人之间就缺少关爱和善良。亚当·斯密仁慈的理解，并不是抽象的仁爱，而是结合于家庭、职业、人与人之间的社会和国家关系中。因此，亚当·斯密的正义与仁慈，既肯定个人合法追求的幸福生活的道德必要性和可能性，又关注他人幸福的重要性。

（三）西方现代关怀品格理论

西方现代关怀品格理论主要以艾里希·弗洛姆、卡尔·罗杰斯、亚伯拉罕·马斯洛、内尔·诺丁斯和弗吉尼亚·赫尔德为代表。

1. 艾里希·弗洛姆的关怀品格理论

艾里希·弗洛姆（Erich Fromm，1900—1980），美籍德国犹太人，是近现代人道主义伦理学家，其毕生基于心理学分析的视角，批判现代社会问题，主张追求人的积极自由。其主要代表作有《逃避自由》《为自己的人》《爱的艺术》等。他的关怀品格理论主要表现为：积极的自由、人道主义伦理学和爱的艺术。

（1）积极的自由

弗洛姆认为自由是一种积极的心理因素，必然推进其在社会历史进程中的心理、经济、意识形态等多种因素的相互交织。他批驳弗洛伊德的人类关系的生物需求交换，而认为人类关怀是个人与世界的特殊联结关系，人性具有与生俱来的机制，然而受制于经济制度的特性。人类只有与世界联系，与他人合作才能生存，才能避免精神的孤独。弗洛姆批判资本主义社会给人带来的自由，这种自由使个人臣服于自身的外在目的而劳动，“个人与他人的具体人际关系已失去了其直接性与人情味特征，而呈现出一种操纵精神与工具性的特点”[①]，人与人之间呈现非人的关系，声望、财产、权力成为成功的自我评价依据。他强调积极的自由，即“自我的自由活动”[②]，它能保持自我的独立完整人格，自发地用爱与自我、他人、自然乃至整个世界相联系。

---

① ［美］艾里希·弗洛姆．逃避自由 [M]. 刘林海，译．北京：人民文学出版社，2018：78.

② ［美］艾里希·弗洛姆．逃避自由 [M]. 刘林海，译．北京：人民文学出版社，2018：173.

（2）人道主义伦理学

基于人的机器奴隶化现状，弗洛姆从心理学角度，阐明人道主义伦理学的正确性。他认为人道主义伦理学唯人的幸福为评价之标准，植根于人的独特性，强调与他人的相关性；人凭借爱的力量，使自己和他人、世界联系在一起，“并使世界真正成为他的世界”[①]。弗洛姆非常重视性格在人的社会化过程中的动力作用，认为性格使人的行为前后一致，适应社会。他把性格取向分为非生产性取向和生产性取向两种。非生产性取向无法合理处理人与人之间的关系；他认为人格的生产性取向则是一种基本态度，“它包括人对他人、对自己、对事物的精神、情感、及感觉反应”[②]，生产性承载着能力的运用和潜能的实现，生产性能处理人的独立与联系间的矛盾。他认为“通过行动和理解，人能生产性地与世界相联系”。[③]从而进一步指出:“真正的爱植根于生产性之中。”[④]称为“生产性的爱”，其包含关心、责任、尊重和认识四个要素。他认为一个“肯定我自己的生命、幸福、发展与自由”[⑤]之人，有能力爱他人，也有能力爱自己。正是基于爱的这种特性，爱克服了孤独感，导致保存个性的一体化，而这也是创造性劳动的体现。因此，积极的自由在实现独特自我的同时，联结世界于一体。弗洛姆同时指出，自由只有在高度民主的社会中才能得以实现。

（3）爱是一门艺术

爱是弗洛姆伦理思想的核心,他主张探索爱的真谛,“明确爱是一种艺术”[⑥]，探讨了爱的理论和实践。他认为，爱是一种爱的能力问题，而不是如何被爱，怎么让人爱。人类的进步在于脱离了动物界，使人们从孤独状态中解脱出来，然而又陷入资本主义社会的机器平等，崇尚人的标准化，消解个性的人的平等。人通过创造性劳动，脱离机器化状态，“达到人际间的协调和我与另一个人融为一体，在于爱”[⑦]。爱能够在保持尊严的前提下，把人与人主动联结起来，它承

---

① [美]埃·弗洛姆.为自己的人[M].孙依依，译.北京：生活·读书·新知三联书店，1988：34.

② [美]埃·弗洛姆.为自己的人[M].孙依依，译.北京：生活·读书·新知三联书店，1988：91.

③ [美]埃·弗洛姆.为自己的人[M].孙依依，译.北京：生活·读书·新知三联书店，1988：103.

④ [美]埃·弗洛姆.为自己的人[M].孙依依，译.北京：生活·读书·新知三联书店，1988：103.

⑤ [美]艾里希·弗洛姆.逃避自由[M].刘林海，译.北京:人民文学出版社，2018：77.

⑥ [美]艾里希·弗洛姆.爱的艺术[M].刘福堂，译.北京：人民文学出版社，2018：6.

⑦ [美]艾里希·弗洛姆.爱的艺术[M].刘福堂，译.北京：人民文学出版社，2018：21.

认他人之价值，同时维护自我之尊严。爱还是一种“永恒的”行为，给予是其主要实践，爱具有创造爱的能力。弗洛姆批评当代西方社会的人疏远自我、他人及自然，认为真正的爱以相互交流为核心，“一起行动、一起发展、一起工作”[①]，真正的爱包含“关心、责任、尊重和了解”[②]四种构成因素，弗洛姆把爱与“生产性的爱”相联结。同时，弗洛姆认为爱是自发性行为的最核心组成部分，既保存自我的独特性，又尊重他人的个体性，而“与他人融为一体的爱”[③]。

通过分析，弗洛姆认为爱的艺术实践需要克服自恋，养成客观的态度，发展理智和谦卑。在爱的艺术的实践过程中，信仰品质是一种必要条件，信仰分为非理性的信仰和理性的信仰。理性的信仰是立足于坚实的观察与思考上的独立信念，它“不仅存在于思维和判断中，也存在于人际关系中”[④]，它以创造性为基础，相信自我，拥有对他人产生爱的能力。另一方面爱的艺术的实践离不开“活动性”。“活动性”是一种充满活力的状态，只有充满活力的人才能在爱的领域中生机勃勃。不过，弗洛姆认为在当代的西方社会中，“爱是一种罕见的现象”[⑤]，需要对社会进行重大变革，因为爱的本质是与这个社会相统一。

2. 卡尔·罗杰斯的关怀品格理论

卡尔·罗杰斯（Carl Ranson Rogers，1902—1987），美国心理学家，主要从事心理咨询和治疗的实践与研究，人本主义心理学的主要代表人物。其关怀品格理论主要体现在个人中心的取向和共情的存在方式。

（1）个人中心取向：关怀自我与关怀他人

罗杰斯首先承认个人中心取向，即“个体内部拥有许多用于认识自己，改变自我概念、基本态度与自我定向行为的资源”[⑥]。但是，罗杰斯的个人中心取向并非与他者或群体疏离对立的关系，恰恰相反，其是建立在团体和与他人紧密联系的基点之上。他认为，在治疗师与来访者之间、亲子之间、师生之间、上下级之间等的现实关系实质建构中，个人仍是其关键。因此，其个人中心取向必须满足以下条件：真诚、真实或一致性；接纳、关心或重视；移情理解，感知他人的感受和个人意义，并将此感知传达于他人。为此，罗杰斯提出个人中

① [美]艾里希·弗洛姆.爱的艺术[M].刘福堂，译.北京：人民文学出版社，2018：105.

② [美]艾里希·弗洛姆.爱的艺术[M].刘福堂，译.北京：人民文学出版社，2018：29.

③ [美]艾里希·弗洛姆.逃避自由[M].刘林海，译.北京：人民文学出版社，2018：175.

④ [美]艾里希·弗洛姆.爱的艺术[M].刘福堂，译.北京：人民文学出版社，2018：126.

⑤ [美]艾里希·弗洛姆.爱的艺术[M].刘福堂，译.北京：人民文学出版社，2018：134.

⑥ [美]卡尔·罗杰斯.论人的成长[M].石孟磊，等，译.北京：世界图书出版有限公司北京分公司，2019：100.

心团体的建立。这种个人中心团体完全开放，没有领导，没有阶层，权力与责任共享。在这里，“整体性源于独立性”[①]，集体意识并不来自集体行为，也不会遵循某一团队方向。相反，每一个体均利用自己在团队中的独特意义成为自己想成为的样子。在这一团体中，“人们会体验到独立性与多样性——成为‘我’的独特性。‘独立意识’这一显著特征会上升到‘团队意识’的整体层面”[②]。因此，团队成为满足个人需求的地方，而个体也会主动创造满足需求的情境，个体体验的价值观逐渐增强。在团队中，每位参与者的愿望都会受到重视，没有人会感到自己被忽视。团队让人感受到统一的精神力量和生命力量，团队成员同呼吸、同感受，“甚至为对方辩解”[③]，团队成为深刻的精神体验，不受我与你的限制，而在于冥想的体验中，每个人的独立性得到极大的维护。因此，罗杰斯的个人中心取向并不否定“帮助关系”[④]的建立，恰恰相反，其个人中心是团体下的个人中心。因此，罗杰斯的个人中心取向实质是关怀自我与关怀他人，在个人中心团体中可实现关怀自我与关怀他人。

（2）共情的存在形式

罗杰斯把共情作为一个过程，而不是一种状态。共情意味着“进入他人私密的感知世界，并且感到无拘无束；它包括对他人心中变化的感知意义时刻保持敏感，同时对他人正在体验的恐惧、愤怒、脆弱、困惑等感受时刻保持敏感；它意味着暂时进入他人的生活，在其中游移而不做任何评价；它涉及感受他人很少察觉的感受，但不要揭开他完全不曾察觉的感受——因为这太有胁迫性；这包括当你用淡定的新视角去审视他所害怕的事件时，你与他交流你对其世界的感受”。[⑤]由此，我们可了解到，共情可消解疏离感，随时感知他人的心理感受，其专注于倾听与交流，尝试从各个层面与对方达成共情，达成自发的“同感理解”[⑥]，而并不在于评价。共情具有以下影响：接受者感受到自己被重视和关

① [美]卡尔·罗杰斯．论人的成长[M].石孟磊，等，译．北京：世界图书出版有限公司北京分公司，2019：160.

② [美]卡尔·罗杰斯．论人的成长[M].石孟磊，等，译．北京：世界图书出版有限公司北京分公司，2019：160.

③ [美]卡尔·罗杰斯．论人的成长[M].石孟磊，等，译．北京：世界图书出版有限公司北京分公司，2019：166.

④ [美]罗杰斯．罗杰斯著作精粹[M].刘毅，钟华，译．北京：中国人民大学出版社，2006：104.

⑤ [美]卡尔·罗杰斯．论人的成长[M].石孟磊，等，译．北京：世界图书出版有限公司北京分公司，2019：121.

⑥ [美]罗杰斯．罗杰斯著作精粹[M].刘毅，钟华，译．北京：中国人民大学出版社，2006：265.

心，注重客观的、接纳的同情。共情中，沟通尤其必要。他主张基于情感的沟通，“是体验式的、与个体相关的本能反应，情感、思想和意见”[①]。这种交流让双方得到扩展、提升和丰富，加快个人成长步伐；而且这种交流尤为注重倾听，且是不带评价或诊断的倾听，能让接受者获得同一性和人格的感受，因为，“只有你重视他人及其个人世界——在某种意义上关心他，你才可能准确地感知他人的感知世界”[②]。为此，罗杰斯提出明天的人的品质特征：具有开放性、整体性的渴望、亲密性的渴望、关爱、亲近自然、反机构化、内在权威、物质轻视、心灵渴望，等。这一切都彰显着其对人性的关怀与渴望。

3. 亚伯拉罕·马斯洛的关怀品格理论

亚伯拉罕·马斯洛（Abraham H.Maslow，1908—1970），美国社会心理学家，其融合了精神分析心理学和行为主义心理学，成为著名人本主义心理学家之一。其关怀品格理论主要体现为人的需求层次理论和完美人格理论。

（1）需求层次理论：对人整体的关怀

马斯洛的需求层次理论包括生理需求、安全需求、爱的需求、尊重的需求和自我实现的需求。生理需求，主要是对食物的需要，是低层次的动物需求。而一旦其得以满足，安全需求得以出现，也即是远离痛苦、恐惧的恒常有序的生活。接着是归属需要，即爱的需要，包括“爱与被爱两个方面”[③] 接下来，更高层次的需要，即尊重，包括自尊和受他人尊敬，其中，自尊包含信心、能力、本领、独立、自由等，他人尊敬则包含威望、承认、接受、关心、地位、名誉等。最后，自我实现的需要，即“成为你所能够成为的那个人”[④]。马斯洛的五个层次理论是由低级向高级递进的，低层次的需要比高层次需要更部位化、可触知和有限度；而需要的层次越高级，其需要越为人类所特有，即是高级需要相对于低级需要具有更大的价值。他认为，“需要层次越高，爱的趋同范围就越广”[⑤]，即爱的趋同的影响及平均程度越广；高级需要的追求与满足“有益于公众和社会的效果”“更接近于自我实现”“导致更伟大、更坚强以及更真实的

---

① ［美］卡尔·罗杰斯．论人的成长 [M]. 石孟磊，等，译．北京：世界图书出版有限公司北京分公司，2019：3.

② ［美］卡尔·罗杰斯．论人的成长 [M]. 石孟磊，等，译．北京：世界图书出版有限公司北京分公司，2019：130.

③ ［美］马斯洛．马斯洛人本哲学 [M]. 成明，译．北京：九州出版社，2003：3.

④ ［美］马斯洛．马斯洛人本哲学 [M]. 成明，译．北京：九州出版社，2003：3.

⑤ ［美］亚伯拉罕·马斯洛．动机与人格 [M]. 许金声，等，译．北京：中国人民大学出版社，2013：63.

个性”[①]。自我实现的人，是在基本需求得到满足后，受到更高层次的动机影响，“‘超越性动机’的驱动”[②]。因此，马斯洛的需求层次理论可以说是对完整的人的关怀。

（2）完美人格

对于完美人格的形成，马斯洛主张以人为本，他认为“动机理论必须以人为中心，而不是以动物为中心”[③]。需要满足会引发一般品质，如“仁慈、慷慨、无私、宽容（与偏狭相对）、沉着平静、愉快满意”[④]等。其提出在内部与外部、自我和世界的复杂关系中，由于自私与无私的两大意向与需要，自律与他律的复杂问题其实并不彼此对立，相反，他们相互联系，当人更健康成长时，高自律与高同一律则会同时存在，并趋于融合，从而“自律和同律、自私和无私、自我和非我、纯粹心灵和外部现实等等二元分离都会趋向消失”，“当人达到力量、自尊、个人特征的极点时，他也同时会和他人打成一片，失去自我意识并在一定程度上超越自我和自私”[⑤]。人们因爱而投身于自我以外的事业以实现自我。因此，其肯定每个人身上均有自发的关心他人、关爱别人、被人关爱的能力，以及不断成长、自我实现的动力。马斯洛的自我实现之人，是在现实生活中不再受基本需求驱动的人，其基本需求已得到满足，他们追求永恒、终极的真、善、美和正义价值。马斯洛的自我实现并不是无限制的发展，他承认人的发展离不开一定的自我约束和自我控制。他认为，自我实现的人具有如下特征：对现实敏锐感知的非寻常能力，接受自我与他人紧密相关，自发的行为及内在的遵从，以问题为中心的责任感或义务感，超然独处的品质，自主独立性，清新的鉴赏能力，认同、同情及爱的人类情感，谦逊和尊重的品质，交融、崇高的爱、完美的认同的深厚人际关系，明确的善恶道德标准，服从目的的手段，善意的幽默感，创造性人格，接受自我、他人、社会、自然和客观现实的价值观。因此，马斯洛的完美人格是高自律与高同一律的融合，具有关爱、关心的能力，自我实现消解了仁慈与冷酷、具体与抽象、自我与社会、疏离他人与认同他人等之间的二元对立，体现着马斯洛的关怀品格理念。

---

① ［美］亚伯拉罕·马斯洛．动机与人格［M］．许金声，等，译．北京：中国人民大学出版社，2013：63 － 64.

② ［美］马斯洛．马斯洛说完美人格［M］．高适，译．武汉：华中科技大学出版社，2012：153.

③ ［美］马斯洛．马斯洛人本哲学［M］．成明，译．北京：九州出版社，2003：71.

④ ［美］马斯洛．马斯洛人本哲学［M］．成明，译．北京：九州出版社，2003：77.

⑤ ［美］马斯洛．马斯洛人本哲学［M］．成明，译．北京：九州出版社，2003：86.

4. 内尔·诺丁斯的关怀品格理论

内尔·诺丁斯（Nel Noddings，1929—2022），美国斯坦福大学教授。她是当代关怀伦理研究方面作出较大贡献的学者，她在该方面研究的主要译著包括《关心：伦理和道德教育的女性观点》《学会关心——教育的另一种模式》《培养智慧的信仰和反叛》《教育哲学》《始于家庭：关怀与社会政策》《培养道德的人：以关怀伦理替代人格教育》和《幸福与教育》等。以下主要从她的关怀基本理念和关怀教育来阐述她的关怀品格理论。

（1）关怀基本理念

诺丁斯认为关怀是人类生活的一个基本要素，没有人不希望得到关怀。关怀构成要素主要有关怀者和受关怀者。关怀关系完成的完整过程表现为：关怀者（A）关怀被关怀者（B），即A的意识特征是专注和动机移置，且A做出与前述特征相符的行为，B承认A关怀B。在这过程中，关怀者接受被关怀者的需要，被关怀者回应关怀者的关心，以维护关怀的关系，持续表达对被关怀的渴望。关怀并不是仅由关怀者一方控制，而是由双方共同控制。当关怀者控制自己作为关怀者的言行时，也会受到被关怀者的控制，即双方共同控制实现关怀。关怀理论的核心目标在于建立、维护和发展关系。承认被关怀者的作用是关怀理论的核心内容，关怀更多把注意力放在交往与回应上。在关怀理论看来，自我也作为一种关系，“它是在与世界上的他我、与事物及事件相遇的过程中建构起来的”①。诺丁斯认为，虽然关心本质是非理性的，但并不是说不受理性控制，关心中的大部分是经过理性思考的，基本关系和对相关性的意识不是理性。关怀承认普遍性，此普遍性表现在，如“出生、死亡、身体和情感的需要之共同性，以及期待被人关怀”②。但是，关怀更注重生命的差异性。

（2）关怀教育

关怀理论者强调关怀教育，诺丁斯批评当代教育的评价标准，学校常常为所谓的平等，为所有的孩子提供相同的课程，而不顾孩子的背景、兴趣或发展计划；她批评当今社会把学科学习作为关注点，充分关注智力培养，而忽略从道德层面培养学生的关怀。她认为教育的首要任务是关怀孩子，减少暴力，教

① [美]内尔·诺丁斯.始于家庭：关怀与社会政策[M].侯晶晶，译.北京：教育科学出版社，2006：111.

② [美]奈尔·诺丁斯.教育哲学[M].许立新，译.北京：北京师范大学出版社，2017：204.

孩子“能做好去关爱他人的准备”[①]。关怀理论“接受对于他者的责任”，“而不是对一套先验的道德规则负责”[②]。关怀教育最大的责任是在教师与学生相遇中培育个体的伦理思想。关爱的教育是倾听孩子心声与交流，引导孩子自我选择而不是违背自我，孩子不仅要为他的物理自我负责，也要为他的道德自我作出选择。关心的教育是师生互惠，教师也需要成为被关心者，教师的教学与成长，也依赖于学生，如我们教师依赖于我们自己一样。学生对教师关怀的回应对师生关系的和谐很重要。学校道德教育旨在提升受教育者的伦理理想，使他们能够持续地与他人道德相遇。这并不是说学校教育放弃智力培养，而是把伦理教育置于首位，教育的首要目的是维持和提升关心。关怀教育最好的教育方法是榜样、对话、实践和认可。对话目的是与观念和理解建立联系，与他人相遇，关心他人；实践有助于关心能力的提升；认可是对关心的维系。因此，她主张为了关心，重组学校结构。

诺丁斯的关怀理论不只是女性取向，而作为每个人的伦理取向，其帮助女性克服参与公共事务的障碍，鼓励男性发展“使人生具有深度满足与欣慰的种种技能和态度”[③]。她认为关怀理论最大的作用在于对关系及被关怀者发挥作用的强调，她的关怀理论“致力于建构一个‘使善成为可能’的世界”[④]。因此，关怀理论拒斥单向度的道德观点，承认道德现实的相互依存状态，每一个体的善与生长不可避免地与他人的善与生长相联结。

5. 弗吉尼亚·赫尔德的关怀品格理论

弗吉尼亚·赫尔德（Virginia Held），美国哲学教授，道德哲学家、社会政治和女性主义哲学家。其关怀品格理论主要涉及关怀道德理论、关怀与正义的协作、关怀内在自由和以关怀思考社会四方面。

（1）关怀是一种道德理论

关怀伦理学已发展成了一种道德理论，但是关怀伦理学不同于康德的道德论、功利论或美德论。关怀理论重视具体情境和个体叙事，规避抽象推理和普

① ［美］内尔·诺丁斯．培养有道德的人：从品格教育到关怀伦理［M］．汪菊，译．北京：教育科学出版社，2017：111.

② ［美］内尔·诺丁斯．始于家庭：关怀与社会政策［M］．侯晶晶，译．北京：教育科学出版社，2006：48.

③ ［美］内尔·诺丁斯．始于家庭：关怀与社会政策［M］．侯晶晶，译．北京：教育科学出版社，2006：45.

④ ［美］内尔·诺丁斯．始于家庭：关怀与社会政策［M］．侯晶晶，译．北京：教育科学出版社，2006：46.

遍规则，尊重并不拒斥情感。关怀伦理把人视为关系中的人，防止陷入自我利益中心的个人概念，把人视作在道德和认识论上相互依赖的关系网络中。作为关怀者不仅要有恰当的关怀动机，而且要对被关怀者反应和持续关怀，并依据效果调适其参与的实践，赫尔德推崇照顾的关怀实践。关怀伦理学强调“在具体背景中对多种相关思考的感受性”[①],强调对话,提出“关怀是实践也是价值”。关怀作为一项实践工作，其评价可考虑敏感性、信任和相互关心等相关评价标准；而关怀价值的取向在关爱关系，而不是在人或者是个人本身。因此，关怀伦理学致力于与他人一起维持关系，重建道德关系，创造关爱的关系。

（2）关怀与正义相互协作

赫尔德讨论正义与关怀。通过讨论以正义或功利和关怀为基础的道德，正义伦理学追求公平、平等、个人权利、抽象原则，关怀伦理学关注“专注、信任、对需要的反应、讲述的细微差别和培育关爱关系”[②]。他认为在现实中,关怀的背景下需要正义，而正义的背景下需关怀伴随，关怀和正义可能实现融会贯通。“关怀之内必须要发展正义”，“对于充分合理的道德性而言，正义是至关重要的”[③]。关怀并不是仅限于私人领域，其有助于培养相互信任和持续合作的社会秩序，对社会、政治同样具有深远的意义。赫尔德进一步提出“倘若没有正义仍然可以有关怀，但倘若没有具有价值的关怀也就不可能有正义”[④]。在正义方面，关怀对法律和强制的需要不会消失，但发展趋势会越来越弱。关怀伦理并不是不能处理暴力冲突，相反，其以关怀为标准，采取适当的方式克服暴力，“而不仅仅是以暴力回应暴力”[⑤]。在绝对必要时，关怀同样推荐使用武力，但是必须“保持关怀的目标和标准，还要负责地防止暴力的发生”[⑥]。

（3）关怀内在自由：关系取向

关于自由，关怀伦理学批评自由主义只计算自己的利益，对他人道德冷漠。关怀伦理并不意指不能自主选择，相反，其同样可抵制或重新塑造相互之间的关系，保持、修改或创建新关系，但不是作为活动的独立个人的选择，而是取向关系之人,遵循关怀伦理学的道德代理人“仍然可以是自由的道德代理人”[⑦]。

① ［美］弗吉尼亚·赫尔德.关怀伦理学[M].苑莉均，译.北京：商务印书馆，2014：29.
② ［美］弗吉尼亚·赫尔德.关怀伦理学[M].苑莉均，译.北京：商务印书馆，2014：20.
③ ［美］弗吉尼亚·赫尔德.关怀伦理学[M].苑莉均，译.北京：商务印书馆，2014：234.
④ ［美］弗吉尼亚·赫尔德.关怀伦理学[M].苑莉均，译.北京：商务印书馆，2014：214.
⑤ ［美］弗吉尼亚·赫尔德.关怀伦理学[M].苑莉均，译.北京：商务印书馆，2014：222.
⑥ ［美］弗吉尼亚·赫尔德.关怀伦理学[M].苑莉均，译.北京：商务印书馆，2014：223.
⑦ ［美］弗吉尼亚·赫尔德.关怀伦理学[M].苑莉均，译.北京：商务印书馆，2014：136.

关怀内在自由是在社会范畴内，基于物质、心理和社会的先决条件，而不是由抽象的、独立的个人来行使。因此，“关怀伦理学的目的是，促进负责任的、适当情况下的自主性”①。相比于自由主义的个人自主权，关怀自主更有助于思考更大型、更令人满意的社会活动。因此，关怀内在自由是以关系取向的自由。

（4）关怀思考社会

认为市场不应该仅将谋取商业利益作为其首要动机，关怀伦理学更能关注被市场忽略的相关价值观念，其价值体现在对社会联结、儿童发展、家庭满意度及社会凝聚力和福祉等方面。从关怀关系可解释在过去的十年时间公民社会受到重视的原因，因为人们“逐渐认识他们的利益依赖于他人并和其他人的利益相联系”②，他们共同关心并评估实际的关系，考虑共同所需，共同促成良好关系。因此，关怀伦理学认为，“社会有责任对弱势群体的需求作出反应”③，以关爱方式思考社会。关怀伦理学以一种新的视角来理解人与人、人与社会的关系，“人的至少一部分由他们的社会关系构成”④。社会成员间彼此关爱，并扩展至全球社会。关怀伦理学关注国家之间的关系和全球文明，改变领域之间、不同阶层之间的关系，理解培养信任关系的重要性，追求全球福祉为责任，主张关爱关系全球化，包容整个人类，减少诉诸暴力。

综上所述，亚里士多德的善和友爱，大卫·休谟的德、社会德性和正义与同情，亚当·斯密的正义与仁慈的美德，艾里希·弗洛姆的积极的自由、人道主义伦理学和爱的艺术，卡尔·罗杰斯的个人中心的取向和共情的存在方式，亚伯拉罕·马斯洛人的需求层次理论和完美人格，内尔·诺丁斯的关怀基本理念和关怀教育，弗吉尼亚·赫尔德的关怀道德理论、关怀与正义的协作、关怀内在自由和以关怀思考社会，所有这些都成为关怀品格的理论借鉴。虽然上述不同时期的不同哲学家的关怀品格的理论有所差异，侧重点不同，但其仍有以下一些共同的特征：第一，围绕德与伦理来阐述关怀品格的理论。亚里士多德把善、爱与德相联结。善为目的，而幸福是善的目的，是至善；关怀德性主要具体化为友爱，其中，善的友爱是德性，完善的友爱是善的人和德性相近的人间的友爱。休谟认为德的概念总是掺杂着慈善与仁爱。德是善良的，德是情感的，而非理性的，是爱的情感和慈善的联结。他认为社会德性是仁爱，给自身和他人

① ［美］弗吉尼亚·赫尔德．关怀伦理学 [M]. 苑莉均，译．北京：商务印书馆，2014：136.
② ［美］弗吉尼亚·赫尔德．关怀伦理学 [M]. 苑莉均，译．北京：商务印书馆，2014：203.
③ ［美］弗吉尼亚·赫尔德．关怀伦理学 [M]. 苑莉均，译．北京：商务印书馆，2014：138.
④ ［美］弗吉尼亚·赫尔德．关怀伦理学 [M]. 苑莉均，译．北京：商务印书馆，2014：73.

都带来快乐。诺丁斯的关怀理论“致力于建构一个‘使善成为可能’的世界”，承认个体自我的善与和长与他人的善与生长相互依存的道德现实。赫尔德关怀伦理学致力于重建道德关系，创造关爱的关系，把人视为关系中的人。第二，注重正义与关怀在现实社会中的融会贯通。休谟主张以正义与同情关怀社会的和谐。亚当·斯密认为正义的美德是底线道德，仁慈之德是较高层次的美德。正义与仁慈把个人合法追求的幸福生活的道德必要性和可能性与他人幸福的重要性相融合。赫尔德讨论关怀与正义相伴随，关怀需要正义，正义需要关怀，两者实现融会贯通。第三，自我与他人相联结。亚里士多德认为，自爱是爱自己，并有益于自身和他人的自爱。弗洛姆认为自由能保持自我的独立完整人格，依据爱的力量，自发地用爱与自我、他人、自然、世界相联系。其中，爱是一门艺术，一种爱的能力，爱保存自我的独特性，与他人融为一体的爱。罗杰斯的个人中心是团体下的个人中心，主要以共情达成自发的“同感理解”。马斯洛的需求层次理论的最高层次是自我实现的需要，即“成为你所能够成为的那个人”，以自我实现消解仁慈与冷酷、自我与社会、疏离他人与认同他人之间的二元对立。

三、马克思主义的关怀品格思想

从某种意义上说，马克思主义的发展史是一部人类发展关怀史。马克思和恩格斯在致力于人类解放的斗争中，饱含着对人类的深切关怀，包括对人、对社会、对自然；列宁基于俄国社会现实，继承和发扬了马克思、恩格斯的关怀品格思想，重视民生、强调平等，并追求人的自由全面发展；中国共产党历任主要领导继承和发展了马克思主义的关怀品格思想，关注人民利益，关心和谐社会建设，注重人与自然的和谐发展。

（一）马克思和恩格斯的关怀品格思想

马克思恩格斯理论的发展史可以说是人类价值追求的奋斗史。马克思恩格斯理论蕴含丰富的关怀品格思想，这种思想的成长伴随着他们对某些资产阶级哲学思想的批判和对资本主义社会现象的抨击，主要包含关怀人与自然两大方面。

1. 关怀人

马克思的关怀品格思想中，关怀人主要体现为关怀人的生存和人的解放。

（1）关怀人的生存

马克思从现实的人、人的本质出发，人不是抽象存在，人作为现实而存在。马克思指出“人直接地是自然存在物”[①]，“是自为地存在着的存在物”[②]。然而，在资本主义社会，工人居住条件、生活环境破败不堪，打架、斗殴、酗酒、偷盗等恶习层出，他们不仅在身体、智力还是道德方面都遭受资产阶级的摒弃。工人首先作为工人存在，然后“才能维持自己作为肉体的主体，并且只有作为肉体的主体才能是工人”[③]。马克思非常明确指出人的观念、思想、精神不能脱离现实的生存基础，“意识在任何时候都只能是被意识到了的存在，而人们的存在就是他们的现实生活过程”[④]，“人们是什么，人们的关系是什么，这种情况反映在意识中就是关于人自身、关于人的生存方式或关于人的最切近的逻辑规定的观念”[⑤]。为此，马克思指出吃、喝、住、穿是人发展的基本需要。可以说，马克思的整体学说，全都基于人类最基本的生存需求，强调生产力的发展是社会发展根本因素，人类发展受经济的必然制约，只有到共产主义社会才能超越这一限制。从这些可窥见马克思关怀人类生存的思想。

（2）关怀人的解放

马克思把人的本质还给人自身，“人是人的最高本质”“人的根本就是人本身”[⑥]，探索人的本质只能从人自身来寻求。马克思人的思想，是关于人的解放的思想。马克思关怀人的价值，肯定人的自由、具体性及个性、平等性。

肯定人的自由。马克思指出人与动物的根本区别在于人是有意识的、意志的对象性的类存在。人的意识来源于实践，指向主体和客体。“一个种的整体特性、种的类特性就在于生命活动的性质，而自由的有意识的活动恰恰就是人

① 马克思恩格斯文集（第1卷）[C]. 北京：人民出版社，2009：209.

② 马克思恩格斯文集（第1卷）[C]. 北京：人民出版社，2009：211.

③ 马克思恩格斯文集（第1卷）[C]. 北京：人民出版社，2009：158.

④ 马克思恩格斯选集（第一卷）[M]. 中共中央马克思斯恩格斯列宁斯大林著作编译局编译，北京：人民出版社，2012：152.

⑤ 马克思恩格斯全集（第3卷）[M]. 中共中央马克思斯恩格斯列宁斯大林著作编译局编译，北京：人民出版社，2002：199-200.

⑥ 马克思恩格斯选集（第一卷）[M]. 中共中央马克思斯恩格斯列宁斯大林著作编译局编译，北京：人民出版社，2012：10.

的类特性。”[①] 因此，人类本质主要具有三层含义，一是超越性，是指人对生命主宰和控制的摆脱，是满足人的生理需要基础上的社会价值实现。二是创造性，人在对客观世界进行改造的过程中，是能动的、有意识的改造。三是发展性，是指人的本质随着社会发展而演进。原始社会，人对物的过度依赖，人的类特性表现微弱，随着社会的进一步发展，未来理想社会，人类必将实现个人的自由全面发展。马克思批判异化劳动的非人化。异化劳动把人的生命活动仅仅局限于人的生存的动物存在，这就否定了人的类存在，否定了人的自由。“有意识的生命活动把人同动物的生命活动直接区别开来。正是由于这一点人才是类存在物。或者说，正因为人是类存在物，他才是有意识的存在物，就是说，他自己的生活对他来说是对象。仅仅由于这一点，他的活动才是自由的活动。”[②] 人只有通过对对象世界的能动改造，才能证明自己自由的本质，能动地、现实地在客观世界中创造、直观自身。而异化劳动夺取了人的生产对象、类生活，也夺取了人的无机身体，即自然界，“异化劳动既把自我活动、自由活动贬低为手段，也就把人的类生活变成维持人的肉体生存的手段”[③]。因此，马克思致力于把劳动从维持人生存的手段变成实现人的自由自觉活动，从而把非人、异化的人的生产活动变成人的自由自觉的生存状态。马克思还提出了人的自由的理想状态，即实现每个人的自由全面发展。人的全面发展是人的需要、社会关系、交往和活动的全面发展。人的需要在一定程度上体现人的生存状态，是人的全面发展的内在驱动力；社会关系是人的本质的现实体现，是人的全面发展的重要条件；人的交往也体现人的全面发展，资本主义社会旧式的劳动分工，带来生产活动的唯一化，造成了人的片面发展；活动的全面发展，“任何人都没有特殊的活动范围，而是都可以在任何部门内发展，社会调节着整个生产，因而使我有可能随自己的兴趣今天干这事，明天干那事”[④]。

肯定人的具体性和个性。马克思批判资本主义社会抽象的人性观，肯定人的具体性和现实性。他批判费尔巴哈的抽象人性观，抽象人性论没有揭示人的本质的规定性，往往具有片面性和主观性，主张人是现实的、具体的、历史的

① 马克思恩格斯全集（第3卷）[M]. 中共中央马克思斯恩格斯列宁斯大林著作编译局编译，北京：人民出版社，2002：273.

② 马克思恩格斯全集（第3卷）[M]. 中共中央马克思斯恩格斯列宁斯大林著作编译局编译，北京：人民出版社，2002：274.

③ 马克思恩格斯全集（第3卷）[M]. 中共中央马克思斯恩格斯列宁斯大林著作编译局编译，北京：人民出版社，2002：274.

④ 马克思恩格斯选集（第一卷）[M]. 中共中央马克思斯恩格斯列宁斯大林著作编译局编译，北京：人民出版社，2012：165.

人；抽象人性论以一般代替具体、特殊，否定了人的个别差异性。马克思对人性的抽象批判并不否定运用抽象的方法认识人性，而是具体与抽象、个性与共性的统一。马克思认为，和奴隶社会、封建社会相比较，资本主义社会有进步和文明面，其生产力和生产关系创造的物质和社会基础有助于建立更高级的社会形态。但是，马克思揭示了资本主义社会中人的“奴役状态”，无产阶级处于资本主义社会的强制和压迫关系中，被迫在正常劳动时间之外从事尽可能多的剩余劳动生产，体现出资本主义的贪婪超过了以往的强制劳动生产制度，只注重生产率的提高，而根本不考虑工人的片面的、畸形的发展代价。同时，马克思进一步揭露资本家的机器化大生产带来的分工越来越细化，工人则越来越工具化；资本主义社会的分工在增加社会财富的同时，却让工人陷入贫困，直到沦为机器，“越来越依附于资本家”①，使人的生命活动与人自身相异化。马克思肯定人的个体性和创造性，认为人不能作为工具而存在，而应在自己领域内独立创造；劳动是自由生命的体现，是生活的乐趣。私有财产关系催生抽象劳动人的存在，马克思批判费尔巴哈把人看作是抽象、孤立的、自然属性的人的个体，忽视人的社会属性，指出：“人的本质不是单个人所固有的抽象物，在其现实性上，它是一切社会关系的总和。”②社会与人相联系，特别是与人的精神生活相联系；对人的分析，应从具体的、历史的社会实践来理解。只有通过对私有财产的积极扬弃，才能使人复归自己合乎人性的存在。而现实中，工人不仅生活、物质贫困，而且精神压抑，带来了无产阶级“贫困、劳动折磨、受奴役、无知、粗野和道德堕落的积累”③。需要彻底解放资本主义的私有生产关系，消除人剥削人、人奴役人的关系状态，创建合理的社会主义生产关系，最后实现共产主义的先进生产关系，以人的发展为目的，人自己主宰自己，才能肯定人的现实存在。 这些都体现了马克思对人的解放的关怀。

关注人与人之间的平等。在社会主义初级阶段，劳动人民占有生产资料，政治平等、劳动平等、分配尺度平等，但社会主义平等也是相对的，实行“按劳分配”的原则，只有到共产主义阶段，才能实现真正意义的平等，实行“各尽所能，按需分配”的原则。马克思指出，资产阶级的解放只为资产阶级自身，而无产阶级的解放是全人类的解放。共产主义的奋斗目标是消灭资产阶级，建

① 马克思恩格斯文集（第1卷）[C]. 北京：人民出版社，2009：123.

② 马克思恩格斯文集（第1卷）[C]. 北京：人民出版社，2009：501.

③ 马克思 . 资本论（第1卷）[M]. 中共中央马克思恩格斯列宁斯大林著作编译局编译，北京：人民出版社，2004：743-744.

立自由人联合体，“在那里，每个人的自由发展是一切人的自由发展的条件”[①]。此句话蕴藏深刻意义，即实现一切人的自由发展，必须是每个人获得自由发展；实现每个人的自由发展，必须是一切人获得自由发展。同时，每个人均是社会的个人，每个人均作为个体平等、自由；每个人的发展都置于自由联合体中，都可从社会中获得其自由全面发展的手段。最终实现人的自由全面发展，“人以一种全面的方式”“作为一个完整的人，占有自己的全面的本质”[②]。在听觉、视觉、思维、情感、活动和爱等感官方面全面发展。这些实质是对人的平等的关怀。

马克思人的解放问题，涉及的是人性问题。“人性及人的本质问题是人生观的理论前提。”[③] 人性观的取向决定着人性观的样态。马克思对人的自由、具体性、个性及平等的关注，无疑是关怀品格的人性状态。

2. 关怀自然界

马克思提出自然界是人的无机体的观点，人自身就是自然界的组成部分，自然界是人类得以生存和发展的物质基础。没有自然界，人类就无法生存。自然界一方面为人类提供生产活动的对象，一方面提供人本身的生存手段。在马克思看来，人首先作为有生命的、肉体的自然存在，然后才是社会的存在。人在自然界中生存和发展，人受制于自然，人同自然界相联系并构成社会，人的物质生活和精神生活所构成的社会生活都不能离开自然界而存在。因此，恩格斯指出人类在进化的过程中通过改变自我使自然界为自己的目的服务。同时，他指出人类要遵守自然规律，否则暂时的征服自然的胜利，最终将受到自然界的报复。他指出资产阶级只唯纯粹的利润从事生产与交换，不顾毫无保护的沃土在暴雨后只留下赤裸裸的岩石。越来越多的事实证明，人类决不能置身于自然界之外随心所欲地支配自然，“相反，我们连同我们的肉、血和头脑都是属于自然界和存在于自然界之中的”，人类已认识到与自然界的一体存在，“那种关于精神和物质、人类和自然、灵魂和肉体之间的对立的荒谬的、反自然的观点，也就越不可能成立了”[④]。可以说，自然界作为人的无机的身体，“人靠自然界生活”[⑤]，马克思批判异化劳动使人与自然界相异化，工人生产的劳动产品越多，却

① 马克思恩格斯文集（第2卷）[C]. 北京：人民出版社，2009：53.
② 马克思恩格斯文集（第1卷）[C]. 北京：人民出版社，2009：189.
③ 张孝宜. 人生观通论 [M]. 北京：高等教育出版社，2001：75.
④ 马克思恩格斯文集（第9卷）[C]. 北京：人民出版社，2009：560.
⑤ 马克思恩格斯文集（第1卷）[C]. 北京：人民出版社，2009：161.

越来越穷，不仅使自己的精神受折磨，还使自己的肉体饱受痛苦，造成人与自然的对立。而只有在共产主义社会，才能合理地调节人与自然的物质交换关系。也就是只有在共产主义社会，人与自然、人与人的矛盾关系才能彻底解决，人与自然界才能真正实现本质统一。人类不能是旧唯物主义的抽象主体，而是历史的实践主体，人的主体活动牵引自然对象而改变自身，社会的发展植根于人与自然的和谐关系中。对自然界的关怀也是关怀品格的内容之一。

（二）列宁的关怀品格思想

列宁结合俄国社会的具体实际，继承和发扬了马克思、恩格斯的关怀品格思想，其思想主要表现为重视人、强调社会和谐和关注人与自然关系。

1. 关注人

列宁对人的关注体现在人民群众的生存、学习、社会地位平等和全面自由发展等方面。

（1）关注人民群众的生存

列宁关注人民的贫困问题，他在《我们党的纲领草案》中指出必须把无产阶级的社会福利问题放在极其重要的地位，他批评在资本主义社会中无产阶级的贫困日趋严重，劳动生产率水平的提高并没有带来消费水平的提高，他坚决主张将“贫困、压迫、奴役、屈辱、剥削的程度不断加深”写进纲领。首先，列宁主张充分尊重人民群众的主体地位，调动他们参与社会建设的主动性和积极性，才能从根本上解决生活问题。列宁解放农民，解决农民负担问题，提高农民的生产积极性，尊重农民主体性和合法权益，“必须把国民经济的一切大部门建立在同个人利益的结合上面”①。他认为所有问题都与农民的个人利益结合为基础，政治问题解决的关键也在于提高农业生产率。为此，他采取一系列措施解决农民的温饱问题，在俄共（布）第十次代表大会上，他极力要求即刻采取一系列措施，解决工人的温饱和贫困生活问题。其次，通过土地法令，解决农民的土地问题，“土地问题，即如何安排绝大多数居民——农民的生活问题，是我们的根本问题”②。以配额土地和农资，改善农民生存状况。第三，强调与群众密切联系和了解实际情况，认真对待群众的来信、来访和申诉，每个苏维

① 中共中央马克思恩格斯列宁斯大林著作编译局．列宁专题文集（论社会主义）[C]. 北京：人民出版社，2009：259.

② 列宁全集（第四十三卷）[M]. 中共中央马克思斯恩格斯列宁斯大林著作编译局编译，北京：人民出版社，1987：245.

埃机关都有接待群众来访日期、时间规定，并且记录来访群众姓名、意见、问题。维护和满足人民利益，考查政绩要把解决人民困难和密切联系人民实际生活相结合，要看“哪一个公社，大城市的哪一个街区，哪一个工厂，哪一个村子，没有挨饿的人，没有失业的人，没有有钱的懒汉”[①]，并结合为提高劳动生产率所做的事情多少，给穷人修建好的住宅多少，供穷人家小孩牛奶等做的类似事情多少。列宁主张全体劳动者共享劳动成果，认为劳动成果不应只有小部分的富人独享，而应归全体劳动人民，致力于全体劳动者过最美好、最幸福的生活。这体现列宁对人民群众根本利益的充分尊重和维护。

（2）关注广大人民群众的学习

列宁关注青年在参加社会主义建设中的重要作用，指出全体青年都要学习，学习共产主义，学习民族先进的东西，学习最新科学成就；学习的方法是将书本知识与实践相结合，指责旧学校的教育是资产阶级的奴化教育。要求对广大青年开展共产主义道德教育，他批判资本主义的道德是只关心自己，不关心他人，只为自己赚钱，不顾他人利益；指出我们的道德是无产阶级的道德，完全服从于无产阶级斗争的利益，团结、联合全体劳动者，为人类摆脱剥削制度服务，为建立和发展共同劳动服务。工会一切工作取得成绩的最根本条件是联系群众，工会的主要任务是维护群众利益，在文化、政治、经济方面提高群众的水平，以同志的态度对待群众，关心满足群众要求，以赢得群众的信任。工会同时要热爱专家，保障他们的物质及权利，促进专家在与工农的合作生产与思想交流中平等相待。

（3）主张人的社会地位的平等

针对农奴制、资本主义社会中劳动群众愚昧、受压制、被剥削状况，列宁主张废除生产资料私有制，“要消灭城乡之间、体力劳动者和脑力劳动者之间的差别”[②]。他扬弃资本主义“权利的平等”，认为“简单说来，社会主义者说平等，一向是指社会的平等，指社会地位的平等，决不是指个人体力和智力的平等”[③]。毫无疑问，这是经济、政治、法律、文化等全方位的平等，旨在走向“人类解放”。他进一步指出要实现真正的社会公平就要消灭阶级，才能实现人与人间在

① 中共中央马克思恩格斯列宁斯大林著作编译局．列宁专题文集（论社会主义）[C]. 北京：人民出版社，2009：61-62.

② 中共中央马克思恩格斯列宁斯大林著作编译局．列宁专题文集（论社会主义）[C]. 北京：人民出版社，2009：146.

③ 列宁全集（第二十四卷）[M]. 中共中央马克思斯恩格斯列宁斯大林著作编译局编译，北京：人民出版社，1990：393.

社会政治关系上的真正平等。列宁推翻沙皇专制制度，解放被剥削、被压迫阶级，揭示资产阶级鼓吹的所谓平等，是少数富人和有产阶层的平等。他提出只有在共产主义阶段，才能实现真正意义的平等，从形式上的平等进到事实上的平等，“即实现‘各尽所能，按需分配’的原则”[①]。即社会全体成员劳动平等、工资平等。而在社会主义阶段的平等是“以富裕程度的不平等为前提的按劳分配的平等”[②]，列宁强调“人民的自由”，批判资产阶级的自由是少数“富人”的自由，提出应当从资产阶级形式上的自由转向全体劳动群众事实上的自由。列宁关心人民群众当家作主、参加国家管理和经济监督，主张全体工人农民、劳动者亲自参与计算和监督产品的生产与分配，强调知识分子和专家在管理中的重要作用，使劳动者成为国家和集体建设的主人。在批判“一般民主”或“纯粹民主”时，列宁把自由、平等与民主相关问题相联系并进行论证。他认为自由、平等就是摆脱资本的剥削压迫；只要阶级存在，自由和阶级平等就只是形式上的存在。因此，人的社会地位的真正平等是关怀品格理论的体现。

（4）关注人的全面自由发展

列宁继承和发展了马克思、恩格斯的人的全面自由发展思想，充分认识人的意义。在批评马赫的折中主义和唯心主义倾向时，强调人类是自然界的主人。人是实践意义上的自为存在，“人的意识不仅反映客观世界，并且创造客观世界；”“世界不会满足人，人决心以自己的行动来改变世界”[③]。对普列汉诺夫的第二个纲领草案中提到的“有计划地组织社会生产过程来满足整个社会及社会各个成员的需要”，列宁指出这句话“也不恰当。这不够。……不仅满足社会成员的需要，而且保证社会全体成员的充分福利和自由的全面发展，这会更明确些”[④]。列宁赋予人的全面发展以深刻含义，要求培养在德、智、脑、体、美与劳等方面达到和谐和全面发展的新人。列宁的人的全面自由发展思想还充分体现在尊崇和发挥人民群众的首创精神，在问题解决、生活安排等方面发挥主动性。因此，人的全面自由发展也是对人的本质的关怀。

① 中共中央马克思恩格斯列宁斯大林著作编译局．列宁专题文集（论马克思主义）[C]. 北京：人民出版社，2009：270.

② 李纪才．列宁的平等观 [J]. 科学社会主义，2018，（2）：47-51.

③ 中共中央马克思恩格斯列宁斯大林著作编译局．列宁专题文集（论辩证唯物主义和历史唯物主义）[C]. 北京：人民出版社，2009：138.

④ 列宁全集（第六卷）[M]. 中共中央马克思斯恩格斯列宁斯大林著作编译局编译，北京：人民出版社，1986：218.

2. 建设社会和谐

列宁把社会建设分为社会主义与共产主义两个阶段，认为社会主义社会是共产主义社会的低级阶段。“列宁关于如何建设社会主义的思想实质就是如何实现社会主义社会和谐与和谐社会的思想。”[①] 他认为国家支配生产资料，无产阶级掌握政权，是建成社会主义和谐社会的条件。首先，大力发展现代大工业是社会主义和谐社会建设的物质保障，“社会主义是大机器工业的产物”[②]。其次，列宁提出缩小城乡差距，消除城乡对立，促进俄国居民充分深入的合作，使私人利益服从于共同利益。第三，充分调动人民群众劳动的积极性和创造性，提出激发人民群众生产积极性的奖励原则，“靠同个人利益的结合”[③]，提出“不劳动不得食”[④] 的原则，把国家发展与个人利益紧密结合，把国家经济发展与个人生存状态的改善相结合。因此，其主张共产主义社会实现劳动报酬的差异性，给某些人以较高的劳动报酬，并以奖金制度激励工作。第四，加强法制建设，增强人民的民主监督权，发展社会主义民主，从制度上保障社会主义社会和谐。第五，主张通过社会主义教育建设社会主义事业。提高人民群众的文化水平，改变经济落后的国家状况，提出“要为社会主义建设训练群众”[⑤]。列宁的所有这些主张都有利于促进社会和谐建设，彰显关怀品格的内涵。

3. 关注人与自然的关系

列宁关于人与自然的论述不多，但是却具有丰富的环境利益思想，彰显环境保护的重要意义，蕴含关怀品格的精神内涵。首先，他认为，环境利益与社会需要和特性相联系，因为，在原始社会，尽管自然资源丰富、环境优美，但由于生产力水平极其低下，人们的生存仍然难以获得保障，生命时刻受到威胁，这就谈不上环境利益。但是列宁并不否定自然的价值和作用，“一般说来，人的劳动是无法代替自然力量的，正如俄尺不能代替普特一样。无论在工业或农业中，人只能认识和利用自然力量的作用，借助机器和工具等等减少利用的困

---

① 白琳 . 马克思恩格斯列宁社会和谐与和谐社会思想解读 [J]. 天府新论，2009,（1）：13.

② 列宁全集（第三十四卷）[M]. 中共中央马克思斯恩格斯列宁斯大林著作编译局编译，北京：人民出版社，1985：144.

③ 列宁选集（第 4 卷）[M]. 中共中央马克思斯恩格斯列宁斯大林著作编译局编译，北京：人民出版社，1995：570.

④ 列宁全集（第三十四卷）[M]. 中共中央马克思斯恩格斯列宁斯大林著作编译局编译，北京：人民出版社，1985：335.

⑤ 列宁选集（第 4 卷）[M]. 中共中央马克思斯恩格斯列宁斯大林著作编译局编译，北京：人民出版社，1995：302.

难”[①]。自然环境与农业生产息息相关，自然资源作为一定的生产资料影响着劳动过程，自然资源越优越，生产力就会越大。自然环境与生产力的发展也紧密相联，保护自然环境就是保护和发展生产力。其次，列宁认为，资本主义城乡之间的对立，促使人口向城市流动，造成城市空气、河流污染，加剧环境破坏，损害人的环境利益。由此可见，列宁重视自然资源的保护。

（三）中国共产党的关怀品格思想

中国共产党继承和发展了马克思主义的关怀品格思想：关注人民利益，关心社会和谐，注重人与自然的和谐发展等。限于篇幅，这里主要阐述毛泽东、邓小平、江泽民、胡锦涛、习近平等领导人思想中的关怀品格理论。

1. 毛泽东思想中的关怀品格论

（1）关心民生

毛泽东强调指出：“共产党人的一切言论行动，必须以合乎最广大人民群众的最大利益，为最广大人民群众所拥护为最高标准。”[②]党和政府的职责是为人民谋福利。毛泽东关心人民群众的物质保障，注重人民群众最根本的利益需求，解决人民群众最根本、最急需的温饱问题，就是解决人民的土地、劳动、粮食、油盐等生存问题。他帮助人民群众实现土地需求，认为“只有制订和执行坚决的土地纲领、为农民利益而认真奋斗”[③],其在各个时期的土地政策得到人民群众的大力支持。他关心人民群众的生产和生活，针对当时的农村问题，减租减息。他认为，改善民生离不开制度保障，还要注重统筹协调各方工作。他认为人民群众的利益无小事，除土地改革、制度保障外，还要注重人民群众的身体健康，发展医疗事业，对人民群众的切身利益问题，一点也不疏忽。

（2）关注社会和谐

毛泽东协调经济建设中的诸多关系，为统筹兼顾各方利益，提出“统筹兼顾，适当安排”的方针，在人民利益方面，以统筹兼顾全体人民为出发点；“在分配问题上，我们必须兼顾国家利益、集体利益和个人利益”。[④]毛泽东提出正

① 王强，张森林．列宁的环境利益思想及对东北环境资源调整的启示 [J]. 社会科学战线，2010，(12)：226.

② 毛泽东选集（第3卷）[M]. 中共中央马克思斯恩格斯列宁斯大林著作编译局编译，北京：人民出版社，1991：1096.

③ 毛泽东在七大的报告和讲话集 [C]. 北京：中央文献出版社，1995 ：72.

④ 毛泽东文集（第7卷）[M]. 中共中央马克思斯恩格斯列宁斯大林著作编译局编译，北京：人民出版社，1999：221.

确区分、处理阶级矛盾、上层建筑和经济基础之间的矛盾、敌我的矛盾和人民内部矛盾，不同矛盾采取不同的解决办法，主张利用民主方法妥善化解人民内部的矛盾。毛泽东注意到民主革命后，新富农出现，他们出卖土地、出租土地，而贫农却生产资料不足。为解决由此带来的贫富分化，提出消灭私有制，实行合作化，实现农村共同富裕。主张实行公有制，实行按劳分配原则，并提出以民主政治建设保障社会的和谐，“我们的目标，是想造成一个又有集中又有民主，又有纪律又有自由，又有统一意志、又有个人心情舒畅、生动活泼，那样一种政治局面”①。这些都体现了毛泽东的社会和谐理论。

（3）关注生态环境建设

毛泽东从植树造林入手，发展林业、兴修水利、保护环境，开展节约和综合利用资源，提出各行各业以综合平衡发展的方式来实现自然生态的平衡。在民主革命时期，毛泽东对生态环境的关怀主要表现在植树造林和水利建设等方面。在中华人民共和国成立后，毛泽东的绿化和水利建设开始向实践发展。毛泽东的生态环境建设立足于人民群众的利益，以水利建设、植树造林、环境保护的建设促进工农业发展，提高人民生活水平。在环境建设方面，毛泽东十分注重发动广大群众的力量，实现兴修水利，推行退耕还林的政策。在环境建设过程中，毛泽东注重统筹兼顾和综合利用，即水利建设与植树造林相结合，建立具有综合功能的水利工程和设施；在林业建设方面，实行种植业和养殖业相结合，走综合发展的道路。保护环境，优化环境，这体现他关注生态环境建设的关怀品格理论。

2. 邓小平思想中的关怀品格论

（1）以人民为本

邓小平以人民为本的核心表现是人民的利益高于一切。他把人民利益作为工作、处理、解决问题的出发点和归宿，人民群众是社会利益的主体。人民利益贯穿于邓小平改革的思想和社会主义的系列建设中，在社会主要矛盾的分析、按劳分配原则、社会主义本质的规定、党的基本路线的确立以及什么是社会主义和怎样建设社会主义等根本问题上，人民的利益都被置于首要的位置。同时，他要求国家为民造福，对人民负责，并以为人民做了多少事为评价标准，他提出“需要聚精会神做几件使人民满意、高兴的事情”，以“人民拥护不拥护”“人民赞成不赞成”“人民高兴不高兴”“人民答应不答应”来检验工作的成败。他

① 建国以来毛泽东文稿（第6册）[M]. 北京：中央文献出版社，1992：543.

提出“三个有利于”的判断标准，“应该主要看是否有利于发展社会主义社会的生产力，是否有利于增强社会主义国家的综合国力，是否有利于提高人民的生活水平”[①]。这是对人民利益的最高标准的具体化，这些都充分展示了邓小平的人本思想，体现了对人民的关怀。

（2）促进社会公平

邓小平提倡社会公平。首先，其社会公平思想十分重视机会公平问题：一是反对特权思想。确保每一位人民群众权力、财富、地位机会平等，都有大致相等的进步与发展机会，邓小平指出：“人民群众对干部特殊化是很不满意的。”[②]二是恢复高考为核心的教育改革，以促进机会公平。其次，其社会公平思想还体现为分配公平。由于社会主义初级阶段，实行以按劳分配为主体的分配公平。“按劳分配就是按劳动的数量和质量进行分配。根据这个原则，评定职工工资级别时，主要是看他的劳动好坏、技术高低、贡献大小。”[③]实行这种分配制度，有利于充分调动劳动者的劳动积极性，多劳多得、少劳少得、不劳不得。坚持以按劳分配为主体，还要结合多种分配形式，既抵制平均主义，又抑制两极分化。“多劳应该多得，但是必须照顾整个社会。”[④]再次，邓小平主张以制度法制推进规则公平，并鼓励一部分地区和一部分人先富起来，以先富带后富，最终实现共同富裕，“社会主义的致富是全民共同致富”[⑤]。邓小平的社会公平思想有利于实现社会和谐，是关怀品格的彰显。

（3）关注环境问题

邓小平十分重视环境问题，尊重自然规律，把环境保护列入基本国策，提出加快环境污染治理，促进人口、资源、环境相协调。首先，保护发展森林资源。针对“文化大革命”时期片面强调“以粮为纲”，造成环境破坏和水土流失问题，强调植树造林。其次，以环境污染治理促进经济建设。针对工业发展进程中，工业“三废”，煤和石油消耗引发的环境的严重污染，强调处理好“三

① 邓小平文选（第3卷）[M]. 中共中央马克思斯恩格斯列宁斯大林著作编译局编译，北京：人民出版社，1993：372.

② 邓小平文选（第2卷）[M]. 中共中央马克思斯恩格斯列宁斯大林著作编译局编译，北京：人民出版社，1994：216.

③ 邓小平文选（第2卷）[M]. 中共中央马克思斯恩格斯列宁斯大林著作编译局编译，北京：人民出版社，1994：101.

④ 邓小平文选（第2卷）[M]. 中共中央马克思斯恩格斯列宁斯大林著作编译局编译，北京：人民出版社，1994：259.

⑤ 邓小平文选（第3卷）[M]. 中共中央马克思斯恩格斯列宁斯大林著作编译局编译，北京：人民出版社，1993：172.

废”。邓小平针对桂林漓江的水污染，提出“要下决心把它治理好，造成水污染的工厂要关掉”[①]。于是中央于1979年颁布了《环境保护法(试行)》,1983年制定了经济建设、城乡建设、环境建设“同步发展战略”，把“治山、治江、治湖、治穷”等环境建设与贫困治理相结合。第三，合理开发与节约利用资源。注重资源的因物致用和节约使用，利用水资源替代煤炭、火力发电，提高洗煤比重，提高煤的综合利用。邓小平认为:“提高产品质量是最大的节约。”[②]邓小平的这些思路与实践极大促进了生态环境建设。

3. 江泽民思想中的关怀品格论

（1）以人为本

江泽民提出“三个代表”，十分重视人民群众的根本利益。江泽民思想中的关怀理论核心是以人为本。首先，关心人民的经济利益，让人民群众享受经济发展带来的成果，首先体现的就是物质利益。因此，他指出:“一定要使群众得到应该得到的、看得见的物质利益。”[③]其次,保障人民群众的政治利益。相信群众，依靠群众，满足人民群众的精神文化需要，实现人民当家作主，促进政治文明，“一些涉及群众切身利益的举措，出台的时机和力度一定要充分考虑群众的承受能力和接受程度”[④]。再次，关注弱势群体。关怀改革进程中国有企业下岗职工的生活和就业问题，指出“就业是民生之本”[⑤]，扩大就业，促进再就业。关注边远地区、经济发展缓慢地区的贫困问题，针对三千多万农村贫困人口的温饱问题，帮助贫困地区人口脱贫，消除贫困现象。关心残疾人的生活、就业和尊严，发展残疾人事业，“使他们能以平等的地位和均等的机会，参与社会生活和国家建设，共享社会物质文化成果”[⑥]。

---

① 十四大以来重要文献选编（上册）[M]. 中共中央马克思斯恩格斯列宁斯大林著作编译局编译，北京：人民出版社，1996：10.

② 邓小平文选(第2卷)[M]. 中共中央马克思斯恩格斯列宁斯大林著作编译局编译，北京：人民出版社，1994：30.

③ 中共中央文献研究室 . 江泽民论有中国特色社会主义（专题摘编）[M]. 北京：中央文献出版社，2002：112.

④ 中共中央文献研究室 . 江泽民论有中国特色社会主义（专题摘编）[M]. 北京：中央文献出版社，2002：223.

⑤ 江泽民文选（第三卷）[M]. 中共中央马克思斯恩格斯列宁斯大林著作编译局编译，北京：人民出版社，2006：504.

⑥ 江泽民文选（第一卷）[M]. 中共中央马克思斯恩格斯列宁斯大林著作编译局编译，北京：人民出版社，2006：648.

（2）关注生态环境建设

一是树立全民环保意识。首先，加强生态环境保护的宣传与教育。通过网络、媒体等途径，强调“加强环境保护的宣传教育，增强干部和群众自觉保护生态环境的意识”[①]，提高人民群众对环境污染问题的认识，加强环境资源的法律保护教育。其次，树立节约资源的理念。自然资源作为社会主义现代化建设的物质基础，要防止因能源不合理开发和利用带来的生态环境问题。江泽民指出：“坚持资源开发和节约并举，克服各种浪费现象。综合利用资源，加强污染治理。”[②]倡导合理的消费方式，不能以污染环境和破坏资源为代价，促进资源利用与环境保护相协调。二是促进经济发展与环境保护同步发展，明晰良好的环境有利于提高生产力和人民生活质量。2001 年 2 月 28 日，江泽民在海南省考察工作时指出：“破坏资源环境就是破坏生产力，保护资源环境就是保护生产力，改善资源环境就是发展生产力。”[③]不能走先污染后治理的生产方式，而要发展循环经济、生态产业，“促进人与自然的协调与和谐，努力开创生产发展、生活富裕、生态良好的文明发展道路”[④]。三是可持续发展战略思想。“可持续发展的思想最早源于环境保护，现在已成为世界许多国家指导经济社会发展的总体战略”[⑤]，也就是，不能过度消耗资源，使经济与资源、环境相协调，确保实现可持续发展。四是完善环境保护的法律和制度保障。江泽民把“人口、资源、环境工作要切实纳入依法治理的轨道”[⑥]，在这一思想指导下，我国先后颁布了《中华人民共和国环境保护法》《中华人民共和国森林法》《中华人民共和国大气污染防治法》《中华人民共和国水污染防治法》《中华人民共和国海洋环境保护法》等多部法律，在《中华人民共和国刑法》中还增加了“破坏环境和资源保护罪”，使环境保护有法可依，有章可循，保障了人与自然关系。

① 江泽民文选（第一卷）[M]. 中共中央马克思斯恩格斯列宁斯大林著作编译局编译，北京：人民出版社，2006：533.

② 江泽民文选（第一卷）[M]. 中共中央马克思斯恩格斯列宁斯大林著作编译局编译，北京：人民出版社，2006：464.

③ 江泽民文选（第一卷）[M]. 中共中央马克思斯恩格斯列宁斯大林著作编译局编译，北京：人民出版社，2006：532.

④ 江泽民文选（第三卷）[M]. 中共中央马克思斯恩格斯列宁斯大林著作编译局编译，北京：人民出版社，2006：462.

⑤ 江泽民文选（第一卷）[M]. 中共中央马克思斯恩格斯列宁斯大林著作编译局编译，北京：人民出版社，2006：532.

⑥ 江泽民文选（第三卷）[M]. 中共中央马克思斯恩格斯列宁斯大林著作编译局编译，北京：人民出版社，2006：468.

4. 胡锦涛思想中的关怀品格论

（1）以人为本

胡锦涛在党的十七大报告中指出，科学发展观的核心是以人为本，以最广大人民的利益为根本。"最广大人民、惠及全体人民、人文关怀等"成为胡锦涛以人为本理念的核心词汇。"人民"是"以人为本"中"人"的最基本、最核心的概念。"最广大人民"包括社会各阶层在内的社会群体，指一切社会主义劳动者、建设者、爱国者组成的最大社会群体。科学发展观"以人为本"理念的根本指向是"尊重人、理解人、关心人、爱护人"①，把"以人为本"作为党的执政理念，从根本上提升了人的地位。以人为本的落实就在于满足人的需要、尊重人的人格、促进人的全面发展的实现，胡锦涛指出："坚持以人为本，就是要以实现人的全面发展为目标，从人民群众的根本利益出发谋发展、促发展，不断满足人民群众日益增长的物质文化需要，切实保障人民群众的经济、政治和文化权，让发展成果惠及全体人民。"② 人民群众最直接、最现实的利益问题是人生问题，是经济发展问题。党的十七大报告中，胡锦涛首次把"民生"问题以单独章节来强调，强调民生是社会建设的重点，涉及教育、劳动、就医、养老和住房等全面社会建设。党的十七大报告进一步强调"注重人文关怀和心理疏导"③，关注人的幸福，表现出对人的生命、生存、需求、尊严和价值的关怀。

（2）和谐社会建设

党的十六大以来，以胡锦涛同志为核心的党中央提出"社会和谐是中国特色社会主义的本质属性"，强调社会主义和谐社会的构建思想，把"和谐"纳入我国社会主义现代化强国的建设目标。"我们所要建设的社会主义和谐社会，应该是民主法治、公平正义、诚信友爱、充满活力、安定有序、人与自然和谐相处的社会。"④ 和谐社会蕴含合作、互助、稳定、有序的价值理念，体现人与人、人与社会、人与自我、人与自然的协作、依存、一体与和睦关系。和谐主要体现为共建、共享的社会建设。"共同建设"是发挥人民群众的主体性和首创精神，团结一切可以团结的力量，促进和谐社会的构建；"共同享有"，体现和谐社会建设的本质属性，最大限度地实现好人民的根本利益，让全体人民共享建

① 中共中央文献研究室 . 科学发展观重要论述摘编 [M]. 北京：中央文献出版社，2008：96.

② 中共中央文献研究室 . 十六大以来重要文献选编（上）[M]. 北京：中央文献出版社，2005：29.

③ 胡锦涛 . 十七大以来重要文献选编（上卷）[M]. 北京：中央文献出版社，2009：35.

④ 胡锦涛 . 在省部级主要领导干部提高构建社会主义和谐社会能力专题研讨班上的讲话 [N]. 人民日报，2005-02-20（1）.

设成果。和谐的实现主要由法制建设和公平分配。胡锦涛强调权利的公平与社会发展相契合，指出应该坚持社会公平正义，着力促进人人平等获得发展机会。和谐社会建设是效率优先，兼顾公平，通过公平分配，促进社会快速发展，保障社会公平正义。针对目前收入差异较为明显的问题，胡锦涛指出："初次分配和再分配都要兼顾效率和公平，再分配更加注重公平。"① 目的是最终实现共同富裕，实现"社会建设与人民幸福安康息息相关"②。胡锦涛深刻阐述了"和谐世界"的基本思想，提出了共同繁荣、互利合作、包容共建的和谐世界观。

（3）建设生态文明

胡锦涛指出："我们的发展不能以牺牲精神文明为代价，不能以牺牲生态环境为代价。"③ 面对资源短缺，环境日益恶化，人与自然矛盾日益突出，中共十七大把"生态文明"首次写进党的文件，体现以人为本，构建和谐社会的必然要求。胡锦涛指出："保护自然就是保护人类，建设自然就是造福人类。"④ 生态文明建设主要包括三个层面：一是树立环保意识和生态意识。环保意识和生态意识要落实到每个人、每个家庭、每个单位，节约、保护优先，"加强生态文明宣传教育，增强全民节约意识、环保意识、生态意识"⑤，建设生态文明，关系人民的福祉，必然尊重、顺应与保护自然，而不是征服、利用、掠夺自然，才能实现与自然和谐相处。二是发展绿色的经济增长方式，循环发展、低碳发展，推进生态文明建设。改变高消耗、高污染、高代价的经济发展方式，坚决禁止各种掠夺、破坏自然的做法，促进经济发展与环境资源相协调，使经济发展建立在"高效利用资源、减少环境污染、注重质量效益的基础上"⑥，大幅降低能源、水、土的消耗强度，提高资源的利用效益。三是加强生态文明制度建设。"保护

① 胡锦涛．坚定不移沿着中国特色社会主义道路前进，为全面建成小康社会而奋斗——中国共产党第十八次全国代表大会报告 [M]. 中共中央马克思恩格斯列宁斯大林著作编译局编译，北京：人民出版社，2012:36.

② 胡锦涛．高举中国特色社会主义伟大旗帜，为夺取全面建设小康社会新胜利而奋斗——在中国共产党第十七次全国代表大会上的报告 [M]. 中共中央马克思恩格斯列宁斯大林著作编译局编译，北京：人民出版社，2007：37.

③ 中共中央文献研究室．科学发展观重要论述摘编 [M]. 北京：中央文献出版社，2008：29.

④ 中共中央文献研究室．十六大以来重要文献选编（上）[M]. 北京：中央文献出版社，2005：853.

⑤ 胡锦涛．坚定不移沿着中国特色社会主义道路前进 为全面建成小康社会而奋斗——在中国共产党第十八次全国代表大会上的报告 [M]. 中共中央马克思恩格斯列宁斯大林著作编译局编译，北京：人民出版社，2012：41.

⑥ 中共中央文献研究室．十六大以来重要文献选编（中）[M]. 北京：中央文献出版社，2006：816.

生态环境必须依靠制度。”[①] 对高能耗、高污染企业采取法律约束，发展绿色生产，建立资源节约和环境保护的工作责任制度，对违法的企业依法整治。

5. 习近平思想中的关怀品格论

（1）以人民为中心

新时代，以习近平同志为核心的党中央坚持以经济建设为中心，不断满足人民多方面的需求，强调“始终把人民放在心中最高的位置”[②]。人民的利益是党一切工作的出发点和归宿，当前社会的主要矛盾表现为人民日益增长的美好生活需要和不平衡不充分的发展之间的矛盾。他指出：“人民群众是我们力量的源泉。人民对美好生活的向往，就是我们的奋斗目标。”[③] 党的十八大以来，我国扶贫目标从解决温饱向实现小康转变。“小康不小康，关键看老乡”[④]，习近平总书记提出帮扶目前农村贫困群体，在于解决民生问题，采取帮扶生活、救助困难的方式，保障个人基本生活，落实医保、保险和救助全覆盖。“扎扎实实解决好群众最关心最直接最现实的利益问题、最困难最忧虑最急迫的实际问题。”[⑤] 此外，习近平总书记倡导的扶贫还包括精神扶贫，开展新农村建设，树立积极向上风尚，提高人民道德修养，实现人民物质、精神的双脱贫。习近平总书记指出，要“把人民拥护不拥护、赞成不赞成、高兴不高兴、答应不答应作为衡量一切工作得失的根本标准”[⑥]。“消除贫困、改善民生、逐步实现共同富裕”[⑦]，“明确到2020年我国现行标准下农村贫困人口实现脱贫，贫困县全部摘帽，解决区域整体性贫困”[⑧]，全面实现小康生活。习近平总书记以制度建设保障人民群众的民主权利，“全面依法治国，核心是坚持党的领导、人民当家作主、依法治国有机统一，关键在于坚持党领导立法、保证执法、支持司法、带头守法”[⑨]，尊重人民主体地位，并保障人民当家作主。

---

① 胡锦涛．坚定不移沿着中国特色社会主义道路前进 为全面建成小康社会而奋斗——在中国共产党第十八次全国代表大会上的报告 [M]. 中共中央马克思斯恩格斯列宁斯大林著作编译局编译，北京：人民出版社，2012：41.

② 习近平．习近平谈治国理政 [M]. 北京：外文出版社，2014：43.

③ 习近平．习近平谈治国理政 [M]. 北京：外文出版社，2014：4.

④ 把扶贫开发作为战略性任务来抓 [N]. 人民日报，2013-11-25（7）.

⑤ 习近平．习近平谈治国理政（第二卷）[M]. 北京：外文出版社，2017：364.

⑥ 习近平．习近平谈治国理政（第二卷）[M]. 北京：外文出版社，2017：317.

⑦ 习近平．习近平谈治国理政 [M]. 北京：外文出版社，2014：189.

⑧ 习近平．习近平谈治国理政（第二卷）[M]. 北京：外文出版社，2017：83.

⑨ 习近平．习近平谈治国理政（第二卷）[M]. 北京：外文出版社，2017：39.

（2）建设和谐社会

习近平总书记认为，社会和谐“最主要的是人与人关系的和谐”[①]。社会是由人与人发生联系和关系的总和。习近平总书记认为新时代社会总体是和谐的，但也存在不和谐的现象，表现为受市场经济的负面影响，人与人之间交往功利化、情感冷漠化；竞争加剧，财富差距加大，人与人之间不和谐关系增强；价值观差异、文化差距、风俗习惯差异，人与人之间沟通困难。而促进社会主义社会和谐最根本的就是“积极引导人们讲道德、尊道德、守道德”[②]，因此，推进社会公德、个人品德教育，倡导友善的道德规范，促建良好的社会风尚。而友爱作为一种美德、一种社会责任，温暖人心，促进人与人之间融洽相处，使社会变得更加和睦。针对经济利益引发的矛盾，在发展的基础上，协调各方面利益关系，使发展成果更多、更公平地惠及全体人民；并运用法律，解决问题、化解矛盾，建设良好环境。

（3）建设生态文明

“人与自然和谐共生”是习近平生态文明思想的基础观念。人与自然是一个相互依存、相互联系的有机体，社会发展带来生态环境问题，生态环境问题也只有在社会发展中才能解决。生态环境问题归根结底是生产方式、消费方式、交往方式和休闲方式问题，要保护自然，就要改变人类的发展方式和生活方式。

习近平总书记提出“绿水青山就是金山银山”，绿水青山是自然财富，也是社会财富和经济财富，促进绿水青山生态效益和经济社会效益的持续发挥。传统的经济发展，破坏环境，也破坏生产力。“让人民群众在绿水青山中共享自然之美、生命之美、生活之美，走出一条生产发展、生活富裕、生态良好的文明发展道路。”[③] 习近平总书记特别关心人民身边的生态环境问题，如污水、垃圾等，要求打赢蓝天保卫战，防治水污染和土壤污染，建设农村环境。其“五位一体”的生态文明社会观，强调了生态文明建设的统领地位，经济社会发展和生态文明环境保护协调统一。因此，“切实增强生态意识，切实加强生态环境保护”[④]，人与自然和谐共生，公平共享；“人类发展活动必须尊重自然、顺应自然、保护自然”“把推动形成绿色发展方式和生活方式摆在更加突出的位置”[⑤]，参与

① 习近平 . 加强基层基础工作 夯实社会和谐之基 [N]. 浙江日报，2006-11-03（1）.

② 习近平 . 习近平谈治国理政 [M]. 北京：外文出版社，2014：163.

③ 习近平 . 在纪念马克思诞辰 200 周年大会上的讲话 [M]. 中共中央马克思斯恩格斯列宁斯大林著作编译局编译，北京：人民出版社，2018：21-22.

④ 习近平 . 习近平谈治国理政 [M]. 北京：外文出版社，2014：207.

⑤ 习近平 . 习近平谈治国理政（第二卷）[M]. 北京：外文出版社，2017：394-395.

全球环境治理，“创造一个包容互鉴、共同发展的未来”①，构建人类命运共同体。

综上所述，马克思恩格斯关怀人的生存、人的解放，关怀自然界；列宁关注人，建设社会和谐，关注人与自然的关系；毛泽东关心民生、关注社会和谐和关注生态环境建设，邓小平以人民为本、促进社会公平、关注环境问题，江泽民以人为本、关注生态环境建设，胡锦涛以人为本、建设和谐社会、建设生态文明，习近平以人民为中心、建设和谐社会与生态文明等，这些都充分展现了马克思主义的关怀品格思想，成为现代关怀品格的理论基础。

① 习近平．习近平谈治国理政（第二卷）[M]. 北京：外文出版社，2017：529.

第二章 关怀品格的内涵阐释

关怀品格自古以来一直与人类的生产和生活实践相伴随。然而，关怀品格作为一个学术问题的研究仍然有待进一步深化。因此，对关怀品格的概念进行界定、对关怀品格的结构与特征进行阐释，有助于明晰其内涵。

一、关怀品格的界定

关怀品格的界定必然涉及关怀与品格两个概念的厘定，以奠定其概念理论基础。

（一）何为关怀

在西方，“关怀”作为一种概念被认为首先出现在马丁·海德格尔 (Martin Heidegger) 著的《存在与时间》一书中，德语“Sorge”被译为“关心”，作为人的本质规定。在海德格尔看来，关心作为人的一种存在形式，是一种与世界相处的方式，强调关切，“具有担心、忧虑、焦虑不安的意思”[①]。从现有的相关翻译来看，英语“care”与“caring”有两种不同的翻译，一是将其译为“关心”，二是将其译为“关怀”。米尔顿·梅尔奥夫认为关怀具有最严肃的意义，“帮助他人成长，帮助他人实现自我”[②]。内尔·诺丁斯认为关心是一种关系，人与人之间的连接或接触是其最基本的表现。关心由关心者和被关心者两个因素构成，在两者中，一方付出关心，另一方则接受关心。在随后的研究中，她进一步指

① [德] 马丁·海德格尔 . 存在与时间 [M]. 陈嘉映，王庆节，译 . 北京：生活·读书·新知三联书店，2014：502.

② Milton Mayeroff.on Caring[M].New York:Harper&Row,1971:1.

出“关心意味着负有保护或维持某人或某事的责任，使他幸福”[①]，关心的显著特点是“互动和回应性”[②]。弗吉尼亚·赫尔德认为关怀是一种价值，关怀注重实践，强调人和人之间的关系并且理解对方。理查德·菲利普认为关怀包括承诺或兴趣和关注的品质，也即谨慎。[③]侯晶晶在《关怀德育论》一书中认为，关怀意指对某事或某人担负责任，保障其利益，驱动其发展。沈晓阳的《关怀伦理研究》一书将关怀解释为一种对对方的牵挂、忧虑和负责，并以实践为导向的“普遍的道德情怀”[④]。梁德友认为，关怀是“一种道德情感”，是人的“一种生活方式”“存在状态”，体现“人与人之间的伦理关系”[⑤]。为此，关怀可界定为人们在生活中对人、对事的关爱、责任和道德。为更清楚地理解关怀的内涵，将进一步探讨关怀的特征，辨析与关怀相关的概念。

1. 关怀的特征

综合以上观点，关怀属道德范畴。关怀具有如下特征：一是关怀属道德范畴，具体可分为自然关怀和道德关怀。二是关怀作为生活的一种存在方式，“关怀是人类生活中的一个基本要素”“所有的人都希望得到关怀”[⑥]。三是关怀是一种关系，一方付出关心，另一方接受关心，是双方联结的纽带，具有互惠性。四是关怀内含责任，为对方的发展负责，“关系本身是责任的基础”[⑦]。

2. 关怀与相关概念的辨析

为更清楚理解关怀的内涵，以下对关怀与人文关怀、关怀与正义、关怀与关心、关心与关注、关心与关爱等几对概念进行辨析。

---

① [美]内尔·诺丁斯.关心——伦理和道德教育的女性路径[M].武云斐，译.北京：北京大学出版社，2014：2.

② [美]内尔·诺丁斯.关心——伦理和道德教育的女性路径[M].武云斐，译.北京：北京大学出版社，2014：10.

③ Richard Phillips.*Curiosity:Care,Virtue and Pleasure in Uncovering the New*[J].Theory,Culture & Societ Duke University Press Journal,2015,(3):149-161.

④ 沈晓阳.关怀伦理研究[M].中共中央马克思恩格斯列宁斯大林著作编译局编译，北京：人民出版社，2010：62.

⑤ 梁德友.关怀的伦理之维：转型期中国弱势群体伦理关怀研究[M].南京：南京大学出版社，2013：35.

⑥ [美]内尔·诺丁斯.始于家庭：关怀与社会政策[M].侯晶晶，译.北京：教育科学出版社，2006：10.

⑦ [美]内尔·诺丁斯.关心——伦理和道德教育的女性路径[M].武云斐，译.北京：北京大学出版社，2014：62.

（1）关怀与人文关怀

人文关怀，从哲学层面看，关注人的生存和发展；从伦理学角度看，是对人的价值、尊严、自由、地位、发展的关注和尊重。人文关怀的宗旨在于“以人的发展为本”，“培养人的自主意识和主观能动性，促进人的健康成长和全面发展”①。寇东亮等认为人文关怀是一种理念，指“人对人本身的自我关怀”，包含“人文知识、人文思想、人文方法与人文精神”四方面的统一，集中体现为关爱“人的生命和人的存在”,关切人的“人格尊严”和“自我完善”②。王海霞则认为，人文关怀的内涵包括对人的生存、人的生命、人的精神、人的情感、人的意志、人的价值、人的尊严等全方位的关怀、尊重、爱护和肯定。③因此，人文关怀是对人自我的关怀，对人的生存、精神和发展给予全方位的关怀，肯定人的主观能动性，注重人的全面发展。关怀与人文关怀的共同之处：一是肯定人的存在和发展。关怀作为人的一种生活方式，关怀是为了促进人的发展；人文关怀的研究者同样关注人的基本权利和精神需要。二是两者均有助于人的全面发展的实现。关怀与人文关怀的相异之处：一是关怀强调对被关怀者的关怀，即他者的关怀，同时，关怀并不排斥对自我的关怀。对于关怀理论，对他人的关怀与对自我的关怀是相互交织在一起的，所以关系是关怀的核心；人文关怀更侧重于人对自我的关怀，培养人的主动性。二是从对象看，关怀的对象包括自我、他人、动物、植物、地球、物质世界、知识等等；人文关怀的对象是人，包括自我、他人。

（2）关怀与正义

关怀与正义均属重要的道德内容，都存在于公共或私人的领域，都以人类福祉为责任，旨向社会和谐与公平。两者虽有共通之处，然而并非总兼容。“关怀重视人和人之间的关系和善解人意;正义则重视符合抽象原则的理性行动。”④这表明关怀关注联系、包容、关爱、信任、回应等；正义的焦点是公正、平等、民主、利益和权利等问题。在关怀理念中，人是具体之人、关系之人，人与人之间彼此依存，重视关怀人与被关怀人双方的利益共享，重视正面的联结，目的是团结与合作；在正义看来，人是抽象之人，强调个人的自主的理性，追求个人权力和利益间的公平，保护平等和自由免受侵犯。在关怀关系的网络中，

① 徐金超．人文关怀：当代思想政治教育的新取向 [J]. 湖北社会科学，2009，（8）：194.
② 寇东亮，张永超，张晓芳．人文关怀论 [M]. 北京：中国社会科学出版社，2015：14.
③ 王海霞．马克思经济学人文关怀思想研究 [M]. 北京：光明日报出版社，2017：24.
④ [美] 弗吉尼亚·赫尔德．关怀伦理学 [M]. 苑莉均，译．北京：商务印书馆，2014：99–100.

正义的要求是必然，但不能由此将关怀置于边缘地位。即是说，关怀与正义并不必然相互排斥，正义追求虽在于强调个人的公平，然而，关怀发展必与正义发展相伴随，否则，关怀也就无从体现。因此，赫尔德就指出“关怀的背景下需要正义”，“正义背景中则需要关怀”[①]。

（3）关怀与关心

关怀与关心两个概念有着不可分割的密切关系。在《新时代汉英大词典》中，“关怀”英译为“show loving care for; show concern or solicitude for”[②]；“关心”英译为“be concerned with; show solicitude for; be interested in; care for”[③]。《汉英综合大辞典》将“关怀”译为“show loving care for：concerned about; show concern for; attention; show solicitude for”[④]；将“关心”译为“be concerned with; show solicitude for; interest; show concern for; be concerned about; be interested in; care for; regard”[⑤]。综合以上两大词典对关怀与关心的翻译，都含有“care”“concern”“solicitude”之意。在《现代汉语规范词典》中，“关怀”解释为“关心爱护”[⑥]；“关心”解释为“爱惜，重视，经常挂在心上”[⑦]。由此看来，两者都有爱护、挂念、操心的意思。为此，从词典的概念表述看，不论是关怀还是关心，其本质都蕴含爱与关系之意，缺乏爱，操心、挂虑无从谈起；不建立关系，其爱护、照顾无从落实。

《汉英综合大辞典》把关怀与关心进行了区分，认为两者的不同归结为：关怀多用于上对下，主要对人，较少用于同辈，为书面语；关心，上对下均可以用，可对人和物，书面语和口语均可用。[⑧]但是，现时期两者的用法已完全超出了此局限。从本质看，两者都蕴含道德意义，可归属道德范畴。从现有的相关译著看，英语“care”与“caring”有两种不同的翻译，一是将其译为“关心”，二是将其译为“关怀”。美国著名的关怀伦理学者内尔·诺丁斯的著作 *the Challenge to Care in Schools:an Alternative Approach to Education*《学会关心：教育的另一种模式》中“care”均被译作“关心”，此中文译本“强调关心是一种

---

① [美]弗吉尼亚·赫尔德.关怀伦理学[M].苑莉均，译.北京：商务印书馆，2014：21.
② 吴景荣，程镇球.新时代汉英大词典[Z].北京：商务印书馆，2000：561.
③ 吴景荣，程镇球.新时代汉英大词典[Z].北京：商务印书馆，2000：561.
④ 吴光华.汉英综合大辞典（上卷）[Z].大连：大连理工大学出版社，2004：1724.
⑤ 吴光华.汉英综合大辞典（上卷）[Z].大连：大连理工大学出版社，2004：1729.
⑥ 李行健.现代汉语规范词典（3版）[Z].北京：外语教学与研究出版社，2014：480.
⑦ 李行健.现代汉语规范词典（3版）[Z].北京：外语教学与研究出版社，2014：481.
⑧ 吴光华.汉英综合大辞典（上卷）[Z].大连：大连理工大学出版社，2004：1724.

关系”[①],虽然她认为“过分强调关心作为一种个人美德则不正确”[②],但其并没有否定关心作为一种美德，一种品质。现有诺丁斯的相关著作“care”和“caring”主要被译作“关怀”。关怀被认为是一种道德、一种伦理、一种德性。“关怀作为美德”[③]。

综上看，关怀与关心并没有本质区别。但是，如果非得深究关怀与关心的不同，笔者只能从现有的两者应用及其趋势来尝试阐明：关怀属于宏观道德概念，而关心则落实于具体的道德行为。从现有学术研究看，以“关怀”为主题的研究主要为“人文关怀”“伦理关怀”“关怀伦理”“道德关怀”“社会关怀”“教育关怀”“关怀教育”和“关怀品质”等，其作为学术概念的研究广泛。而且在日常生活中，“关怀”术语使用的频率越来越高。为此，赫尔德认为关怀“是基本的道德价值观”[④]。关心属于道德现象，侧重道德行为，如“关心自我”“关心身边的人”“关心陌生者和远离自己的人”“关心动物、植物和地球”“关心人类创造的世界”“关心知识”等。[⑤]

（4）关怀与关注

在《新时代汉英大词典》中，“关怀”英译为“show loving care for; show concern or solicitude for”[⑥];“关注”英译为“follow with interest; pay close attention to;show concern for”[⑦]。由此可知,关怀与关注虽都含有“concern”之意,即“担心，忧虑、关爱”，但是关注强调“interest”“attention”，即兴趣和注意力；关怀则偏重“loving”，即“爱”。从《现代汉语规范词典》看，“关怀”指“关心爱护”[⑧];“关注”指“重视;特别注意”[⑨]，关心注意。“注意”为心理学概念，“是人的心理活动或意识对一定事物的指向和集中”[⑩]。它是心理活动的积极状

---

① [美]内尔·诺丁斯.学会关心——教育的另一种模式[M].于天龙，译.北京：教育科学出版社，2014：36.

② [美]内尔·诺丁斯.学会关心——教育的另一种模式[M].于天龙，译.北京：教育科学出版社，2014：36.

③ [美]内尔·诺丁斯.始于家庭：关怀与社会政策[M].侯晶晶，译.北京：教育科学出版社，2006：17.

④ [美]弗吉尼亚·赫尔德.关怀伦理学[M].苑莉均，译.商务印书馆，2014：117.

⑤ [美]内尔·诺丁斯.学会关心——教育的另一种模式[M].于天龙，译.北京：教育科学出版社，2014：99-205.

⑥ 吴景荣，程镇球.新时代汉英大词典[Z].北京：商务印书馆，2000：561.

⑦ 吴景荣，程镇球.新时代汉英大词典[Z].北京：商务印书馆，2000：562.

⑧ 李行健.现代汉语规范词典（3版）[Z].北京：外语教学与研究出版社，2014：480.

⑨ 李行健.现代汉语规范词典（3版）[Z].北京：外语教学与研究出版社，2014：481.

⑩ 孟昭兰.普通心理学[M].北京：北京大学出版社，1994：158.

态，其注意的广度、稳定性、分配与转移受外界刺激物的影响较大。“人们可以有意识地选择所要注意的活动或对象，但在很多情况下，这种选择并不是有意识的，而是由刺激和事件本身引起的，是一个无意识的过程。”[①] 注意可以是有意识的，也可能是无意识的。这里，关怀与关注侧重点也有所不同。综上看，关怀与关注既有联系又有区别。关怀与关注均有担心、操心之意。其区别，体现为：第一，词语感情色彩不同。关怀属褒义词，关注属中性词。第二，动机不同。关怀的动机是因为善和爱，而关注的动机是因为兴趣或注意力。第三，过程不同。关怀注重过程的连续性和持续性，明晰从关怀情感发起至关怀行为发生的过程有着诸多复杂的影响因素，伴随持续的沟通、理解和对话，是双向的过程；关注，在其生发的过程中，受兴趣的转移或注意力的中断，过程可能难以维续，其多为单向度的过程。第四，目标差异。关怀的目标是实现被关怀者的快乐、幸福，而这一目标也是关怀者自身的目标；关注的目标实现没有预成性，因为过程的影响因素，可能没有达成任何目标，也可能目标不是关注者的预期。从以上看，关怀与关注有所不同。但是，这并不排斥关注对于关怀的价值，因为关注意味着人会全身心集中指向于某一目标，而这正是关怀品格的构成因素之一，关怀的起点和过程离不开关注的价值基础。

（5）关怀与关爱

在《新时代汉英大词典》中，“关爱”英译为“concern and care；love and care”[②]；“关怀”英译为“show loving care for; show concern or solicitude for”[③]。从英文解释看，关爱与关怀没有区别，均含“concern”“care”“love”之意。在《现代汉语规范词典》中，“关爱”解释为“关怀爱护”；“关怀”解释为“关心爱护”。[④] 从中可看出，关怀与关爱也均包含“爱”。关怀与关爱均表示是对人有爱心，给他人提供帮助。“它是一种温和的、巧妙的、非道学的、非批判的关爱。”[⑤] 但这并不意味着关怀与关爱完全等同。美国学者弗吉尼亚. 赫尔德指出，关怀以关爱关系为核心价值。关怀存在于人与人之间的交往中，主要表现为关爱关系，关爱关系成为关怀的核心价值。因此，“关怀最关心的事项是人与人之

① 游旭群 . 普通心理学 [M]. 北京：高等教育出版社，2011：164.

② 吴景荣，程镇球 . 新时代汉英大词典 [Z]. 北京：商务印书馆，2000：561.

③ 吴景荣，程镇球 . 新时代汉英大词典 [Z]. 北京：商务印书馆，2000：561.

④ 李行健 . 现代汉语规范词典（3 版）[Z]. 北京：外语教学与研究出版社，2014：480.

⑤ [美] 卡尔·罗杰斯 . 论人的成长 [M]. 石孟磊，等，译 . 北京：世界图书出版有限公司北京分公司，2019：305.

间的关系”[①]，“关怀最重要的是关爱关系”[②]。因此，对于关怀品格来说，建立关爱关系是其构成因素之一。

（二）何为品格

“品格”一词可分为“品”与“格”。探究《辞源》，“品”含“众多、事物的种类、等级、等阶、标准规格、评论、吹弄乐器”等七种释义；[③]“格”则有“至，感通，穷究，纠正；风格，度量；标准；律法，刑具；支架；方框等”13种释义。在道德语境中，“品”与“格”可合义为等级、标准的框架、规格。[④]《辞源》将品格界定为“高下的等级；性质，风度”。[⑤]在《汉语大词典》中，“品格”指物品的质量规格；指文学艺术作品的质量、格调；品性、性格。[⑥]在《汉英大辞典》中，“品格”与“品行、品性”同译为“character of person; one’s character and morals”。[⑦]《汉英词典》将“品格”译为“one’s moral character ,quality and style(of literary or artistic works”。[⑧]基于道德研究范畴，结合《汉语大词典》和《辞源》的界定，品格为等级的、一定衡量标准的品性；而从英汉词义看，品格的英语表达主要为“character”，而且是“moral character”，并特指为“one’s”。品格作为个人品德，表征个体稳定状态，“作为一种品性，为了正当的理由做正当的事情而没有严重的内心不情愿的反抗”[⑨]因此，品格为个人稳定倾向的道德品质。为进一步明确品格内涵，以下分析品格特征，辨析德性与品格、品德与品格概念。

1. 品格的特征

品格的特征包含以下几个方面：

（1）品格与道德相连

关于品格形成和道德发展的争论，可追溯至古希腊哲学家苏格拉底、柏拉图、亚里士多德。苏格拉底关于知识即是道德基础，主要记载于《曼诺篇》一

① ［美］弗吉尼亚·赫尔德．关怀伦理学 [M]. 苑莉均，译．商务印书馆，2014：59.

② ［美］弗吉尼亚·赫尔德．关怀伦理学 [M]. 苑莉均，译．商务印书馆，2014：214.

③ 商务印书馆编辑部．辞源（修订本第一册）[Z]. 商务印书馆，1979：511.

④ 商务印书馆编辑部．辞源（合订本）[Z]. 商务印书馆，1988：847.

⑤ 商务印书馆编辑部．辞源（修订本第一册）[Z]. 商务印书馆，1979：511

⑥ 汉语大词典编辑委员会 汉语大词典编纂处．汉语大词典（第 3 卷）[Z]. 汉语大词典出版社，1989：324.

⑦ 吴光华．汉英大辞典（N-Z 下卷）[Z] 上海：上海交通大学出版社，1993：1930.

⑧ 姚小平．汉英词典（第三版）[Z]. 北京：外语教学与研究出版社，2009：1045.

⑨ 高国希．论个人品德 [J]. 探索与争鸣，2009(11)：14.

书中。而亚里士多德认为，道德德性是适度的、最好的品质。“品格是一种品质与特征相结合，一种结合了道德或伦理的结构，是道德或伦理的力量，是正直和坚韧。”[①] 美国品格教育协会关于《有效品格教育的十一条原则》的著作强调品格教育应从道德生活出发，关注内在动机的培育，创造道德实践机会。

（2）品格具有稳定性

“品格在其特性上是一种稳定的个性品质。”[②] 马丁·布贝尔认为品格是联结个人与其自身行为和态度间的纽带；卡伦·博林也认为良好的品格有助于个体的思维、心理及行为等养成优良习惯。因此，个体一旦养成某种品格，其对客观事物、事件的思想、态度、行为取向往往具有稳定性，常常不借助外力，不由自主地从事某种实践活动。但品格稳定性具有相对性，可能产生短暂的、螺旋式的变化和发展。

（3）品格是一种价值

价值是人们对满足他们自身需要的客观事物的关系中产生，价值具有本质性和规律性，“价值性体现的是普遍性、社会性”[③]。品格可分为道德的和非道德的，是关于人对于客观世界内在本质的思考和价值取向。因此，有学者指出：“美德伦理的品格概念是一个整体的概念，它包含着我们如何思维，是一个人的品格整体，而不是孤立的品格特质，能很好地解释一个人的行为，而这种品格，大体上可算做是一种综合的动机，它包括个人对于世界的愿望、信念、最终的目标和价值。”[④]

品格是道德范畴，属于道德品质；品格具有稳定性特质，品格一旦形成，人们的行为呈现习惯性倾向；品格的价值取向，阐述了品格的个体和社会功能综合体现。因此，把关怀与品格相界定，关怀具有优良的道德品质的价值属性。

2. 品格与相关概念的辨析

（1）德性与品格

德性，英文常表述为“Virtue”，也译为美德。追溯词源，德性与希腊语“arête”一词关系很大，指人的品性、才能和优点，是“善或好”的本性，并与“高贵、贵族”等词义相关。苏格拉底时期，“arête”发展为政治或做人方面

① 郝婧 . 托马斯·里克纳品格教育思想研究 [D]. 兰州大学，2016：23.

② 蔡春 . 德性与品格教育论 [D]. 复旦大学，2010：74.

③ 宋希仁 . 关于价值概念的哲学讨论 [J]. 广东社会科学，2016，（2）：51.

④ 刘胜梅 . 基于道德品格存在之争的品格构建及其启示 [J]. 华中科技大学学报（社会科学版），2012，（5）：21.

的才能和品德，后来拉丁文表述为“virtus”，中文为“男子气概”，英文随着表述为“virtue”，也就是我们现常用的中文“美德”或“德性”。德性是古希腊哲学思想的核心。苏格拉底认为“德性即知识”，即“善”，学习知识，才能向善、为善。亚里士多德把德性分为理智德性和道德德性两种。亚里士多德认为“德性既不是感情也不是能力”①，而是品质。德性是适度，过度与不及均属于恶，具有德性的人是好人。亚里士多德论述了多种具体德性，如友善、友爱、公正等品质；同时，他认为一种品质只产生某一种结果。品质有好、坏之分，而德性均是善。品质和品格通常情况下通用，两者均属道德范畴。据《现代汉语词典》的解释，“质”有性质、本质、质量之义，“格”有规格、格式、品质、风度之义。《论语·为政第二》：“有耻且格。”何晏《论语集解》注：“格者，正也。”朱熹《四书章句集注》：“格，至也。……，而又有以至于善也。”“‘格’有‘规格’‘法式’‘标准’义”②，那么“格”，即做人的标准。为此，格“正”、格“至”均含有道德规范、善之意。与“教育”相联系时，通常指品格教育。

（2）品德与品格

在道德领域，品格和品德常不加区分被运用。如，我们说一个人“品德高尚”或“品格高尚”，意思表达没有区别。品德与品格的英语也均可用“character”来表述。但深入研究后，仍能发现两者存在一些差别。在教育学领域，品德，即道德品质，指依据一定社会和阶级的要求，遵循一定的道德行为标准、道德规范，在行为中表现出相对稳定的个性倾向和特征。因此，品德是合乎道德行为规范的品格，是具体品格的总称，属于道德范畴。而品格是具体的，如诚信品格、公正品格、友善品格等；品格，既是道德方面，也可是非道德方面，如，学科品格、宗教品格、习俗品格和心理学中涉及非道德方面的心理品格，等。

（三）何为关怀品格

目前，国内学术界对关怀品格作了些许界定，主要界定为：把关怀品格作为一种责任，“对他人、对社会的一种责任和使命，一种基本的道德操守”③，“包括关爱自己、他人、社会、自然等科学体系，其本质是呵护与培育人的生命力

① [古希腊]亚里士多德.尼各马可伦理学[M].廖申白，译.北京：商务印书馆，2017：47.

② 孙景龙.《论语》文义新解六题[J].孔子研究，2012，（4）：24.

③ 李定庆.论大学生关怀品质的培养[J].思想理论教育导刊，2013，（12）：120.

和人的责任”[①];把关怀品格作为一种伦理情感、一种社会关系和一种道德行为;认为关怀品格由关怀的品质和感激的品质构成，关怀品格的培养包括情感、知识和行为三大方面[②]。综合以上观点，从范畴上看，关怀品格属道德品质范畴;从对象看，关怀品格包括关心自我、他人、社会和自然;从特征看，关怀品格注重情感和关系的建立，落实行为实践。基于此作如下界定：关怀品格是一种以关怀为核心的道德品质，是个体在处理人与人之间、人与社会之间、人与自然之间关系时形成的关爱关系为取向的道德行为习惯，可以理解为友爱、善良、尊重、关心等特质在个体身上的具体表现。针对关怀品格的概念界定，有必要对其相关内涵进行诠释。

1. 关怀的对象

关怀品格的关怀对象包括人、社会和自然。关怀对象人，包含自我与他人、个人与集体或群体、本民族与人类;关怀对象社会，是人与人之间关系的总和，社会关系包括个体与个体、个体与集体、个体与国家、群体与群体、群体与国家等之间的关系，人类的生产活动、交往活动、消费活动、娱乐活动、政治活动、教育活动等，都属于社会范畴;关怀对象自然，包括客观存在的各个事物的总体。

2. 爱的核心价值取向

爱是关怀品格的核心价值取向，包含友爱、宽容、关心和责任等要素。友爱是一种行为，是个体的能力实践;友爱还是一种活动，而且带有积极的情感。友爱“主要是‘给予’，而不是‘接受’”。[③]宽容是对不同个体、不同人群、不同民族性格、知识、情感、思维、理智、道德、精神等尊重、理解、接纳和欣赏。“宽容通过了解、坦诚、交流和思想、良心及信仰自由而得到促进……宽容。”[④]宽容有助于人们用和平方式解决矛盾问题，甚至冲突，减少暴力事件的发生。关心是爱的构成部分，“爱蕴含着关心，爱是对所爱对象的生命和成长的积极关心”[⑤]。有爱存在的地方，就存在着关心，相反，哪里缺少关心，哪里就

---

① 张倩倩 . 关怀品质：高职院校大学生全面发展之要 [J]. 乌鲁木齐职业大学学报，2015，(4)：12.

② 苏静，檀传宝 . 学会关怀与被关怀——论信息时代未成年人关怀品质的培养 [J]. 中国教育学刊，2006，(3)：25.

③ [美] 艾里希·弗洛姆 . 爱的艺术 [M]. 刘福堂，译 . 北京：人民文学出版社，2018：25.

④ 参见何齐宗 . 教育探索的历程：30 年回溯 [M]. 北京：中国社会科学出版社，2019：445.

⑤ [美] 艾里希·弗洛姆 . 爱的艺术 [M]. 刘福堂，译 . 北京：人民文学出版社，2018：29-30.

没有爱的存在。爱还体现为责任感，责任是自愿行为，是对爱的担当，是对他者表达或可能没有表达的需要的反应，担负责任是能够并准备反应，责任包括对他者行为需要的关怀、物质需要的关怀和精神需要的关怀。

3. 关怀机制

关怀关系并不一定完全对等，关怀完成的完整过程表现为：关怀者（A）关怀被关怀者（B），A 专注于 B 并作出动机移置，并且 A 作出关怀 B 的相符行为，B 认可 A 关怀 B。在这过程中，关怀者首先“对被关怀者的接受和动机移置是对被关怀者需要的直接反应”[①]，被关怀者回应关怀者的关心，以维护关怀关系，表达被关怀的需要，关怀者还可能因被关怀者的不同回应或反馈，调整自我的动机和关怀行为，关怀者与被关怀者双方持续协调关系，完成关怀行为。需要明确的是，在关怀者与被关怀者双方关怀关系建立的过程中，关怀并不是仅由关怀者一方控制，而是双方作为双主体发生作用共同控制，关怀者作为主体控制自己的关怀思想与行为，被关怀者反过来也作为主体作用于关怀者，即是说双方共同控制实现关怀。关怀品格的核心目标在于建立、维护和发展关爱关系，更多把注意力放在交往与回应上；承认被关怀者的作用是关怀品格的核心内容。

4. 关系依存

关怀者与被关怀者并不是相互孤立，而是必然相互联系的，否定关怀者与被关怀者的联系，关怀品格之概念或者其品德均不复存在；认同关怀品格，必然认同关怀者与被关怀者之间的关系存在，关怀者对被关怀者的影响，被关怀者对关怀者的回应和影响。另外，关怀品格的实践需要关怀者与被关怀者构成的共同体借助其各部分的构成要素的道德努力来实现，这种内在关系使我们考察共同体的任何部分的时候，我们都能够看到共同体的一个侧面。“‘整体’是一个逻辑建构，指整体通过内在关系在它的每个部分中体现出来的方式。”[②]“人是特殊的个体，……同样，人也是总体，是观念的总体，是被思考和被感知的社会的自为的主体存在。”[③]关怀者与被关怀者既作为个体存在，同时又作为总体

① [美]内尔·诺丁斯．始于家庭：关怀与社会政策[M]．侯晶晶，译．北京：教育科学出版社，2006（2012）：27.

② [美]奥尔曼．辩证法的舞蹈：马克思方法的步骤[M]．田世锭，何霜梅，译．北京：高等教育出版社，2006：89.

③ [德]马克思．1844 年经济学哲学手稿[M]．中共中央马克思斯恩格斯列宁斯大林著作编译局编译，北京：人民出版社，2018：81.

存在，观念的总体存在，行为的总体存在。关怀者与被关怀者成为关系的结构，他们与其他构成要素之间相互依存，而共同体正是这种相互依存的体系。

二、关怀品格的结构

结构是物质的一种运动状态，它还是一种观念形态。关怀品格的结构内在于人的道德品质活动，影响关怀行为生发，本部分从要素、层次和指向三个维度分析其结构。

（一）关怀品格的要素结构

一般的道德品质结构由道德认知、道德情感、道德意志和道德行为等要素构成，关怀品格的要素结构也是由关怀认知、关怀情感、关怀意志和关怀行为构成。

1. 关怀认知

英文“cognition”，哲学上通常译为“认识”，心理学上习惯译为“认知”，实质是人脑中的认识过程。道德认识“是个体对一定社会的道德关系与思想政治准则及其道德规范的认识。”[①] 也有研究者认为，道德认识是“个体对道德原则、行为规范，以及社会观和人生观的认识和理解”[②]。综合相关观点，道德认识是个体对道德规范和人生价值观取向的认识。因此，关怀认知是对关怀品格规范、关怀品格价值取向何以可能的认识，由此对关怀作出价值判断，以调节关怀行为。

道德直接关涉当然，“在道德领域中，‘当然’通常以规范为其逻辑形式”[③]，而规范包括概念、范畴和规律。关怀品格规范是概念、范畴和规律等的交织，具有认识论的逻辑意义。首先，关怀品格规范认识是对关怀价值正当性的确认。“当然”意味着何为应当做或不应当做。无疑，正面价值应当做，即关怀价值具有正面性，是善。其次，关怀品格规范认识是社会共识凝结的认识。价值处于关系中，关涉人的需要。不同的人对不同需要具有不同的理解，制约着不同的价值取向。“道德规范所体现的‘当然’，同时以义务或责任为其内容。”[④] 为此，

① 卢晓中．新编教育学 [M]. 北京：北京师范大学出版社，2014：220.

② 杜德栎，曹汉斌．简明教育学教程 [M]. 北京：中国人民大学出版社，2014：212.

③ 杨国荣．伦理与存在：道德哲学研究 [M]. 上海：上海人民出版社，2002：173.

④ 杨国荣．伦理与存在：道德哲学研究 [M]. 上海：上海人民出版社，2002：175.

关怀价值取向是社会义务或责任，体现对社会伦理关系的认定，是对社会共识的凝结。再次，关怀品格规范认识是对真与善相统一的认识。道德规范的“当然”是应该，含有理想未实现之实，但其无疑又不能脱离现实。关怀品格规范认识需明晰道德领域的善与事实领域的真的融合。最后，关怀品格规范认识需厘清伦理关系范畴。关怀品格的伦理关系不仅包含人与人之间、人与社会之间的关系，而且涉及人与天之间的关系。

善是关怀品格的核心价值取向，关怀品格价值取向认识是对善何以可能的认识。“认知离不开经验事实，评价则往往关联着个体的体验。”[①] 因而，对善的认识兼涉个人经验与个人体验。个人经验以关怀事实为对象，直接把握事实；个人体验则以价值评价为指向，关涉个人的感受，包括个人主体的动机、价值认同和情感关怀等，是对意义的领悟，对自我存在状态的体认。善的认识并非把事实指向的经验和以价值趋向的体验相隔离，而事实上是经验与体验的相互联系。无论是关怀品格规范的把握，还是关怀行为的选择和实践，经验与体验都不可或缺。善的意义的确认，既涉及日常经验事实的了解，也基于关怀行为中对关怀品格规范意义的真切体验；生活世界中的经验使个体真切了解关怀品格规范的要求、规定，是善的具体化；个体体验则增进个体对关怀品格规范的认同。因此，单纯从经验事实不足以认识善，因而善的认识总是需要在事实基础上，渗入价值关怀、情意认同的个人主体体验，“关怀者所关心的不是人类的组织而是人类的意识——伴随着痛苦、快乐、希望、恐惧、恳求和回应”[②]。

2. 关怀情感

休谟认为：“道德是由情感决定的。它把善定义为所有给旁观者带来令人愉快的赞许之情的所有思想活动或品质。”[③] 因此，情感驱使行动，人们往往因为喜爱而去接近喜爱的东西，因厌恶而回避某些讨厌之物。马克思更为直接地指出人是直接的自然存在物，“一方面具有自然力、生命力，是能动的自然存在物；这些力量作为天赋和才能、作为欲望存在于人身上；另一方面，人作为自然的、肉体的、感性的、对象性的存在物，……是受动的、受制约的和受限制的存在物，就是说，他的欲望的对象是作为不依赖于他的对象而存在于他之外

① 杨国荣. 伦理与存在：道德哲学研究 [M]. 上海：上海人民出版社，2002：180.

② [美] 内尔·诺丁斯. 关心——伦理和道德教育的女性路径 [M]. 武云斐，译. 北京：北京大学出版社，2014：63.

③ [英] 休谟. 道德原理探究 [M]. 王淑芹，译. 北京：中国社会科学出版社，1999：106.

的”。[①] 因此，承认和认识人的现实性，人还作为感性的生命对象，而且人还是他者的对象和感觉存在。情感与道德相关联，人与情感相关联，即是说情感、道德和人相统一。“人类并不是在感情上和道德上相分离的实在。”“人类不是缺少脆弱性的对象：他们对情感、身体和精神上的损失和伤害有一种敏感性”。[②] 因此，关怀情感使人们能够且会作出关怀的选择，正是这种敏感性，关怀情感自然产生。

关怀情感，一方面要求关怀者自身之外有其关怀感性对象作为其本质力量的确证，另一方面将自身对象化为他者之需，即自身他者化，实现自身与他者的双向贯通。如果摒弃或离开关怀情感，就只会停留于对自我、他人、社会、自然的关怀直观，而无法真正理解现代生活，也无法真正理解和实践关怀。因为，“在知善知恶的整个过程中，道德判断的形成同样离不开情感的认同”[③]。因此，关怀情感作为关怀品格的构成内容，是人的感觉对象性的本质存在，“只是由于人的本质客观地展开的丰富性，主体的、人的感性的丰富性，如有音乐感的耳朵、能感受形式美的眼睛，总之，那些能成为人的享受的感觉，即确证自己是人的本质力量的感觉，才一部分地发展起来，一部分产生出来”[④]。关怀情感包括关怀感知、关怀体验、关怀评价、关怀移情。关怀感知是关怀情感的初始阶段。感知是个体心理形成和发展的基础，感知需要个体自身从五官上来体现。情感属于非理性，关怀感知是关怀者调动自身全部感觉器官，包括视觉、听觉、嗅觉、味觉、触觉等全身心感知被关怀者或被关注事件，以驱动关怀情感的开始。关怀体验是在关怀感知的基础上，设身处地调动自身的全部感觉器官将自我置于甚至融入被关怀者或被关注事件，从而感对方所感，想对方所想，并以对方情感思考某个事件。从而产生关怀评价，即对被关怀者的现有状态的是与非、对与错，和对事件的进展做出评估、预测，以激发关怀者产生强烈的情感，并进一步带来关怀移情。此时，关怀者已完全了解并透彻理解被关怀者的现有状态，并能预测事件的发展，关怀者和被关怀者及其涉及的事件已融为一体，难以区分彼此、你我。关怀情感的四个阶段并不是明显分隔，而是紧密结合，共同激发关怀情感的产生。“情感现在也越来越被看作发自自我的内部，

---

① 马克思 .1844 年经济学哲学手稿 [M]. 中共中央马克思恩格斯列宁斯大林著作编译局编译，北京：人民出版社，2018：103.

② 俞可平 . 幸福与尊严——一种关于未来的设计 [M]. 北京：中央编译出版社，2012：119.

③ 杨国荣 . 伦理与存在：道德哲学研究 [M]. 上海：上海人民出版社，2002：179.

④ 马克思 .1844 年经济学哲学手稿 [M]. 中共中央马克思恩格斯列宁斯大林著作编译局编译，北京：人民出版社，2018：84.

而不是被看作外部事件的相关物，看来，正如思想可以和具体的现实脱离一样，情绪也可以不受实际事件束缚，插翅‘高飞’，因而大大扩大感情生活的深度和广度。”[①]

在马克思看来，关怀是人的感性活动，而不是心理学或人类学意义规定的感官性活动，从对象化的角度理解人的社会活动，反映人之社会活动事实建构与客观社会交往的结构。由于人的社会交往需要，关怀情感展现其开放的态度，成为其主观需求和客观需要建构关系的媒介。“一个感性存在之人首先需要另一个同样感性存在之人。”[②] 因此,关怀情感的运行是关怀者和被关怀者相互贯通的纽带，关怀品格不仅是以关怀知识的知性构成，还需关怀情感的感性存在投入，确证人与人的交往，以坚持关怀意志，保障关怀实践，构成丰富完整的关怀品格内容。

3. 关怀意志

良好的精神状态能够激励人，具有良好精神状态的人从事活动时，充满热情、激情、意志力及积极进取的主动精神。在谈及意志作用时，爱因斯坦认为“钢铁般的意志比智慧和博学更重要”。“在康德看来，意志是决定自己依照规律的概念去行动的一种能力。”[③] 因此，意志有助于发挥人的主动性，意志还是一个人完成某件事情的决定力，是个人行动的决断力。

关怀意志是人自觉地确定关怀目的，并支配其关怀行为以实现预定目的的精神力量和心理过程。它的主要功能是支撑关怀品格结构，指导并最终控制行动，是关怀品格之人必备的精神品质和品格特征。因为面临具体、复杂的情境，人们对利益的认识和选择，动机的积极取向，行为的坚持与变换，交流的理解与协调，反馈的认同与及时等，需要关怀意志保障以实现预期的关怀目的。人与人间的意志力量相差悬殊，有的人确定目标后，勇往直前，不达目的不回头；有的人因小挫折或问题停滞不前，甚至往回走；有的人独立思考与规划并顺利完成任务，而有的人因依赖性强而不能独立做出决定与选择，无法挑战任何困难；有的人预判力强，果断行事，有的人犹豫不决，错失良机。关怀意志影响关怀品格的形成。关怀意志包含诸多的构成要素，但主要可归纳为关怀的意志品质、进取品质和反思品质。第一，关怀的意志品质主要有四种品质特征：独

① [美]卢格．人生发展心理学[M]. 陈德民，等，译．上海：学林出版社，1996：622.

② 俞可平．幸福与尊严——一种关于未来的设计[M]. 北京：中央编译出版社，2012：219.

③ 俞可平．幸福与尊严——一种关于未来的设计[M]. 北京：中央编译出版社，2012：23.

立品质、果断品质、坚持品质、自控品质。关怀独立品质是一个人不屈从于外在力量的控制，不受偶然因素的支配，而据自己已有的知识、经验、能力来思考判断如何关怀行事的精神和信念品质。它与依赖性相对。关怀果断品质，指一个人能及时地、坚决地依靠自己的关怀能力作出具有充分根据的决定并进行周密思考安排的道德品质。它与优柔寡断品质相对。关怀坚持品质，指一个人能够长期坚持不懈保持与关怀思想、行为、精神的目标趋同性，即使遇到困难险阻，也能协调自身的全部力量毫不动摇实现关怀目的的品质。它与动摇品质相对。关怀自控品质，是指一个人能够控制自己趋离关怀的非健康情绪，如易怒、恐惧、暴躁、失望等，从而控制自己关怀行为的取向，以爱、善、倾听、交流来协调和行动的精神品质。它是一个人控制力的表现，与控制力软弱相对。第二，进取品质主要表现为：果敢、勇敢、竞争、冒险、勇气、抗挫折等。其表现为在困难或复杂情境中，大胆开拓进取，战胜不利环境，抵抗挫折和压力，保持关爱之心，继续前行。关怀的进取品质是现代人不可缺少的精神特征。这种品质在战胜困难的同时，甚至能创造奇迹，带来非预期的成功关怀效果。现代生活中许多成功案例，正是彰显关怀的进取品质的重要价值，如，重庆抢夺公交车方向盘事件，如果乘客中有一人，认识到人与人间共同体的关系存在，勇于挺身而出，那么15位生命仍然鲜活。正如报道“任何人都不是一个看客”，不能置身于事件之外。第三，反思品质主要表现为敏感力、分析综合能力。关怀品格的形成需要在多种复杂情境中磨炼养成。敏感力无论对关怀双方或在关怀行为实施或接受的过程中均具有重大的协调作用，敏感力能洞察、敏锐感受被关怀者的思想、反应，以调整关怀者的思维、语言或方式。分析综合能力，是对外在环境、事件和内在思想、结果的分析综合以产生恰当的关怀思想和做出正确的关怀行为。

马克思认为，只有人是能够在一定时间内集中注意力、全神贯注、心无旁骛做正在进行的事情。他认为人们在工作时，“不是孤立的行为。除了从事劳动的那些器官紧张之外，在整个劳动时间内还需要有作为注意力表现出来的有目的的意志，而且，劳动的内容及其方式和方法越是不能吸引劳动者，劳动者越是不能把劳动当作他自己体力和智力的活动来享受，就越需要这种意志”[1]。马克思也承认意志在生产实践中的重大作用，它成为克服一切困难的坚定力量。意志意味着坚韧、坚持、坚守，蕴含保障品格主体独立，成为个人尊严、价值不

① 马克思恩格斯全集（第23卷）[M]. 中共中央马克思斯恩格斯列宁斯大林著作编译局编译，北京：人民出版社，1973：202.

可剥夺的权利，具有克服一切困难之意。如果剥夺个体的意志，关怀品格的实践则难以进行。关怀品格在思考和实施关怀行为的过程中，面临着许多问题和挑战，关怀意志成为关怀品格不可缺少的重要因素，在具有关怀知识和关怀情感的基础上，个体能够自觉意识并坚持自己的见解与立场。

4. 关怀行为

行为是实践，关怀行为是关怀实践，是关怀品格的践行。与知相应，马克思把实践与感性相联，认为实践存在于人类能动改造客观世界的感性物质活动中，“全部社会生活在本质上是实践的”。[①]行为由行为主体、行为客体和行为中介三个基本要素构成，三者有机统一。行为主体包括个体主体、群体主体、人类主体。行为主体的能力有自然能力和精神能力，自然能力是人的机体、机能的延长和放大能力，精神能力由知识性和非知识性因素构成，知识是理性、经验的掌握，非知识是情感和意志等因素。行为客体则为活动指向的对象，可包含物质客体和精神客体。而行为中介包含物质性工具和语言符号性工具。因此，行为具有物质性和精神性，行为是主体的，又是客体的，行为还是理性和非理性的有机统一。关怀行为并不是纯粹的精神活动，还是物质生产活动的延展；属道德行为活动，是理性的又是非理性的。行为作为认识的来源、动力和目的，是检验真理的唯一标准。关怀行为是关怀认知、关怀情感和关怀意志的源泉、动力和目的，是关怀品格的最终检验标准。前面的关怀认知、关怀情感和关怀意志需要关怀行为的落实。

关怀行为与前面三者构成要素既有联系，又有区别。它们之间的内在联系体现在：关怀行为与关怀认知、关怀情感和关怀意志同属于关怀品格的内容结构，是关怀品格内容结构不可缺少的部分。从这一点上看，关怀行为与其他三种关怀内容构成要素没有不同。它们都具有关怀品格的一般特征与价值，它们之间存在深刻的相互依存、相互渗透、相互制约、相互转化的内在联系与关系。它们之间的区别体现在：第一，功能不同。关怀认知、关怀情感和关怀意志主要是面对外界环境和事件，调动、整合关怀品格的内容构成要素，做出准备与选择。以知识了解、判断，以情感感知、选择，以意志坚持、决定而作出行为准备与选择。关怀行为则是对前面的关怀准备与选择落实到行为中去，超越原有的关怀品格精神，实现关怀品格的自我超越。当然，它们之间功能并非绝对

① 马克思恩格斯选集（第1卷）[M]. 中共中央马克思斯恩格斯列宁斯大林著作编译局编译，北京：人民出版社，2012：135.

孤立和封闭，而是相互携手，相互渗透，共同完成。一般而言，前三种内容构成要素都参与关怀行为的目标趋向，而关怀行为也以回应、反思方式参与前三种内容构成要素的分化与统一。第二，运行机制不同。前三种构成要素主要存在于意识中，主要受意识规律支配和规定，了解、分析、综合和判断，决定或选择对应性行为。关怀行为属于行为部分，是关怀品格的外显内容构成部分。当然，关怀行为离不开前面三种构成要素的支配；反过来，关怀行为促进、超越关怀认知、关怀情感和关怀意志。

上述因素构成关怀品格的主体，各成分具有有机性、全面性和不可分割性。关怀品格是由关怀认知、关怀情感、关怀意志和关怀行为四个方面缺一不可构成，四个方面协同行动。“任何协同行动，哪怕是两个人之间的行动，都始终是一种多维度的复杂过程，不仅涉及我对他人的反应，还涉及我对自己的自我反应。”①

（二）关怀品格的层次结构

关怀品格的结构包含同情、尊重、责任和幸福四个水平层次。同情“会引导我们设身处地，想象他人置身其所处的不管什么情境，想必会有怎样的感受”②，同情会产生感同身受的情绪，能够感受他人，分享他人的内心状态，成为关怀品格水平层次结构的最基本层次。假如没有关怀品格第二层次的尊重，同情就有可能蜕变成支配或占有。因为，尊重是理性，尊重在于每个人“都必须在尊严中去尊敬所有被他的行为所关涉的人，正因为他们也如同他一样，并不是像他，而是恰恰完全同他一样——都是人”③，所以尊重他人，就是尊重自己；尊重不仅关注他人，而且认识他人的独特个性和意愿。而如果没有责任，一个人就很难承担或坚持对他人的了解与尊重，很难达到对他人的主动关怀。因为，“责任是对自我自由的限制，是对他人自由的保证”④。因此，责任处于关怀品格的高水平的层次。“在主体存在的精神维度上，幸福往往与体验和感受相联

① ［英］伊恩·伯基特．社会性自我：自我与社会面面观［M］．李康，译．北京：北京大学出版社，2012：81.

② ［英］伊恩·伯基特．社会性自我：自我与社会面面观［M］．李康，译．北京：北京大学出版社，2012：13.

③ ［德］瓦尔特·施瓦德勒．论人的尊严——人格的本源与生命的文化［M］．贺念，译．北京：人民出版社，2017：39.

④ 郭金鸿．道德责任论［M］．中共中央马克思斯恩格斯列宁斯大林著作编译局编译，北京：人民出版社，2008：315.

系。”[①]“幸福可以作为广义的‘好’或‘善’。”[②]在关怀品格结构中，幸福涉及关怀主体内在价值观，同情、尊重和责任最终落实于幸福的评价，幸福体现关怀品格的自我价值实现程度，成为关怀品格的最高层次结构。因此，同情、尊重、责任和幸福存在相互依存性，共同构成关怀品格的水平层次结构。

1. 同情

“同情是社会和心理之间的桥梁，通过同情，我们能分享他人的内在心理状态。”[③]“同情是所有美德的奠基石，人造美德也不例外。”[④]关怀品格既属美德，也属人造美德。在情感主义看来，情感是道德的构成部分，同情在解答关怀情感的来源时是至关重要的。为此，同情成为关怀品格的构成因素之一。同情在关怀行为的生发中会缩小甚至湮灭关怀者与被关怀者间的隔阂甚至差异。因为同情，关怀者在关怀被关怀者的同时，与被关怀者相认同，而被关怀者也产生对关怀者的认同，关怀者与被关怀者相互认同。因此，同情会减少甚至消除关怀者与被关怀者之间的差异性，并有可能会逐步消除被关怀的多个对象之间的差异。随着关怀者对所有他者的同情，这些个体都相互认同了，而个体的利益也与总体的个体利益相融合于一体。同情，毋庸置疑成为关怀品格的构成因素。以下笔者将基于同情的感受性、预见性和调整性、自我主体性等方面对此进一步分析。

（1）同情具有感受性

休谟的同情由通过感受他人情绪的原因或效果，推断他人的情感产生；卢梭的本能的怜悯被视为同情最基本的形式，康德则以“感情的传染”来表达同情，亚当·斯密则描述了“同情的投射和模仿”，要求同情者对被同情者设身处地着想。从上述可知，同情是情感，含有感受、传染、投射或模仿之意。但是，同情并不是拷贝或复制他人的感情或思想过程，而是感受他人，像自我是他人本人一样，然而“一个人的精神状态和另一个同情者的‘永远不会是完全一样的，但可以是一致的。而有这一点就够了’”[⑤]。“同情带来的快乐无处不在”[⑥]，

---

① 杨国荣．伦理与存在：道德哲学研究 [M]. 上海：上海人民出版社，2002：256.

② 杨国荣．伦理与存在：道德哲学研究 [M]. 上海：上海人民出版社，2002：264.

③ [美]迈克尔·L. 弗雷泽．同情的启蒙：18世纪与当代的正义和道德情感 [M]. 胡靖，译．南京：译林出版社，2016：7.

④ [美]迈克尔·L. 弗雷泽．同情的启蒙：18世纪与当代的正义和道德情感 [M]. 胡靖，译．南京：译林出版社，2016：95.

⑤ [美]迈克尔·L. 弗雷泽．同情的启蒙：18世纪与当代的正义和道德情感 [M]. 胡靖，译．南京：译林出版社，2016：122.

⑥ [美]迈克尔·L. 弗雷泽．同情的启蒙：18世纪与当代的正义和道德情感 [M]. 胡靖，译．南京：译林出版社，2016：29.

它能让我们在生活中获得快乐和享受，并且我们可以无拘无束地享受仁爱所带来的快乐，由于它能激发我们更多的善意和关心。

（2）同情具有预见性和调整性

同情关注他者意义和价值，规避唯自我关注。同情作为手段，借助它，让被同情者愉快或痛苦；而且对于他人，借助同情，也让同情者愉快或痛苦。关怀的动机，可能因感受对方的愉快或痛苦而生发，在此意义上，“同情是我们对一切人为的德表示尊重的根源”，同情能够产生“我们对一切人为的德的道德感”①，趋向于人类的福利。同情不仅仅存在于人身上，动物也有同情，但是关怀必须建立在人类所特有的品质上，即是说，关怀必须依赖于“人能够将自己的感情和感觉给予他人的这种能力”，更具体说为关怀能力。正如人的社会性一样，同情所蕴含的关爱价值也是社会性的，“但是这种感情并不是要将他人作为手段来达到我们自己的目的，而是将他人的目的视为己有”②。

（3）同情具有自我主体性

同情并不是纯粹将自我湮没于他者中，而是保存自我主体性的存在。尽管关怀者以同情了解、解释、靠近、走进被关怀者，但是“与他人的相遇不管怎样是被一种内在于自身的他异性所预备和决定的”③。同情虽然要与他人相关联，但是离不开同情者自我，倾听同情者“内在的声音”，保持或引导同情者真实、善好的自我主体性。具体说，是真实而具体的情境，引发或激起同情者对被同情者想象中感同身受的那种情绪，设身处地去感受他人的感受，“因此，同情与其说源于激情所见，不如说起自引发这种激情的那种情境”④。事实上，同情者也期望自我在特定情境下，获得他人的同情成为被同情者，这也是关怀品格的本质所在。“只有当我将他人领会为正在领会着我的人并将我自己视作与他人相异者时，我才能够用理解他人的方式来理解自己，并且我也将同样觉知到他人所觉知到的那个实体，即作为个人的我自身。”⑤

① [美]迈克尔·L. 弗雷泽. 同情的启蒙：18世纪与当代的正义和道德情感[M]. 胡靖，译. 南京：译林出版社，2016：616.

② [美]迈克尔·L. 弗雷泽. 同情的启蒙：18世纪与当代的正义和道德情感[M]. 胡靖，译. 南京：译林出版社，2016:15.

③ [丹]丹·扎哈维. 主体性和自身性——对第一人称视角的探究[M]. 蔡文菁，译. 上海：上海译文出版社，2008：224.

④ [英]伊恩·伯基特. 社会性自我：自我与社会面面观[M]. 李康，译. 北京：北京大学出版社，2012：19.

⑤ [丹]丹·扎哈维. 主体性和自身性——对第一人称视角的探究[M]. 蔡文菁，译. 上海：上海译文出版社，2008：121.

2. 尊重

“人的品格也是出于尊重。”①“尊重则意味着按他人之样态与他人相处。”②“没有平等、尊重这些前提，关心人就是讲大话。”③可以看出，尊重和关怀这两个价值观念互为前提，如果个人得不到他人的尊重，那么关怀就只能是一句空话。反之，如果人与人间不存在关怀品格，那么，至少一部分人会失去他人的尊重。尊重，包括自尊，即自我尊重，对他人权利与尊严的尊重和对自然生命环境的尊重。尊重是道德的束缚一面，意味着“关心自己与他人，履行我们的职责，为我们的社会做贡献，减轻痛苦和建设一个更好的世界”④。因此，尊重作为关怀品格的构成因素，主要表现为自我尊重和尊重他人。

（1）自我尊重

自我尊重，首先具有自己尊重自己的观念，才能把自己与他人均当作目的而不仅是手段。在现实中，“个体会因为缺乏‘自尊自爱的热情’而在道德上感到‘空虚’”⑤。而且，自我尊重是尊重他人的前提或根据;尊重他人，是自我尊重的必要延伸。孔子的“己欲立”“己欲达”“己所不欲”等仁爱思想，在某种意义上，也是孔子将人的自我尊重作为人的出发点和前提而作出的承认和肯定。人们往往把自傲与自我尊重相联系，认为自大等同于自我尊重。实际上，一方面，自我尊重不等于自大，自我尊重是人人都需要具有的一种品质；另一方面，自我尊重不能过度，自我尊重超过了一定的限度，就变成了自大，应该受到谴责。因此，自我尊重具有理性和适度的阈限。自我尊重与自我和社会密切相联。自我尊重主要体现为精神方面的价值观念：第一，对知识、智慧等的自我尊重，是对真的追求。尊重自我的知识和智慧，自我才能认知客观的外在世界和理性把握主观的人及其复杂的内部世界。第二，自我尊重还包含做人的准则，内含道德的力量，如意义、价值、尊严、人格、信仰等，是对善的追求。第三，对精神世界的尊重。其实质是可体现为对美的追求，树立审美观念、提高审美能力，在生活中提升审美价值理性。从理性角度看，就自我尊重与个人自我的关系来说，自我尊重指向个人自我提升，激励个人存在、发展和完善。

---

① ［美］马斯洛．马斯洛人本哲学 [M]. 成明，译．北京：九州出版社，2003：298.

② ［美］埃·弗洛姆．为自己的人 [M]. 孙依依，译．北京：生活·读书·新知三联书店，1988：122.

③ 张楚廷．人论 [M]．重庆：西南师范大学出版社，2015：236.

④ Lickona Thomas,The Return of Character Education，Educational Leader-ship,1993:68.

⑤ ［英］吉登斯．现代性与自我认同：晚期现代中的自我与社会 [M]. 夏璐，译．北京：中国人民大学出版社，2016：50.

自我尊重与社会的关系的视角。根据客观现实或结果，大致可分为以下三种情形：第一，自我尊重的情感旨向及其相应的言行仅涉及自己，完全从自己出发，一切为自我，一切服从自我的需要，不考虑他人和社会集体的任何利益，以致破坏、损害他人或社会集体的利益。自我尊重的欲望及其言行造成他人的损害，那么自我尊重就超越了其理性限度，堕化为虚荣或自大，从而带有恶的性质，为关怀品格所排斥。第二，自我尊重的欲望及其言行直接或间接考虑他人和社会集体的利益。在主观上，即使自我不考虑为他人和社会集体做出任何贡献；但是，客观事实表明，自我不得不遵从他人的利益，不损害他人和社会的利益及其共同生活准则。此类自我尊重显然能够在道德和秩序上做出一定努力，维护他人或社会集体的利益，并服从和服务于自我利益的实现。虽然，此类自我尊重很难做到或愿意实现重大的牺牲和奉献，因为它是以自我为考虑的出发点。但是，不可否认，此类自我尊重已经存在尊重他人、施益社会集体等一些善的内容，可以看作一定社会、集体的关怀品格的自觉意识。也就是，把自我尊重与他人和社会集体相融合，努力达成利益共存、相互兼顾的和谐状态。第三，自我尊重的善属性和取向。自我尊重的欲望及其相应的言行给自我和社会集体带来利益，因此，自我尊重无疑包含着某些积极的作用和意义。自我尊重完全成为内在驱动力，处于超越的境界。自我与他人和社会集体融为一体，自我自觉地逐渐消融和投入他人和社会集体的利益之中，他人的痛苦和幸福即是自我的痛苦和幸福，社会集体的福祉即为自我的利益。甚至于自我无条件地服从他人和社会集体，即便奉献、牺牲自己生命。这种崇高的道德、情操、理想、志向，需要具有强烈的自我奉献意识和致善旨向。在现实中，人们往往偏执于此类他人和社会集体的视角给予颂扬，忽视或很少提到自我在此欲望及其行动中的自我意义取向，似乎撇开其在奉献中所获得幸福、愉悦，就更为崇高。为此，肯定自我尊重在关怀品格中的作用无疑有不可忽视的现实道德意义。我们或许可将此称为“崇高的自我尊重”或“升华的自我尊重”。

（2）尊重他人

关怀品格以人为目的，去魅人的工具性，意味着对他人的尊重。儒家的“仁者爱人，体现出对于人的普遍价值的尊重”[①]，是对他人的人格的尊重。今天我们倡导人民生活得更有尊严和幸福，意味着把他人视为独一无二的个体和具有独立品格的主体，“尊重意味着无所剥夺，我祈望我所爱者为他本人，以他特

① 俞可平．幸福与尊严——一种关于未来的设计 [M]. 北京：中央编译出版社，2012：24.

有的方式而发展，敞亮自身，而不是为了服务于我的利益”[①]。尊重他人包括尊重具体的个人和尊重他人的自由。

①尊重具体的个人

关怀总是产生于客观情境下，受现实条件的制约。因此，关怀品格要尊重具体个人。我们思考人，离不开一定条件下的实践行为，而不是孤立抽象地想象人。马克思认为人的解放在于把人的世界和人的关系还给具体个人。因此，尊重的实践行为，离不开人，离不开具体个体。人是现实个人的存在。从现实性来看，人“只能通过个人而存在，离开现实的个人，‘人’不过是一种空洞的抽象，只存在人们的头脑中”[②]。

②尊重他人的人格

“尊重是对他人自由的肯定。”[③] 当考虑他人的行为的合理与否时，如果抛开尊重意识，那么关怀行为就成了无源之水。关于人之尊严，在西方有诸多的论述，“德国哲学家康德反复论述了人的尊严的道德”[④]。如，人是目的、不是手段的道德原则。《世界人权宣言》中人的尊严是其关键概念，尊严的三个维度：第一是不过度从属、依赖他人……即每个人拥有受到保护的地位，第二是关涉人的肉体尊严，享有足够的教育、收入和社会服务。第三是关涉人的精神，能够获得文学、艺术、体育、科学等方面的服务，完全挖掘自身的潜能。“尊重他人的人格，肯定他人的个性，衷心希望他人能健康成长，这是人际交往中很重要的一个前提，一条原则。”[⑤]

我们倡导正确的尊重，应当做到：

第一，首先需要树立正确的自我尊重观念。发扬积极、全面的自我尊重，反对消极、片面的自我尊重。积极、全面的自我尊重，把人自己作为完整的存在，以积极的态度、全面的方式占有自己的全部本质。它包括：关心和爱护自己生命、健康、安全等，表现为对身体生理健康、身体感官享受的追求，对生理痛苦的诊治和生命危险的躲避，从而实现对自我内心世界丰富、健康向上发展的不懈追求，实现对精神诉求及其实现的高度自信。消极、片面的自我尊重

① [美] 弗洛姆 . 弗洛姆文集 [C]. 冯川，主编 . 北京：改革出版社，1997：355.

② 韩庆祥 . 现实逻辑中的人：马克思的人学理论研究 [M]. 北京：北京师范大学出版社，2017：182.

③ 郭金鸿 . 道德责任论 [M]. 中共中央马克思斯恩格斯列宁斯大林著作编译局编译，北京：人民出版社，2008：315.

④ 俞可平 . 幸福与尊严——一种关于未来的设计 [M]. 北京：中央编译出版社，2012：22.

⑤ [美] 马斯洛 . 马斯洛人本哲学 [M]. 成明，译 . 北京：九州出版社，2003：205.

主要表现为：随波逐流、无所用心、碌碌无为；唯肉体舒适、感官享乐的生活，不屑自我人格的树立、人生价值的追求，精神世界贫乏、道德品质低下；沉醉于精神的虚幻超脱和绝对完善，不惜牺牲现世幸福的畸形自我尊重。第二，把自我尊重与尊重他人相结合。自我尊重是人的本质存在，也是人们要珍视的权利。它对每个人来说都是适用的。自我作为人的存在，他人也同样是人的存在，自我有自我尊重的欲求，他人也有自我尊重的欲求。如果说对自我的尊重理所当然应该实现，那么对他人尊重同样需要实现。也就是说，自我有自我尊重的权利，他人的自我尊重权利同样必须保障。因此，每一个人在行使自己尊重自己权利的同时，也内在地饱含对他人自我尊重的尊重，这是关怀品格最起码的道德要求。唯自我的自我尊重实质上并不是正确的自我尊重。实质上，自大是由于过分自尊而走向自我尊重的反面；从另一视角度看，自大是对自我尊重得太少，将自我排除在互相尊重和互相协作的人与人关系之外，孤立自我，损人不利己，无法实现尊重他人，从而也不可能真正实现自我尊重。关怀品格能将自我尊重与尊重他人自觉相结合，因为关怀者能深刻理解他人的自我尊重，被关怀者的存在和满足同样需要尊重和关心，在我尊重他人、他人尊重我的氛围中，每个人的自我尊重才能得以肯定和发展。在人的自我尊重中，存在一种更高层次的自我尊重——对他人的主动关心和帮助。在自我利益与他人的尊重相冲突而不能两全时，以成人之美的方式而作出牺牲。这种尊重并不是自我尊重的丧失，而是精神上道德的满足，是一种更高层次上的自尊。第三，坚持融合于社会集体利益的自我尊重，即是自我尊重与尊重他人的完美契合。新时代，我国个人与社会集体的矛盾根本上不存在对抗性质，与社会集体利益相一致的自我尊重有着更广阔的发展前景。个人作为社会集体的一分子，自我尊重应尽可能以社会集体的利益和目标为标准，自觉选择对自己和社会集体有利并能做出贡献的自我尊重，主动追求自我尊重与社会集体利益相契合的实践途径。从公民权利与义务角度看，个人自觉维护和服从社会集体利益，是自我尊重所应履行的社会职责和义务，也是实现自我尊重的根本途径。而社会集体的真正意义在于充分考虑个人的切身利益，为个人的生存、发展、享受需要提供切实的保障机制。两者关系的任何偏误都可能导致个人和社会集体关系的不平衡，甚至大破坏，使个人和社会集体同时蒙受严重损害。

3. 责任

“人与人、人与社会的交往关系，其实是一种责任。”[①]责任依人而存，存在于现实社会中。在现代汉语中，责任通常与职责相联系，指一个人或机构分内应当承担的职责或因没有尽职责而应该承担的过失。责任含有强制性、必须性和法规性。责任意味着每个人对自己负责，包含思想、行动等方面，同时承担他人责任。“关爱与责任养成是相辅相成的。”[②]“因此人的善总是在于责任。”[③]在某些哲学家看来，责任与善相联系，承担责任意味着善。关怀的实质是互相关爱，关爱更多体现为情感和体验的参与，责任侧重理性，将两者有机结合，才能消除人际间的冷漠状态，培育健全的道德情感，构成完整人的精神世界。关怀品格作为健康而成熟的道德品质，以责任为核心，因为具有责任感和责任倾向的品格无疑是健全的。责任内蕴自我意识、自律和积极主动的关怀品格，可以激发关怀行为主体的道德热情，优化社会道德环境，保障社会良序发展。以下从责任内容和责任特征对责任深入分析。

（1）责任内容

①关怀品格责任的对象和内容

从责任对象看，关怀品格责任可分为自我关怀责任和他人关怀责任。自我关怀责任是自律的自我责任，他人关怀责任是社会共同责任。第一，自我关怀责任强调自我责任主体，自己负责自己，关怀一切自我的存在，最大限度彰显自我存在的意义。自我责任涉及对自己的正确评价，生理层面的评价，如身体状况（包括感受力、生长规律等）、经济收入等等；精神层面的评价，如意志力；价值层面的评价，如自尊心、自信心、道德观念等。第二，他人关怀责任是社会共同责任，是关怀社会存在的责任。德国哲学家齐格蒙·鲍曼指出，人的本质是一种道德责任存在，人与人之间相依存在，既是挑战关系，还需承担责任，“承担责任与其说是社会调整和个人教育的结果，不如说它构建了萌生社会调整和个人教育的原初场景，社会调整和个人教育以此为参照，试图重新框定和管理它”[④]。鲍曼明确认识到，社会是各个主体履行责任权利与责任义务的

---

① 舒志定．人的存在与教育——马克思教育思想的当代价值[M]．上海：学林出版社，2004：161.

② 郭金鸿．道德责任论[M]．中共中央马克思斯恩格斯列宁斯大林著作编译局编译，北京：人民出版社，2008：316.

③ [美]卡尔·米切姆．技术哲学概论[M]．殷登祥，等，译．天津：天津科学技术出版社，1999：93.

④ [英]齐格蒙·鲍曼．生活在碎片之中——论后现代道德[M]．序．郁建兴，等，译．上海：学林出版社，2002：1.

关系和过程，且由于责任的调节，社会存在和发展有了明确的目标。社会的共同责任的价值取向为“社会关系”“交往关系”，“人与人、人与社会的交往关系，其实是一种责任”[①]。“一个人有责任不仅为自己本人，而且为每一个履行自己义务的人要求人权和公民权。”[②]“将他者纳入我的感情之网，建立一种彼此依赖的结合，这种重要的相互关系也是我一人的创造和我的惟一的责任。我负责使这种相互依赖保持生机。”[③]这里，相依存在的责任担当说明社会共同责任的客观存在性。首先，责任是个体责任。个体的独立存在，不是孤立存在，在自我与他人、自然、社会交往过程中，客观、公正评价自己与他人，是关怀品格的重要构成部分。其次，明确责任内容和实现形式。社会的共同责任与人的社会存在相关，对他人负责。因此，把责任分为自我关怀责任和他人关怀责任并不是把两者相分离。自我关怀责任是他人关怀责任的基础和前提，他人关怀责任是自我关怀责任的拓展和延伸；自我关怀责任需要他人关怀责任，他人关怀责任保障自我关怀责任。关怀品格中的责任避免唯“自我关爱”，同时消解“关爱他者”隐患的人我分离。如果人与人之间的身体或精神与社会隔绝，接踵而至的必然是其关怀品格的弱化，以致人们之间关怀责任的消解，从而导致关爱关系的沉寂。“‘自我责任’是一切共同责任赖以建立的内在化主体存在，‘共同责任’是参与团体生活或‘道德宇宙’的每一个体在其同一人品基础上所建立的共同联系。”[④]自我责任与共同责任的协调统一有力保障了个人关怀品格的主体地位。

②关怀品格责任的层次内容

关怀实践中的人是自由与限制、必然与应然的统一。任何个人都是生活于社会中的个体，并且受一定历史发展阶段的物质条件、认识能力、技术能力、价值选择的影响与限制。因此，关怀责任的范围和限度是有限的，又是无限的。关怀责任可分为三个层次：第一层为基本关怀责任。也可称为“底线关怀责任”，具有外在强制性、范围普遍性和取向普适性。它是社会成员必须遵守的道德责任，否则社会秩序难以维续，个人无法在社会生存；它是社会和谐有序发展的

① 舒志定．人的存在与教育——马克思教育思想的当代价值 [M]．上海：学林出版社，2004：161.

② 韩庆祥．现实逻辑中的人：马克思的人学理论研究 [M]．北京：北京师范大学出版社，2017：362-363.

③ [英] 齐格尔·鲍曼．生活在碎片之中——论后现代道德 [M]．郁建兴，等，译．上海：学林出版社，2002：66.

④ 郭金鸿．道德责任论 [M]．中共中央马克思斯恩格斯列宁斯大林著作编译局编译，北京：人民出版社，2008：298.

基础。基本关怀责任是其他层次关怀责任存在的衡量依据，评判一个人有没有关怀责任，以该层次的关怀责任作为首先判断依据，然后才取向更高层次的善的衡量判断尺度。如，“利己，不损人”。叔本华曾指出，通常责任可以建立在纯粹强制性上。[①]第二层为契约关怀责任。它依据承诺、角色或职责践履责任，它与个人或组织的职务和地位有关。譬如，岗位职责。第三层为至善责任。如果说，前面两个层次的关怀责任是实现社会和谐的手段、工具，那么第三层次是个人在实现社会和谐中的自我价值提升，体现人的更高精神境界与追求。如，“毫不利己，专门利人”。为此，前两个层次的关怀责任，侧重于现实生活，维系社会稳定，关注人类生存和发展的可能性，是个人存在和社会发展的必要依据。而第三层次的关怀责任则是对至善的诉求。从某种意义上说，前两个层次的关怀责任是生存与做事，而第三层次的关怀责任强调做人，通过做事来证明自我。关怀品格追求不唯对什么承担责任，而更重要的是在关怀实践中应该成为什么样的人。

（2）责任特征

①关怀责任的奉献特征

从某种意义上看，关怀责任是付出，主要体现为自律性与不对等性。自律性主要体现在自觉与自愿两个方面。自觉是关怀责任主体履行责任的过程中形成的一种意识，是驱动关怀责任主体践行关怀行为的内在动力，使“要我干”向“我要干”的外在强制内化为自我的内在需求。自愿使个体在履行关怀责任时具有明显的情感积极意愿，使关怀行为趋向较高的精神境界。道德与法律相比，法律取向在特定历史条件下的社会的公正观，而道德与法律所赋予的权利观和义务观不同，道德虽然意味着规范，但更多倾向或多或少的牺牲。对于关怀品格而言，关怀责任在于自觉自愿倡导和促进社会和他人利益的行为。为此，一般而言，关怀行为并不以利益为回报条件，不以交换作为践行关怀行为的目的，即关怀责任具有不对称性，并非一种利益交换关系。“我虽应当关护他人，因为他人的召唤使我承担起责任，但在这里并不发生有来有往的相互作用。即我负责，却并不需要问及别人是否报答。”[②]一方面，不对等性意味着关怀者在履行责任时，不以被关怀者的回报作为产生关怀行为的条件、目的，特别是当被关怀者为无能力人或非人类时，这种不对等性表现尤为明显。另一方面，关

---

① ［德］叔本华．伦理学的两个基本问题［M］．任立，孟庆时，译．北京：商务印书馆，1996：87.

② 甘绍平．应用伦理学前沿问题研究［M］．南昌：江西人民出版社，2002：137.

怀责任的不对等性还表现为，关怀者不能以无道德权利而放弃履行关怀责任。因为，从某种意义看，关怀责任就是人的道德权利。而关怀责任主体的自律性，意指责任主体的能动性。因此，关怀责任主体依据道德权利来落实关怀行为，并不断调整和评价自身的关怀行为。综上所述，关怀责任是付出，而关怀责任付出的多少依赖于关怀动机的价值取向。但不管怎样，能唤醒关怀动机的是个人品格的感召和对个性与人格的尊重。

②关怀责任的理性特征

关怀责任兼具理性。"合乎德性生活总是一种责任，而有责任的行为是理性指导我们去做的行为。"[①]在现实生活中，不管是私人的还是公共的，家庭的还是职场的，人与人间的交往均离不开个人与他人，无法离开其道德责任，"因为生活中一切有德之事均由履行这种责任而出，而一切无德之事皆因忽视这种责任所致"[②]。关怀责任之理性，关怀品格不是纯粹的情感属性，也受外在力量的影响，如社会发展规律、自然规律等，还可能是社会舆论、文化传统等。因此，关怀责任要考虑其必为性，因为责任是处于社会现实中的责任；还要考虑其当为性，关怀责任有其自身的合理性和应当性，体现关怀品格的性质、结构和功能。关怀责任的理性和情感属性结合，可防止仅依据动机或结果、认知或情感作出片面的关怀品格断定；可防止制度强制与自觉自愿相分离，从而促进关怀责任教育和关怀责任制度建设相融合。

4. 幸福

幸福是"对生活满意程度的一种主观感受，幸福感是个体对自身存在与发展状况的一种体验和感受"[③]。幸福包括物质幸福与精神幸福，个人幸福与集体幸福；幸福可以创造，给人带来幸福享受。从形式上看，是主体人自觉不自觉地通过自我反省获得某种比较稳定的、积极的心理体验和心理感受；从内容看，幸福是人们体验到的与自身需要、目标实现、价值提升相关联的积极的道德情感和道德心理诸因素的统一，体现着物质追求、身心健康、精神享受等的深刻道德认同和意义认可，意蕴人们对自我生存状态、对社会、国家和世界的体认

---

① 郭金鸿．道德责任论 [M]. 中共中央马克思恩格斯列宁斯大林著作编译局编译，北京：人民出版社，2008：43.

② [古罗马] 西塞罗．西塞罗三论：论老年·论友谊·论责任 [M]. 徐奕春，译．北京：商务印书馆，1998：91.

③ 王泽应．马克思主义伦理思想中国化最新成果研究 [M]. 北京：中国人民大学出版社，2018：287.

程度。透过幸福感，可以衡量人们的幸福生活指数、社会文明程度，体现人们对生活质量的肯定和自我认可的满意程度。幸福是个人的主观感受，不同个体幸福感不同。幸福成为多元概念，是个体的内在体验与外在世界契合程度的度量。对个人而言，幸福是具体的、独具特色的；对国家而言，个人幸福仅仅是国家幸福的重要构成要素，国家和社会有责任为幸福负责。

①关怀品格与幸福直接相关

“仁爱和友谊、人道和仁慈等情感，拥有为一切感情共同的好处，并直接给人愉快的享受。”[①] 亦即关爱、仁慈自身就是幸福的享受，关怀品格与幸福直接相关。关怀品格直接令自我愉悦的品质，他人则因感染或移情而感受愉快，并对传达愉悦品质的人产生认同。关怀品格蕴藏全人类共通的关爱情感，拥有这一情感的人具有幸福的感受，他人也同时赞同他的感受。在个人的品质或行动中，利益倾向仍为优先选择，不管是对于人、对于社会还是对于自然界，只要是促进人类幸福的趋向，都受到赞许。因此，“个人价值完全在于各种品质对其拥有者个人自己或与他有任何交往的其他人的有用性或愉快性”[②]。因此，我们通过感受我们自己的内心，进而感受他人的幸福，而他人的幸福也同时可变为我们自己的幸福，因此，关怀他人和关爱自我都作为我们享受的动机和追求。

②关怀品格的提升是实现幸福的重要手段

关怀品格是为每一个人的，满足每一个人的需要，实现每一个人的利益。亚里士多德把人的幸福人生与人的体面的、有尊严的生活相关联。为此，人的幸福，体面的生活只是其中的必要构成因素，德性是人的更为重要的因素。“道德不仅以人生的幸福为最高目的，而且道德还是实现人生幸福的重要方式。”“道德之所以为人所必需，根本在于道德是促使人达成善——幸福生活的实践方式，是保全和增进人的利益、最终实现人的幸福生活的实践方式。”[③] 对于关怀品格而言，关怀品格即作为一种实现人的幸福生活的一种至善的实践方式。追求幸福是最高的善，关怀品格的最终目的旨向至善的追求和实现，取向人的幸福生活。因此，关怀品格的提升有助于提升人们的生活质量，满足人们生活福祉的需要。

（三）关怀品格的指向结构

“人不是抽象的蛰居于世界之外的存在物。人就是人的世界，就是国家，社

① [英]休谟 . 道德原则研究 [M]. 曾晓平，译 . 北京：商务印书馆，2001：134.

② [英]休谟 . 道德原则研究 [M]. 曾晓平，译 . 北京：商务印书馆，2001：130-131.

③ 李青，龙艳，邓明辉 . 和谐社会道德体系构建研究 [M]. 北京：时事出版社，2014：16.

会。”[①]“人的本质不是单个人所固有的抽象物，在其现实性上，它是一切社会关系的总和。”[②]人作为人的存在，包括了自我个体、社会类、自然生命三方面的存在。因此，从指向对象来看，关怀品格的结构包括关怀人、关怀社会和关怀自然。

1. 关怀人

关怀人包含关怀自我与关怀他人。关怀人的自由全面发展。全面的发展，指人的多层次、多方面充分、完整、丰富、最大限度的发展，侧重人发展的变化程度的发展；自由相对强制、消极限制，指人按照自我的意愿、需要、兴趣相对自由地发展自我，侧重人发展的方式、性质。“个人自由而全面发展和人类社会发展的和谐一致。”[③]这意味着人与人之间的关系是平等发展自己的能力，每个人的自由全面发展符合社会发展的基本原则，每个人的自由全面发展即是社会发展。在某种意义上，人的全面发展状况体现出社会进步的程度。具体说来，关怀人包含关怀自我与关怀他人。

（1）关怀自我

关怀自我是对自我的尊重、自爱。“善良和仁慈行为的前提条件是自爱。”[④]因此，关怀自我是关怀品格的构成要素。关怀自我是关怀自我存在样态，表现为“一个人或一事物的真实本质和真正的实在性”[⑤]；另外，自我的存在还具有一切可能性，呈现开放姿态，“与世界保持一种确实的相关关系”[⑥]，包含自我之爱和他人之爱。而存在的反面是占有，占有的本质是自私，占有“主体并不是我自身，主体是我所拥有的东西”[⑦]。对于占有而言，每一个人、每一样东西、每一事件，甚至包括自我在内，都成为我的财产。关怀自我，并不是无限度地

① 马克思恩格斯选集（第一卷）[M]. 中共中央马克思斯恩格斯列宁斯大林著作编译局编译，北京：人民出版社，2012：1.

② 马克思恩格斯选集（第一卷）[M]. 中共中央马克思斯恩格斯列宁斯大林著作编译局编译，北京：人民出版社，2012：139.

③ 韩庆祥 . 现实逻辑中的人：马克思的人学理论研究 [M]. 北京：北京师范大学出版社 ,2017：112.

④ [英] 塞缪尔·斯迈尔斯 . 品格的力量 [M]. 文轩，译 . 北京：中国书籍出版社，2017：135.

⑤ [美] 埃里希·弗洛姆 . 占有还是存在 [M]. 李穆，等，译 . 北京：世界图书出版公司，2018：30.

⑥ [美] 埃里希·弗洛姆 . 占有还是存在 [M]. 李穆，等，译 . 北京：世界图书出版公司，2018：30.

⑦ [英] 伊恩·伯基特 . 社会性自我：自我与社会面面观 [M]. 李康，译 . 北京：北京大学出版社，2012：87.

夸大自身，也不是使自己对自身失去信心，而是在与他人、社会及其他一切外部世界的交往、对话中开展关怀实践，强调个体自我与外部世界的交往，才能正确感受他者的客观存在，肯定自我的现实存在，才能把自我和他人、社会相统一，才是关怀自我。个人依靠自己的主体性，改造自我以获得自由；把关怀对象的自由内化为自我主体内部的自由。“个人发展有助于使个人达到自由的生存”，“个人能力全面发展是实现自由个性的基础”。① 全面发展自己的各方面能力，并充分实现自己的自由个性。

（2）关怀他人

关怀他人是关怀实践的重要活动，体现关怀的价值。一方面，关怀他人是关怀个体的具体天赋、能力，以及在其思维框架和开放情感中具体实践这些能力。另一方面，关怀他人也是关怀自我的手段和目标。从本质说，对他人的关怀也是对自我的关怀。因为，关怀是对他人的关爱，促进他人的发展，他人的发展亦会影响并有利于自我的发展。关怀他人，最基础性的先决条件是照顾他人，尤其是关心婴儿、疾病、老龄、损伤以及其他缺陷的人，而且，关爱、照顾有助于建立对他人赞赏、被需要和关爱的重要价值和归属。而被剥夺爱和关心让人产生不安全感，使人体验到失败和缺失。关怀他人，在与他人交往的活动中，关注个人价值地位的确立，重视个人与他人的联结关系，消除个人与外在世界的疏离感。首先，关怀他人是关怀现实中的具体他人。关怀他人，当然是关怀一切人，我们尤为“关注特殊的人们和人们具有差异性的实际情况”②，而不是理想的、虚设的抽象的人，也就是关怀现实中的具体的个人。其次，关怀他人，还由于关怀的关爱特质，甚至怜悯原初之意，尤其“关爱依赖者和弱者”③。

2. 关怀社会

没有社会，就不存在人与人之间的任何关系，也不存在人际交往。社会关系包括个体与个体之间关系、个体与集体之间的关系、个体与国家之间的关系、集体与集体之间的关系、集体与国家之间的关系。关怀社会以社会福祉为构成核心，“其关键因素包括生存、身心健康和免除痛苦”④。关怀社会，首先是关怀

① 韩庆祥．现实逻辑中的人：马克思的人学理论研究 [M]. 北京：北京师范大学出版社，2017：324.

② [美] 弗吉尼亚·赫尔德．关怀伦理学 [M]. 苑莉均，译．北京：商务印书馆，2014：224.

③ [美] 弗吉尼亚·赫尔德．关怀伦理学 [M]. 苑莉均，译．北京：商务印书馆，2014：225.

④ 李惠斌，李义天．马克思与正义理论 [M]. 北京：中国人民大学出版社，2010：429.

个人。关怀个人的物质基础、生活起居、健康安全等基础需要，然后才是人的智慧提高、人的品格提升、人的精神追求和自我价值的实现。其次是关怀集体。个人离不开集体，离开集体不成为人；集体由个人构成，离开人不存在集体。关怀集体具体表现为：一是关怀人与人之间的交往关系。人与人之间的交往以善开端，以关爱感知，以关怀处理事件，实践关怀的行为，使被关怀者免除困境或者得到进一步的提升。人与人之间的交往直接表现为行为，然而又不仅仅局限于行为，还体现在情感、态度、思维、价值取向等方面。二是协调人与人、人与集体之间的利益关系。人与人、人与集体的关系存在，从根本上说是利益的关系存在。关怀社会立基于人的利益关系，关怀个人利益是为实现集体利益，关怀集体利益也为实现个人利益，两者相互融合和促进，实现社会的和谐共促、共进、共享。“人是社会的人，而社会是由人有机组成的，社会是什么样的，人也就是什么样的。”[①] 人的发展状况是社会发展状况的一面镜子。

社会活动的范畴包括人类的生产、消费、政治、教育等。人类的生产活动既包括人与人之间的社会活动，又包括人与外在环境的活动。也就是说，一方面，人类的这些活动都由人自主决定，一个人的社会背景、学识能力、道德素养、思维习惯、价值取向，等等，将极大地影响甚至决定人的社会活动选择、判断和决定。具有关怀品格之人是善之思想与价值取向之人，趋向人的善的社会活动。另一方面，人类的活动受外在环境的约束，与外在环境相互依存。人类的任何生产、消费等活动，都不能以阻碍社会的持续发展为代价，也就是说，关怀社会是以维护社会秩序为前提，与自然和谐相处为要求。关怀本身就是道德的善，促进社会的和谐共进，实现人与自然的生态发展。“因为只有在社会中，自然界对人来说才是人与人联系的纽带，才是他为别人的存在和别人为他的存在，只有在社会中，自然界才是人自己的合乎人性的存在的基础，才是人的现实的生活要素。”[②] 人与社会、自然和谐共存。

3. 关怀自然

自然是一个生命体。自然生命包括人之自然生命和客观存在之自然的生命。马克思思想中蕴藏丰富的人之自然生命之敬畏。“人直接地是自然存在物。”[③] 人作为自然的有机体的存在，人的手、脑、躯体及其他一切器官均是人的自然生

① 韩庆祥．现实逻辑中的人：马克思的人学理论研究 [M]. 北京：北京师范大学出版社，2017：315.

② 马克思恩格斯文集（第 1 卷）[C]. 北京：人民出版社，2009：187.

③ 马克思恩格斯文集（第 1 卷）[C]. 北京：人民出版社，2009：209.

命的有机构成部分，而他们引发的触觉、嗅觉、味觉、视觉等带来人的感性的存在，并延伸至人的思想和行动。在这方面，马克思和恩格斯具有充分的表达："人不仅通过思维，而且以全部感觉在对象世界中肯定自己。""任何一个对象对我的意义恰好都以我的感觉所及的程度为限。""一句话，人的感觉、感觉的人性，都是由于它的对象的存在，由于人化的自然界，才产生出来的。"① 因此，马克思把人看作既是被动的自然存在物，又是受动的自然存在物。人的自然生存，与人的基本需要有关。一位健全的具有关怀伦理的人，以健全的有机体感受他人和事件，从事关怀行为，实践关怀伦理。可以说，人的自然生命是关怀构成的基础条件，或者说必要条件。在现实中，人们通常忽略这部分的关怀品格构成要素，而关注高层面的人的思想和行为。同时，人的自然生命还是关怀品格实践主体的有机构成部分。

自然生命的另一种存在是客观存在的自然界，它由一切生命有机体构成。自然界是人类认识和改造的实践世界，它既是人类生存的物质基础，又是人类生产的对象世界，还是人类精神所依的存在世界。人类与自然的伦理关系古已有之，如我国儒家基于"天地人"协调的和谐哲学思想；老子的"道生一，一生二，二生三，三生万物"，使天、地、人浑为一体，人要顺道；佛教"众生平等"，善待人类自身、他人。西方施韦泽"敬畏生命"的伦理观，利奥波德的《沙乡年鉴》的"土地伦理"，等等。人类对自然界的关注和爱护，实质是对自我的关爱和责任所体现。今天，人类正在为对自然的破坏与对抗付出代价，水土流失、环境污染、山土滑坡、海平面上升、大气层破坏，带来人类疾病的复杂变化。关怀品格既是关注人类生存和发展的道德品质，那么也就无法避开对自然的关注，因为关心自然，实质就是关爱人类。罗尔斯顿也说过类似的话："我觉得，一个人如果对地球生命共同体——这个我们生活和行动于其中的、支持着我们生存的生命之源——没有一种关心的话，就不能算做一个真正爱智慧的哲学家。"②

人的自然生命与客观自然界的生命并不是孤立存在的，它们之间相互依存、相互制约。马克思说："社会是人同自然界的完成了的本质的统一，是自然界的真正复活。"③ 关怀自然生命，是关怀人的自然生命与客观自然界的生命的和谐

① 马克思恩格斯文集（第1卷）[C]. 北京：人民出版社，2009：191.

② [美] 霍尔姆斯·罗尔斯顿. 哲学走向荒野 [M]（中文版序）. 刘耳，叶平，译. 长春：吉林人民出版社，2000：11.

③ 马克思 .1844 年经济学哲学手稿 [M]. 中共中央马克思恩格斯列宁斯大林著作编译局编译，北京：人民出版社，2018：79.

统一，意味着善的追求，是人与自然的和谐相处。

三、关怀品格的特征

关怀“是基本的道德价值观”[①],关怀品格属于道德品质,有其自身独有的特征。关怀品格的特征体现在：友善驱向的动力特征、自由诉求的本质特征、关系取向的价值特征、和谐发展的实践特征、尊重差异的个体特征和终身提升的趋向特征。

（一）友善驱向的动力特征

动力分为内在动力及外在动力，友善在关怀品格中是内在的、非工具性驱向的动力。一方面，友善驱向属于关怀品格的情感动力。友善是向外的情感，在与人交往和处理事件过程中起桥梁作用，可以说是人与人之间交往的黏合剂。友善情感属关怀品格的构成要素。在启蒙时代，情感主义者重视道德，其道德本性是建立在利他的欲望基础之上。“这种利他的欲望常常被涵盖于‘仁爱’(benevolence 或者 beneficence) 这样更广的概念之中。”[②] 而对于情感主义者而言，仁爱“是温暖的、对他人利益的关心”[③]，它并不是冰冷的，对利他主义原则的承诺。情感主义者致力于维护和论证人的社会性仁爱本质，从而批驳感情天生自私的理论。也正是如此，“根植在我们心中最强烈、最基本的感情之一就是对他人的仁爱之情。因此，让对他人的仁爱之情带领我们去追求它自身的目的才是通往幸福的唯一道路”[④]。正是由于利他的仁爱或者说友善情感,人们从事关爱他人的实践，从事关怀他人的行为。因此，“我的本质活动的感性爆发，是激情，从而激情在这里就成了我的本质的活动”[⑤]。激情也应是关怀品格友善趋向的彰显，离开仁爱的激情、热情，关怀品格也就成为冷冰冰、机械式的存在，也就失去了其本质意义。另一方面，友善驱向是关怀品格的实践动力。友善是

---

① ［美］弗吉尼亚·赫尔德．关怀伦理学 [M]．苑莉均，译．北京：商务印书馆，2014：117.

② ［美］迈克尔·L. 弗雷泽．同情的启蒙：18 世纪与当代的正义和道德情感 [M]．胡靖，译．南京：译林出版社，2016：3.

③ ［美］迈克尔·L. 弗雷泽．同情的启蒙：18 世纪与当代的正义和道德情感 [M]．胡靖，译．南京：译林出版社，2016：18.

④ ［美］迈克尔·L. 弗雷泽．同情的启蒙：18 世纪与当代的正义和道德情感 [M]．胡靖，译．南京：译林出版社，2016：23.

⑤ 马克思．1844 年经济学哲学手稿 [M]．中共中央马克思斯恩格斯列宁斯大林著作编译局编译，北京：人民出版社，2018：87.

操心，操心自己，操心他人。操心自己是人本质存在之基础规定。“存在就是操心。”①人与人、人与自然、人与社会相互存在的方式、过程和结果，无一不是操心的表现和结果。同时，操心证明人的存在，他者也得以出场。因为操心，引发关怀行为。因此，关怀行为含有友善特征。休谟也认为善良的动机是行为成为善良的必要条件，行为善良，才能对行为的德表示敬意。即是说尊重之前，必先有善良的动机。②因此，友善成为善良的德行的必要条件，善良的德行属关怀品格的实践行为，友善成为关怀品格的实践动力。“人性中如果没有独立于道德感的某种产生善良行为的动机，任何行为都不能是善良的或在道德上是善的。”③友善天然是关怀品格的实践动力。

（二）自由诉求的本质特征

“就个人而论，自由是他的基本善，是他的人生意义的条件与要素。”④自由与善相联系，提升人生意义。关怀品格以关爱为核心，同样是至善，因此，关怀品格具有自由取向的本质特性。自由并不是任意行动，更不是胡作非为。在康德看来，自由是意志，任何自由都具有相对性，也即包含绝对命令，一个人的自由要以他人的自由为存在条件，或者说，个人自由以不侵犯他人自由为前提条件，才能成为真正平等意义的自由。在这方面我国儒家思想表达为“己欲立而立人，己欲达而达人”⑤，“己所不欲，勿施于人”⑥。自由具有内在价值和外在价值。前者指自由本身是目的，后者指自由是实现手段。关怀品格对于关怀者而言，实现了其交往活动的根本目的之一，即是实现了关怀者自身的自由价值；而对于被关怀者而言，则可以说是关怀品格促进或保障了他人或社会的自由活动。

从哲学上看，自由分为内在自由与外在自由。作为内在自由，自由是人选择的自由，表现了人的能动性、主动性，它给人以思考和行动的机会，使人辨别真伪、是非和善恶，从而进行扬善弃恶的选择。正是自由使道德选择得以进行，从而赋予选择主体以道德责任。因此恩格斯指出：“如果不谈所谓自由意

① 胡真圣. 道德与自我意识 [M]. 中共中央马克思斯恩格斯列宁斯大林著作编译局编译，北京：人民出版社，2018：36.

② [英] 休谟. 人性论 [M]. 关文运，译. 北京：商务印书馆，2016：514.

③ [英] 休谟. 人性论 [M]. 关文运，译. 北京：商务印书馆，2016：515.

④ 胡真圣. 道德与自我意识 [M]. 中共中央马克思斯恩格斯列宁斯大林著作编译局编译，北京：人民出版社，2018：6.

⑤ 论语·雍也 [M].

⑥ 论语·颜渊 [M].

志、人的责任能力、必然和自由的关系等问题，就不能很好地议论道德和法的问题。”[①] 判断一个人行为的道德责任，必须从客观条件和主观意志两个方面去考察，而主观意志比客观条件更为重要，是行为的内因和根据，外部客观条件仅仅是外因，要通过主观意志而起作用。“道德行为产生的内在根源就是自觉、自主的意志，即自由意志。换句话说，人的自由意志就是道德行为产生的内在原因。它使行为过程及其后果带上‘我的所为’的印记，从而具有了行为的责任性。”[②] 因为自由的意志存在，赋予了道德行为选择的可能性，预示道德主体行为的主动性和道德主体的责任性，为关怀品格的实践提供根本保障。内在自由以自我实现为目的。外在自由是实现他人自由的手段。人在自我实现的过程中，是自我自由的实现，同时也是他人自由的实现，否则自我自由无从实现，也不可能实现他人自由。“真正的自由意味着：从可供选择的多种可能性中作出深思熟虑的选择，这个选择反映了你真正的愿望和深刻的价值观。”[③] 这里自由实际意味着责任，抵制外部意志自由和内心妥协的压力，同时关注他人和社会团体的存在自由。

从社会学视角看，自由分为个人自由和社会自由。自由分个人自由和社会自由。个人与自由不可分，个人趋向自由。“自由的积极意义和最本质的方面，是能自主地发挥人的个性。”[④] 因此，谈及人的自由会关涉人的个性，而谈及人的个性同样关涉人的自由。从个性视角看个人自由，“即个人自由地发挥其个性、能力和本质力量”[⑤]。同时，个性的自由，又不是任意的、不受限制的，自由还受制于人的理性、健康、幸福、良心的呼唤，“从一种意义上来说，自由是一种态度、一种倾向，它是成熟的、充分发展的、富有创造性的人的性格结构的一个组成部分；就这个意义而言，我所说的一个自由的人，就是指一个仁爱的、富有创造性的独立的人”[⑥]。为此，个人自由是向善的，是关怀品格的构成部

① 马克思恩格斯选集（第三卷）[M]. 中共中央马克思斯恩格斯列宁斯大林著作编译局编译，北京：人民出版社，2012：490.

② 罗国杰 . 伦理学 [M]. 中共中央马克思斯恩格斯列宁斯大林著作编译局编译，北京：人民出版社，2003：391.

③ [美] 马斯洛 . 马斯洛人本哲学 [M]. 成明，译 . 北京：九州出版社，2003：129.

④ 韩庆祥 . 现实逻辑中的人：马克思的人学理论研究 [M]. 北京：北京师范大学出版社，2017：172.

⑤ 韩庆祥 . 现实逻辑中的人：马克思的人学理论研究 [M]. 北京：北京师范大学出版社，2017：225.

⑥ [美] 埃里希 · 弗洛姆 . 人心：善恶天性 [M]. 向恩，译 . 北京：世界图书出版公司北京公司，2015：142.

分。而社会自由又成为人类向往的目标。从人类视角看，人享有的自由，即人的自由自觉的权利和追求；从社会关系视角看人的自由，即社会的主人。因此，自由又是社会自由。而社会自由的核心又是个体人的自由，是人与人之间生活、生产和交往的自由。对关怀品格而言，其自由特征表现为积极自由、活动自由、精神自由、具体自由。关怀品格具有人的自由诉求的特征，“自由的实现就是人的本质的实现”“使人成为真正的人，即成为使社会历史发展的要求和人性发展的要求达到一致的人”①。因此，社会自由是真正的个人自由。

实质上，个人自由与社会自由相统一、相伴随，并相互依存。个人自由的普遍化就是社会自由，社会自由则体现为人人平等的自由。如果个人自由拒斥社会自由，自由就如同不受羁绊的马匹，为人的欲望所控制，从而产生冲动的思想和行为，将自己和他人变成了物品。无论哲学角度的内在自由与外在自由，还是社会学角度的个人自由和社会自由，自由都蕴藏其道德规范，彰显关怀品格的特征。

（三）关系取向的价值特征

“人类是关系的存在，他们的关系性与他们的依赖性和互相依赖性复杂地捆绑在一起。”②人作为一种关系性的存在，必定与他人、与社会相联系。人是“关系网络中的一个交汇点”③，人在关系中与自我共生、与社会共生、与自然共生，人与人之间的社会交往是一种关系。个体人是具体的人，无数个体人与个体人构成人的整体，整体中的无数个个体人又是具体相互关联的。从关系角度说，个体即关系中的自我，一方面是个体自我的存在，另一方面不断受到存在场的作用，即社会存在的作用。“我们现在假定人就是人，而人对世界的关系是一种人的关系，那么你就只能用爱来交换爱，只能用信任交换信任，等等。”④因此，人和人之间的关系本身就需要关怀的维系。“关怀最重要的是关爱关系。”⑤“关

① 韩庆祥．现实逻辑中的人：马克思的人学理论研究 [M]. 北京：北京师范大学出版社，2017：399.

② 李惠斌，李义天．马克思与正义理论 [M]. 北京：中国人民大学出版社，2010：112.

③ [美] 大卫·雷·格里芬．后现代精神 [M]. 王成兵，译．北京：中央编译出版社，1998：10-11.

④ 马克思 .1844 年经济学哲学手稿 [M]. 中共中央马克思斯恩格斯列宁斯大林著作编译局编译，北京：人民出版社，2018：142.

⑤ [美] 弗吉尼亚·赫尔德．关怀伦理学 [M]. 苑莉均，译．北京：商务印书馆，2014：214.

怀的关系在任何地方都被看成是最基本的善。”[①]

个人是他人和社会的关怀对象，他人和社会也是个人的关怀对象。关怀品格中关怀者和受关怀者本质上属于一个关系范畴，其关系作为潜藏于人与人之间、人与物背后的一种抽象存在，个体或群体均可以真切地感受到这种关系要求，以及违背关系要求所要承受的道德谴责与良心的折磨。因此，关系取向的价值特征体现为人的独立性和人的社会性。第一，人的独立性。人的独立性最根本的表现为人的主动性，这是人之本质，是关怀品格的驱动力。主动性意味着人不受外在力量的控制，人是自由意志的存在，个人有能力、有权力观察、思考、判断、选择某种思想、行动，当为与不当为由个人作出决定。从这种意义看，人之独立性也并不意味着人之关系的摒弃，“当一个人隔绝于关系的时候也就失于为‘人’和‘存在’”[②],从而,关怀品格也就失去了其存在之基。第二，人的社会性。关怀品格关注“关爱的社会”[③]。从人类发展看，被关心同样是人类生存和发展的基础性条件，并且友善、关心和互助的关系有助于建立被尊重、被需要和被关心等重要的价值感。人类天生作为关系性存在，人类关系的实质表现为现实性和社会性，“如果一个人有可能在同任何人都没有交往的情况下，在某个与世隔绝的地方长大成人，那么，正如他不可能想到自己面貌的美或丑一样，也不可能想到自己的品质，不可能想到自己情感和行为的合宜性或缺点，也不可能想到自己心灵的美或丑”[④]。因此，人的独立性和人的社会性相互依存于关系取向的存在价值。“‘关系’概念是个人的现实性和社会性的标志，它是个人的现实性和社会性的实质。”[⑤]关怀品格的个人与社会的关系主要体现为两种关系。

一种是我与自我的关系存在。“凡是有某种关系存在的地方，这种关系都是为我而存在的。”[⑥]关怀品格的关系取向特征并不否定自我关爱的存在，关爱自

---

① ［美］内尔·诺丁斯．培养有道德的人：从品格教育至关怀伦理[M].汪菊，译．北京：教育科学出版社，2017：105.

② ［美］内尔·诺丁斯．关心：伦理和道德教育的女性路径[M].武云斐，译．北京：北京大学出版社，2014：130.

③ ［美］弗吉尼亚·赫尔德．关怀伦理学[M].苑莉均，译．北京：商务印书馆，2014：217.

④ ［英］亚当·斯密．道德情操论[M].蒋自强，钦北愚，朱钟棣，沈凯璋，译．北京：商务印书馆出版，2015：142.

⑤ 韩庆祥．现实逻辑中的人：马克思的人学理论研究[M].北京：北京师范大学出版社，2017：140.

⑥ 马克思恩格斯选集（第一卷）[M].中共中央马克思斯恩格斯列宁斯大林著作编译局编译，北京：人民出版社，2012：161.

我与关爱他人是相关的，关怀品格中双方的存在同时生活在自主的空间中，“人是关系中的人，并不是分离的、可被消解的人”[①]。即是说，关怀品格的关系取向是肯定人的自主性。而自我关爱之人对他人的需要和诉求更敏感，其所具有的关于关爱自我的知识或思维会令他更有意愿和更有能力关怀他人，并进而通过互惠的欣赏和行动获得回报。

一种是我与你的关系存在。关怀品格的高层次关系存在表现为“我与你”。“我与你”是美好和谐的人际关系意蕴，把“他人”尽可能转化为与自我和谐的“你”，这可以说是关爱他人，乃是对另一个人人格的尊重和人之存在的承认。为此，具有关怀品格之人在与任何一个他人交往时都预设了具有美好意义的人际关系，假定任何一个他者为“你”，但是条件性地把他者看作“你”。假如一个人不具有爱或善，他就不能进入“我与你”的关系，那么就是受利益控制的“我与他”的关系，他成为“我”的东西、手段加以利用。而在“我与他”关系中，注定我也不可能成为“他”的自我存在，“我”同样成为“他”的附属品、工具，“我”的主体感是单向度的，即使成功地使“他”服从“我”，“我”毫无疑问是“他”的对象、客体、东西。

其实，关怀品格的关系特征并不仅仅局限于人与社会，还体现在周围世界的意义共享性。因为每一个关怀的时刻，与周围的情境产生共振，受其意义世界潜能的影响，生成新的关怀关系，建构更大的关怀关系流。“对关系负责最重要的是确保意义的共同建构。”[②]

（四）和谐发展的实践特征

差异性、多样性和富裕等就其自身而言都是好的，然而当处于社会现实中，我们仍必须保障秩序性、一致性和普遍性的重要地位。和谐社会是秩序良好的社会。和谐意味着相互制约，是一种秩序的协调。“和谐精神是道德、宗教、法律的共通原则，也是它们的最高原则，是至善原则。”[③]从唯物辩证法视域看，一方面对立统一规律即矛盾规律成为和谐的根本规律，矛盾的存在形态各异，各具个性和差异性，地位和作用各不相同，解决矛盾的方法和途径也不同，从而启示我们促进和谐的方法和手段也必须是多样的。另一方面矛盾的同一性，即

① 俞可平．幸福与尊严——一种关于未来的设计 [M]. 北京：中央编译出版社，2012：119.

② [美] 肯尼思·J. 格根．关系性存在：超越自我与共同体 [M]. 杨莉萍，译．上海：上海教育出版社，2017：372.

③ 张文显．和谐精神的导入与中国法治的转型——从以法而治到良法善治 [J]. 吉林大学社会科学学报，2010，(3)：7.

矛盾的相互储存和相互贯通，成为事物和谐的基础和条件。和谐不等于同一，和谐是矛盾同一性和矛盾斗争性相互联结、相互制约的结果。因此，和谐并不是静止不动的，而是生成动态的，“生成性关系过程刺激了意义的扩张和流动，它们可能成为最终决定我们未来福祉的关键”[①]。和谐是相对的，不和谐是绝对的，但总的趋势是低层次和谐走向更高层次的和谐，从不太和谐走向更加和谐。亚当·斯密指出：“人只能存在于社会之中，天性使人适应他由以生长的那种环境。人类社会的所有成员，都处在一种需要互相帮助的状况之中，同时也面临相互之间的伤害。”[②]因此，人的品质既可以促进社会和谐，也可以阻碍社会和谐。关怀品格“培育社会凝聚力和协作”[③]。即是说,关怀品格趋向合作和关爱，和谐发展成为其主要特征。

“和谐”从构成社会的视角看，是“社会和谐”，是和谐、协调发展的理想社会状态。和谐发展的社会状态由人与自身的和谐、人与人之间的和谐、人与社会之间的和谐和人与自然的和谐构成。关怀品格关注人与自身的和谐：一是人与自身自然有机体的和谐，是人与眼睛、耳朵、鼻子、嘴巴、手、脚等身体机体的整体和谐，是人生存、生活和生产的物质机体；二是人与自身机体在外部世界中生存、生活和生产所展现的力量的和谐，人能够客观支配自己的兴趣、知识、能力，保证自我的全面自由发展。关怀品格促进人与人之间的和谐，主要表现为人际关系的和谐：一是人天生就有与他人交往、共处和保持良好的人际关系的需要，从而拥有更多的安全感；二是和谐的人际关系，有利于人与人之间的友爱和帮助，体现了人与人之间的理解、平等、尊重、诚信和宽容，既满足了自我实现需要，也满足了他人需要，实现人的良好的心理状态。关怀品格推进人与社会的和谐：一是体现个体价值的自我实践与自我实现。人的本质属性是社会性，个体的自我价值只有在社会中才能得以实践和实现，其价值大小以个体对社会的贡献为衡量标准。二是满足社会的发展进步需求。个体通过自我实践和自我实现活动承担社会责任，社会的发展进步离不开个体的自我实践和自我实现。因此，个体的自我实践与发展和社会的发展进步的价值取向是一致的、和谐的、统一的，个体价值的自我实践和自我实现必须以促进社会和谐发展为前提。关怀品格关心人与自然和谐：一是人与自然是一种平等关系，

---

① [美]肯尼思·J. 格根. 关系性存在：超越自我与共同体[M]. 杨莉萍，译. 上海：上海教育出版社，2017：61.

② [英]亚当·斯密. 道德情操论[M]. 蒋自强，钦北愚，朱钟棣，沈凯璋，译. 北京：商务印书馆出版，2015：107-108.

③ [美]弗吉尼亚·赫尔德. 关怀伦理学[M]. 苑莉均，译. 北京：商务印书馆，2014：21.

把自然视为平等的合作伙伴关系，即尊重自然规律、尊重自然的生态系统平衡，满足人类生存和发展需要的同时，关注自然界生命的持续发展。二是顺应自然。按自然规律办事，不能唯经济规律生产、生活，考虑自然条件和资源环境的承载能力。三是保护自然。保护自然就是维护自然生态系统平衡和完整，合理开发、利用自然资源，防止生态破坏，为人类发展创建良好的自然环境，使人与自然朝向和谐共生、互惠共进的方向发展。

（五）尊重差异的个体特征

"抽象"一词由马克思从黑格尔哲学中引述，意思为单向、偏袒、内容贫乏。个体是对抽象意义的丰富。因而，每一个体均是特殊的，而不是一般的。强调关怀品格的关系特征，并不否定个体的独立存在，"而是关系赋予独立个体存在的可能性"[①]。人作为特殊的个体，是关怀品格的显著特征。因为在现实性上，人是个体的社会存在物。"每一种本质力量的独特性恰好就是这种本质力量的独特的本质，因而也是它的对象化的独特性，是它的对象性的、现实的、活生生的存在的独特方式。"[②]

个体具有独特的善。个体具有独特性，表现出自我性。"自我与道德是不能分离的，道德就是自我在世规定下的应为性。"[③]同理，关怀品格无法与自我相分离，自我是一种存在。"个人是一个相对于社会或集体的概念，个人既具有社会性也具有自我性。"[④]自我是个人的本质存在，个体是自我的外在具体具象。个体与自我二者互为一体，任何一个自我都经由个体来实现，而每一个个体均含有其自我。每一个自我都不同，即每个自我均是差异。关怀品格关系的建构与维系无疑以尊重关怀对象为本质，而尊重的立足点无疑又是关怀对象的差异性。尊重差异表现为：关怀对象个体的具体的情感特质、认知水平、思维能力、行为方式，等等，这些均影响关怀品格关系的建立、维系和提升，表现出关怀行为的复杂性和无限可能性。"个体化人生不仅在结构上实现了与自我塑造的重新

---

① [美]肯尼思·J. 格根 . 关系性存在：超越自我与共同体 [M]. 杨莉萍，译 . 上海：上海教育出版社，2017：53.

② 马克思恩格斯文集（第 1 卷）[C]. 北京：人民出版社，2009：191.

③ 胡真圣 . 道德与自我意识 [M]. 中共中央马克思斯恩格斯列宁斯大林著作编译局编译，北京：人民出版社，2018：77.

④ 胡真圣 . 道德与自我意识 [M]. 中共中央马克思斯恩格斯列宁斯大林著作编译局编译，北京：人民出版社，2018：92.

关联，它也近乎有着无限的可能性。”①

个体善又是一种复合自我之善。个体本质是自我的存在，个体自我的生活也是对象。任何个人都处于现实的社会中，不可能纯天然存在，个人只有在社会中才能体现其的独立存在。“探寻我们自己的个体自我，其实是一项社会活动。”②社会是由复数个体自我构成，这些复数个体自我相互关联，而社会也由于许多种不同的自我而存在。对于个体，不同情境、不同时间的我并不可能完全相同；同时，对自我的找寻，常常诉诸具体的社会活动，探寻潜藏的自我。为此，对自我的探寻，涉及的具体的才干、能力和行为，是我“成为”什么样的人。而且，这种社会关系中的探寻，通过与他人共同进行活动向外探索他人和共同的活动，而不是向内探究自身，通过与他人的共在活动或在场，找寻自我的存在。正是自我的复合性和外寻性，必然离不开道德性的存在，必然感知、尊重对方存在建立彼此、尊重、爱护的关系，彰显关怀品格的特征。因此，“自我实现和共同体并不是两种关于人类的善的毫不相干的标准，而是构成了一种关于善的单一的复合型概念”③。

因此，关怀品格既体现人的个性存在，还包含人的社会存在，它将个体的人和社会的人统一起来，是对人本质意义的现实的、完整的理解。“个体人类的存在是为了整体，而不是为了自身。”④

（六）终身提升的趋向特征

人的生成性决定着关怀品格的未完成性，关怀品格具有终身提升的趋向性。关怀品格的道德品质的质的规定性，决定着关怀品格的独立性和选择性。首先，关怀品格的独立性，意味着它不能盲目顺应社会，从而陷入经济化、商品化和产业化的困境。其次，关怀品格的批判性意味着关怀品格的选择性。面对复杂多元的社会，不可避免混杂着贫穷、懦弱、错误、偏差甚至黑暗，因此，要求关怀品格具有敏锐的判断能力和独立的批判性，面对具体的人或事作出具体的关怀抉择，从而更好地促进人的发展和社会的进步。基于此意义，关怀品格的

① ［德］乌尔里希·贝克．风险社会：新的现代性之路[M].张文杰，何博闻，译．南京：译林出版社，2018：167-168.

② ［英］伊恩·伯基特．社会性自我与社会面面观[M].李康，译．北京：北京大学出版社，2012：2.

③ 李惠斌，李义天．马克思与正义理论[M].北京：中国人民大学出版社，2010：350.

④ ［美］迈克尔·L.弗雷泽．同情的启蒙：18世纪与当代的正义和道德情感[M].胡靖，译．南京：译林出版社，2016：32.

终身提升趋向特征表现在其是学习做人的品格和自我实现的品格。

关怀品格是学习做人的品格。"'做人'包含了成己、成人、成事三个方面的内容。"[①]成己，一方面，成为人自我，按个体自我特有的、内在的生命结构和秩序生长；另一方面，成为人的他我，即社会的存在，这要求人不能不压制自我的欲望与需求，适当控制自我的非理性需求。因此，成己是内在我与外在我统一下的内在品格的养成。成人，与人的使命相伴随，也就是人的社会属性，我能为他人做些什么？怎样做才能提升他人或社会的价值和意义？即是人的内在价值的外现。成事，首先得有关注和关爱动机，否则就处于事不关己，高高挂起的状态；其次得有关爱能力，能够因事让他者感受到被关心。当然，无论是成己、成人、成事，三者都不能割裂，三者相互依存，永远具有未完成性，共同伴随人的成长。

关怀品格是自我实现的品格。自我实现并不是某一伟大时刻问题，而是"一个程序问题，是由许多次微小进展一点一点积累起来的"[②]，是一个渐进的、累积的过程，关怀品格"在根本上就是人的自我实现，是丰满人性的形成，是人种能达到的或个人能达到的最高的发展。说得浅一些，就是帮助人达到他能达到的最佳状态"[③]。人的自我实现，不仅是"我"的目的的追求与实现，而且是我的潜能的挖掘、发挥与创造的实现，是本真自我样态的实现。自我实现，还意指人的无限可能性和开放性存在状态，这就意味着人永远处于超越现有自我的状态，表现为自我否定式的持续存在。从关怀品格的形成过程看，其养成、体验和反思等一系列的培育过程均呈现超越自我的开放状态；从关怀品格的实践过程看，其关注、动机移置、行为等一系列的实践过程也表现出超越自我的开放特征。"一个人能达到自我实现（就其独立自主而言）的境界，便能达到超越自我、超越自我意识、超越自私之境。"[④]从而达成与全体的共融，成为整体的一部分，"一个人唯有通过与全体共融的经验（孩童的依赖、存有之爱、对别人关心等），才能达到独立自主的境地"[⑤]。"教育正在日益向着包括整个社会和

① 扈中平，等．教育人学论纲 [M]. 北京：高等教育出版社，2015：12.

② [美] 马斯洛．马斯洛谈自我超越 [M]. 石磊，译．天津：天津社会科学院出版社，2011：279.

③ [美] 马斯洛．人性能达的境界 [M]. 林方，译．昆明：云南人民出版社，1987：169.

④ [美] 马斯洛．马斯洛说完美人格 [M]. 高适，译．武汉：华中科技大学出版社，2012：302.

⑤ [美] 马斯洛．马斯洛说完美人格 [M]. 高适，译．武汉：华中科技大学出版社，2012：302.

个人终身的方向发展。”[①] 关怀品格作为教育内容的一部分，无疑具有终身提升的趋向性特征。

① 联合国教科文组织国际教育发展委员会 . 学会生存——教育世界的今天和明天 [M]. 北京：教育科学出版社，1996：200.

第三章　关怀品格的价值分析

关怀品格是人的高尚道德品质。“关怀既是实践也是一种价值。”①“关怀关系是在个人生活中人与人之间和关爱社会成员中培养的。”“关怀的价值尤其体现在关怀的关系，而不是体现在个人。”② 人作为人的存在本质，具有社会关系的属性，还具有自然的范畴。诺丁斯认为，“基于关系的伦理维度也存在于动物、植物、事物和观念中。”③ 关怀品格虽属个体品格，人作为社会存在物，其价值不能仅限于个体，必然关涉个体所在的社会共同体。因此，这里拟从人的发展、社会的发展和自然的发展三方面分析关怀品格的价值意蕴。

一、关怀品格与人的发展

亚里士多德在谈及品格时，指出品格与科学和能力的不同：“一种科学或能力是通过相反的事物而达到的一或相同。而一种品质则是相反品质中的一种，它只产生某一种结果，而不是产生相反的结果。”④ 即是说品格虽然有好坏、优差之分，然而，良好的品格产生的必定是良好的行为；相反，不良品格就不会带来好行为、好结果。为此，关怀品格关怀人的发展，旨向人的发展的积极价值。赫尔德认为“关怀具有能力塑造新的人”⑤。它能够基于对文化、社会和道德的深入了解，审时度势、以开放包容的情怀和睿智处理人与人之间的交往。必须

① [美]弗吉尼亚·赫尔德.关怀伦理学[M].苑莉均，译.北京：商务印书馆，2014：64.

② [美]弗吉尼亚·赫尔德.关怀伦理学[M].苑莉均，译.北京：商务印书馆，2014：65.

③ [美]内尔·诺丁斯.关心——伦理和道德教育的女性路径[M].武云斐，译.北京：北京大学出版社，2014：118.

④ [古希腊]亚里士多德.尼各马可伦理学[M].廖申白，译.北京：商务印书馆，2017：139.

⑤ [美]弗吉尼亚·赫尔德.关怀伦理学[M].苑莉均，译.北京：商务印书馆，2014：52.

明确，关怀并不仅限于同情，其远超同情，它也不是利他主义，而是“双方相互依存中共享利益的关系”[①]。关怀品格提供了“人与人之间关系的一种思考与评价”[②]，并以这些关系发展在道德上可以接受的社会氛围。关怀品格和人的发展价值具有正相关性，“人生越有价值，他就会越发受到他人或社会的尊重和满足，他的人格也就越加完善”[③]。

（一）关怀品格与个体人的发展

拉丁语“persona”，含有“人”“权利”之义，还指人的个性、性格、面具。希腊语“ρόσωο”，人，增加了道德意义，自主、独立、自由、责任。人自身就是个体和道德的存在。人存在于社会关系中，社会关系包含个体人。“社会关系的存在意味着个人间的差异的存在，而这便意味着人的个性存在。”[④]关怀品格并不否认人的个体存在，关怀品格首先是作为个体的存在，然后才是社会的存在。“如果没有个体，没有个体之间的关系，根本就不存在什么社会”。[⑤]“马克思‘从个人与他人的区别上揭示人的个性，说明人是具体的、有个性的个人’。”[⑥]因此，个体人作为社会存在的重要因素，同样是关怀品格的重要范围。

1. 修炼个体的道德主体性

主体性指人的能动性、自立性、自觉性、自主性、创造性。主体性具有联系性和开放性，人们对外部世界的认识、改造过程，同时也是自我发现，创立自我主体意识的过程。主体性还体现为能动性，其在人类思维和精神生活中的作用必将越来越强大。道德主体性是在遵守社会秩序，在人与人、人与社会关系的思想、行为中能动地、自觉地承担责任。“关怀伦理学的目的是，促进负责任的、适当情况下的自主性。”[⑦]因此，关怀品格有助于修炼个体的道德主体性，意味着既尊重个体自我，也尊重他人，包括增进个体道德主体的独立性、激励

① [美]弗吉尼亚·赫尔德.关怀伦理学[M].苑莉均，译.北京：商务印书馆，2014：52 – 53.

② [美]弗吉尼亚·赫尔德.关怀伦理学[M].苑莉均，译.北京：商务印书馆，2014：67.

③ 袁贵仁.马克思主义人学理论研究[M].北京：北京师范大学出版社，2017：167.

④ 韩庆祥.现实逻辑中的人：马克思的人学理论研究[M].北京：北京师范大学出版社，2017：169.

⑤ [英]伊恩·伯基特.社会性自我与社会面面观[M].李康，译.北京：北京大学出版社，2012：4.

⑥ 韩庆祥.现实逻辑中的人：马克思的人学理论研究[M].北京：北京师范大学出版社，2017：134.

⑦ [美]弗吉尼亚·赫尔德.关怀伦理学[M].苑莉均，译.北京：商务印书馆，2014：136.

个体道德主体的能动性和推进个体道德主体的实践性。

（1）增进个体道德主体的独立性

人具有相对独立性，“人的主体性是最根本的人性，是人的问题的实质和核心”[①]。个人能独立地处理面临的道德问题，是道德主体性的具体化表现；个人能独立地处理人与人之间的交往问题，是展现道德主体能力的有效载体。对于关怀品格而言，“我的关心的检验并非都取决于结果如何；主要取决于我是如何考虑的，我是如何完全地接受他人的，是否能够自由地追求自己的计划也是我实现对他的关心的部分结果”[②]。因此，关怀品格关注道德主体自我的独立性，尊重道德主体个体的独特性、内在自由、未知性、未完成性，然而，并不否认道德对象个体生命存在的多样性和价值形式的多元存在。对于关怀品格来说，“我们关注于他者。我们接受了他并感觉到他的快乐或痛苦，但是我们没有被这个冲动所强迫”[③]，而是出于强烈的道德主体责任感关怀他人。关怀他人实际是发现自我，对自我的发现也包含着对他人的关怀，进而彰显关怀品格的道德主体独立性。

（2）激励个体道德主体的能动性

“关怀伦理学是一种植于自身的可选择的道德探究。”[④]关怀品格激励个体道德主体的能动性，“人总是以主体的方式对待一切事物和世界，来审视与他有关的一切问题”[⑤]。“道德主体的能动性使主体在与客体相互作用的过程中积极地改造客体，从而成为自我主宰、自我克制的自由主体。”[⑥]对于道德主体而言，能动性意味着个体的道德思想、道德行为的自主决定性，其不受外在力量的强制，是个体意志自由的道德体现。但是，个体道德主体的能动性并不是绝对自由的，其能动性是在保证他人的能动性的理性选择和抉择基础上的自主。关怀品格则是在维持与他人的相互依存关系中，尊重个体道德行为的他者性，遵从道德规

① 韩庆祥．现实逻辑中的人：马克思的人学理论研究 [M]. 北京：北京师范大学出版社，2017：6.

② [美] 内尔·诺丁斯．关心——伦理和道德教育的女性路径 [M]. 武云斐，译．北京：北京大学出版社，2014：58.

③ [美] 内尔·诺丁斯．关心——伦理和道德教育的女性路径 [M]. 武云斐，译．北京：北京大学出版社，2014：59.

④ [美] 弗吉尼亚·赫尔德．关怀伦理学 [M]. 苑莉均，译．北京：商务印书馆，2014：83.

⑤ 韩庆祥．现实逻辑中的人：马克思的人学理论研究 [M]. 北京：北京师范大学出版社，2017：156.

⑥ 王泽应．马克思主义伦理思想中国化最新成果研究 [M]. 北京：中国人民大学出版社，2018：243.

范的约束，“可以有或多或少的自我方向”①。因此，关怀品格既使道德主体规避了受制于他者事先的预设的可能性，又能让道德主体规避在具体的道德行为和事件中故步自封的唯我性，以确证个体道德主体的能动性。因为，在关怀品格看来，“关怀的关系往往有助于这种自主性”②，这种自主性，也即为道德主体的能动性。

（3）推进个体道德主体的实践性

人的实践活动是主体性的实践活动，对人的主体性问题的探究，意味着对人自身的思考。“在马克思看来，人的需要以及他的能动创造性活动使人和外部对象发生一种‘为我’关系。‘为我’是一切主体活动的实质目的。”③马克思从人的“为我”性出发，“把他人看作自己发展的条件”④。人的“为我”性并不否定人的双向性。人的双向性是人与社会的双向性，只有在实践中才能给予最恰当的解释，人适应社会，社会必须满足人的需要和目的，因为主体的实践水平、广度、深度和发展过程都受到实践客体现有条件的制约和客观世界规律的支配，而实践主体活动引发的客观世界的某些变化，实则是主体观念的现实存在化。因此，应从人的主体性出发来评判社会。毋容庸疑，关怀品格的行为实践是关怀主体与被关怀者间双向关系最好的体现，最能彰显个体道德主体的实践性的现实意义。关怀品格促进个体道德主体的成长，是实践过程的生命体的独特成长，然而，其并不是点状的孤立的个人成长，而是一种关系性过程的存在。“在我看来，关怀的人不仅将有关怀的意图和倾向于有效地关怀，但还将参与关怀关系。”⑤

必须承认，“主体性的发展永远不可能达到这样一种时候，在这个时候，主体成为脱离任何对象制约的具有无限创造力的绝对自我”⑥。从关怀品格的道德机制看，关怀者以关怀动机和意向有效地参与关怀活动，被关怀者并不是纯客体地而是基于自我主体性接受关怀。因此，“关怀不仅仅是工作”⑦，而是关怀者自我实现的过程，也是被关怀者自我发展的过程。基于关怀品格，道德主体性

① [美] 弗吉尼亚·赫尔德 . 关怀伦理学 [M]. 苑莉均，译 . 北京：商务印书馆，2014：87.

② [美] 弗吉尼亚·赫尔德 . 关怀伦理学 [M]. 苑莉均，译 . 北京：商务印书馆，2014：87.

③ 韩庆祥 . 现实逻辑中的人：马克思的人学理论研究 [M]. 北京：北京师范大学出版社，2017：132.

④ 韩庆祥 . 现实逻辑中的人：马克思的人学理论研究 [M]. 北京：北京师范大学出版社，2017：132-133.

⑤ [美] 弗吉尼亚·赫尔德 . 关怀伦理学 [M]. 苑莉均，译 . 北京：商务印书馆，2014：81.

⑥ 王义军 . 从主体性原则到实践哲学家 [M]. 北京：中国社会科学出版社，2002：126 － 127.

⑦ [美] 弗吉尼亚·赫尔德 . 关怀伦理学 [M]. 苑莉均，译 . 北京：商务印书馆，2014：81.

对应主体的我，自我意识作为自我本身能动、创造性的存在，主动地、自觉地认识、分析、评价客体的我，从而实现自我的发展与超越，实现理想的我。相应地，道德客体性对应客体的我。客体的我，一方面作为道德主体思考和活动的对象，从这一视角看，其具有纯客体性；另一方面，他又不是纯粹客体，道德客体并不仅是被动接受道德主体的关怀，而是与道德主体一致地依赖于自我的心理机制，感知、接受、内化甚至创新道德主体施予的一切。在马克思看来，"人的主体性的实现就是主体和客体的统一，而主客体的真正统一则意味着人的全面自由和解放"①。而人的全面自由发展，正是关怀品格的目标趋向。

2. 提升个体人的幸福

幸福是个人的终极追求，"追求幸福是个人的事情"②，"幸福不是一种他人能够带来的经历、感受或生活状态"，"幸福是一种生活方式，是一种价值实现的行动和心灵状态"③。幸福具有自我感受性，幸福具有个体属性，幸福还必经主体自我经历和行动。因此，幸福一方面是个人努力奋斗并实现的生活价值目标，另一方面它是个人在奋斗和实现价值目标过程中体验的积极心灵状态。如果一个人能够充分利用外部有利条件，充分调动自己的潜能、智慧和经验实践生活，成功判断自己的生活前程和价值，实现自我期望的生活，同时在这一过程中能够体悟到外在的认同和尊敬，从而心灵获得价值感和意义感，即为幸福。幸福是一种主观体验，但单纯主观体验造成的愉快有时是不合理的、病态的、虚假的幸福，"'主观感受'决定一个人是否有幸福，'伦理规定'则决定一个人的幸福是否正当"。"只有产生了主观体验的伦理价值才能是幸福。"④因此，幸福与关爱相联，关爱旨向幸福的追求。"仁爱和人道是一种直接的趋向或本能，着眼于打动感情，追求的是个人的幸福或安全，针对单个的个别对象。"⑤因此，关怀品格有助于提升个人幸福感。

（1）促进主体间关系的幸福

"由于任何一个伦理学主体的存在是在主体间关系中获得意义的，所以个人幸福必然产生于主体间关系中。"⑥由于人的类存在本质，他人的存在成为每个人

① 王义军．从主体性原则到实践哲学家 [M]. 北京：中国社会科学出版社，2002：175.
② 赵汀阳．论可能生活 [M]. 北京：中国人民大学出版社，2010：118.
③ 金生鈜．教育与正义——教育正义的哲学想象 [M]. 福州：福建教育出版社，2012：27.
④ 刘次林．幸福教育论 [M]. 北京：人民教育出版社，2003：36.
⑤ [英] 休谟．道德原则研究 [M]. 曾晓平，译．北京：商务印书馆，2001：155.
⑥ 赵汀阳．论可能生活 [M]. 北京：中国人民大学出版社，2010：118.

必需的存在条件，从这个意义上说，他人的存在是一个人幸福的必要条件，“一个人的所有幸福都与他人的存在有关，因此，虽然幸福总是个人的，但却必须以人际关系为保证”①。关怀品格的主要构成因素是关怀者和被关怀者，关怀者的幸福与被关怀者的幸福相关，被关怀者的幸福必定受关怀者的影响。关怀者蕴藏在关怀动机、关怀过程、关怀结果中的幸福必定影响着被关怀者对幸福的感受，被关怀者对幸福感受的回应，也必然成为关怀者进一步施以幸福的情感、动机和行为。可以说，幸福蕴含着对关怀的需求，而关怀又服务于幸福。关怀者与被关怀者是“主体—客体—主体”的关系，关怀者发起关怀动机至被关怀者接受并作出反馈，实现关怀目标，这一系统往复不断修正直至完成过程，无不体现“主体—客体—主体”的关爱关系。关怀者作为主体对被关怀者客体发出关怀，被关怀者作为主体回应被关怀者，关怀者因被关怀者的回应而感受到幸福，被关怀者受到关注而幸福。因此，关怀品格促进主体间关系的幸福。

（2）实现个体自由幸福

哲学家约翰·穆勒的幸福或福祉包括个性、自由和自主性等概念，他认为这些概念要素与幸福的关系是构成性，而非仅仅是工具性。②我们对个体自由幸福的客观评价立足于承认个人之善依赖于个人与其他人的关系，回避这一关系，个体不能成为自由的自我，甚至是自我。人“为了获得幸福就必须有个人自由”“人在自由状态中所追求的就是幸福”③。实现个体自由幸福，不仅包括个体的心理幸福，还包括个体的行为幸福；不仅关照个体个性方面的幸福，也不能忽视个体的社会性幸福。关怀品格的幸福是超越式幸福。其幸福体验是关怀者和被关怀者相互理解、和谐统一时的一种“超我”体验，这种“超我”是“自我”与“他我”的统一，“我”是对“自我”的扬弃、超越。关怀者和被关怀者的和谐统一状态，往往都要双方做出一些道德努力，以改变原来相异或相对立的关系。当然，被关怀者不会自动满足关怀者的要求，关怀者可能需经历多方面、多层次的道德努力，被关怀者才会调整、改变并接受某种改变，以趋向合理化。为此，那种试图以“占有式”关怀改变被关怀者的关怀行为，其结果只能是扼杀被关怀者。超越式幸福摒弃私欲，主动引进爱心，把一切“非我”看作“我”的有机成分。以“非我”的爱，冲破“我”自身的约束，在非我的

① 赵汀阳．论可能生活 [M]. 北京：中国人民大学出版社，2010：206.

② 参见 [美] 夸梅·安东尼·阿皮亚．认同伦理学 [M]. 张容南，译．南京：译林出版社，2013：38.

③ 赵汀阳．论可能生活 [M]. 北京：生活·读书·新知三联书店，1994：100.

世界实现自己的本质。“对‘我’的爱总要通过对‘非我’的爱表现出来。”[①]通过‘爱’，我与他我融为一体，融入一个更大的世界，我成为一个更大的我。这个更大的我，并不否定原来那个我，而是将原来的我纳入新的世界，予以扬弃，重新塑造一个全新的我。超我的幸福是内在的，是从自我内在本质中寻找幸福；超越式幸福是自由的，是自我意志自由和主观能动性的彰显。“主体的幸福却是内求的，主体已经把幸福置于自己的自由把握之中，变成了情感主人。”[②]

幸福的获得与实现与个人所处的环境和个人自身努力紧密相关。“幸福生活是一种过程，而不是一种固定状态；是一个方向，而不是一个终点。”[③]从外在环境看，一个社会的政治、经济、文化等各方面是保障个人生存和发展的外部环境条件，也深刻影响个人的精神成长和发展。在一个充满关爱之情感的氛围环境中，关怀情感、关怀行为随处可见，你在我关怀中，我在你关怀中，你我融于社会关怀共同体中。事实上，“沙夫茨伯里就认为‘贪享仁爱之情也没有别的坏处，它只会让人更加善良，享受更多的社会乐趣’”[④]。从个人自身努力看，一方面，个人的关怀努力，可以提升个人的幸福能力。一个人“是否能够获得幸福很大程度上取决于是否能够敏感到幸福之所在，在这种意义上，幸福是一种能力”[⑤]。另一方面，个人自身产生对关怀的反思性认可，因为“由善意和诚实而来的行为会赢得心灵的赞许和认可，会让灵魂欢愉”[⑥]。也只有这样，人才能得到幸福。

（3）促进个体人的全面发展

个体人的全面发展包括个人和社会的整体发展，体现群体与自我的关系；个人与他人的发展，是自我与他人的关系；个人与自我的发展，是自我身体与心灵的关系；个人与自然的发展，是自我与客观存在世界的关系。这涉及个人如何在世界安身立命、待人处事，事关人的存在意义、价值和质量。“人的本性恰如人的本质，应该是‘全面的’，没有当中的任何部分，人便不成其为人，没有社会性，人不能为人，同样，没有自然属性、没有心理属性，人仍然不是

① 刘次林．幸福教育论 [M]. 北京：人民教育出版社，2003：52.

② 刘次林．幸福教育论 [M]. 北京：人民教育出版社，2003：43.

③ [美] 马斯洛．马斯洛人本哲学 [M]. 成明，译．北京：九州出版社，2003：145.

④ [美] 迈克尔·L. 弗雷泽．同情的启蒙：18 世纪与当代的正义和道德情感 [M]. 胡靖，译．南京：译林出版社，2016：29.

⑤ 赵汀阳．论可能生活 [M]. 北京：中国人民大学出版社，2010：144.

⑥ [美] 迈克尔·L. 弗雷泽．同情的启蒙：18 世纪与当代的正义和道德情感 [M]. 胡靖，译．南京：译林出版社，2016：29.

人。”[①] 从某种意义看，人的“个性”也是人之为人的“共性”。因此，全面的个人是生理属性、心理属性和社会属性缺一不可的构成。关怀品格肯定个体人性的存在，把个体人看作是生理属性、心理属性和伦理属性的统一体。个体人的这些属性相互依存、相互渗透和相互作用，即这些属性在作为个体人的构成方面，并不是简单的、稳定的相叠加，而是如同化合物一样会合成并完全生成更高层次的个体人性，从而这些构成属性也可能发生着某些细微的或是较大的变化，生成新高度的个体人性表现出来。按照人的发展的目的，把个体人的全面发展分为全面发展的个体目的和全面发展的社会目的。

关怀品格促进个体人的全面发展的个体目的。“完人”的实现，一个完全的人应包括身体、智力、情感、社会及精神的各方面、各范围的发展，并且这些成分中没有一个应该或能够被孤立，各个成分相互依赖。身体的发展，包括感知力、健康、安全等方面需要的发展；智力发展，是一个人知识、技能、思维、智慧的全方位发展，如果仅是知识发展，那只是读、写、算等基本技能的学习；情感是个体的重要非理性部分，情感往往引发激情和勇气，它所具有的巨大影响力量有时甚至带来决定性力量；社会方面的发展，是个体由内向外的品质、能力展示，往往体现于个体行为或与他人、社会的交往实践中；精神方面的发展，是个体的超现实成分，更多体现为价值观、人格方面的发展。诺丁斯认为教育的主要目标是：“鼓励学生成为能够关怀他人、有能力、有爱心同时也值得别人爱的人。”[②] 在一定意义上诠释了我们上述追求的全面发展的个体人。她还认为关怀的关注点为“自己、亲密的人、同伴与熟人、远方的陌生人、动物、植物、自然环境、目标与方法、各种观点”[③]。这样的人无疑是德、智、体、美全面发展的个体人。“从人的发展的目的上说，人的全面发展就是为了实现人的自由自觉的个性。”[④] 因此，关怀品格促进人的全面发展的个体目的。

关怀品格有助于实现个体人的全面发展的社会目的。“个人自由而全面发展和人类社会发展的和谐一致。”[⑤] 个人全面发展促进关爱社会的建立。人类的情感具有其本质特性，同情和其他的仁爱感情本质上是社会性的，且这种感情并不

---

① 刘次林 . 幸福教育论 [M]. 北京：人民教育出版社，2003：18.

② [美] 内尔·诺丁斯 . 培养有道德的人：从品格教育到关怀伦理 [M]. 汪菊，译 . 北京：教育科学出版社，2017：110.

③ [美] 内尔·诺丁斯 . 培养有道德的人：从品格教育到关怀伦理 [M]. 汪菊，译 . 北京：教育科学出版社，2017：110.

④ 舒志定 . 人的存在与教育——马克思教育思想的当代价值 [M]. 上海：学林出版社，2004：55.

⑤ 韩庆祥 . 现实逻辑中的人：马克思的人学理论研究 [M]. 北京：北京师范大学出版社，2017：112.

是将他人作为手段实现自我的目的，而是把他人的目的视为已有。因此，“道德关心必须建立在人类所特有的品质上”，更具体说，道德关心必须依赖于“人能够将自己的感情和感觉给予他人的这种能力”①。从理性视角看，最基本的感情之一是对他人的仁爱之情，“让对他人的仁爱之情带领我们去追求它自身的目的才是通往幸福的唯一道路”②。这种仁爱之情还需要其他情感智力相伴随，如责任感、判断力和创新力。新时代尤其缺乏社会批判力和创新力在关爱社会建构中的重要作用。批判力“使每个人能够形成一种独立自主的、富有批判精神的思想意识以及培养自己的判断能力，以便由他自己确定在人生的各种不同的情况下他认为应该做的事情”③。对关怀品格而言，“关心者必须仔细地审视并接受真实的自己”④。也就是说，关怀品格要求行为者客观、全面、公正对自己的行为自主判断、调整、抉择，促进社会和谐、公平，把个人的全面发展与社会的进步和成就紧密结合在一起。创新力既作为社会发展的动力，也是社会福祉实现的重要力量。“所有幸福都来自创造性的生活，重复性活动只是生存，而生存只是一个自然过程，无所谓幸福还是不幸。诸如爱情、友谊、艺术和真理都是人类最富有创造性的成就，它们都以意义性的方式存在，所以永恒，所以不被消费掉。”⑤关怀品格并不排斥创新力，相反，“我们看到伦理关心是感知的以及创造性的，而非评判的”⑥。也就是说，关怀品格注重创新，创新并不脱离现实遭遇，而是基于对现实的复杂性、生成性的关注，创造性地改造、变革及生成，使人及其生活世界的发展具有无限可能，生成美好的生活世界。创新者自我不仅因创新而成功和喜悦，而且因创新而增强信心并积极对待生活。由此，关怀品格推动了个体人的全面发展的社会目的。

（二）关怀品格与社会人的发展

人是社会中的人，人的存在脱离社会就无意义可言。“马克思‘从人和人的

---

① ［美］迈克尔·L. 弗雷泽．同情的启蒙：18 世纪与当代的正义和道德情感 [M]. 胡靖，译．南京：译林出版社，2016：158.

② ［美］迈克尔·L. 弗雷泽．同情的启蒙：18 世纪与当代的正义和道德情感 [M]. 胡靖，译．南京：译林出版社，2016：23.

③ 何齐宗．教育的新时代——终身教育的理论与实践 [M]. 中共中央马克思斯恩格斯列宁斯大林著作编译局编译，北京：人民出版社，2008：72.

④ ［美］内尔·诺丁斯．关心——伦理和道德教育的女性路径 [M]. 武云斐，译．北京：北京大学出版社，2014：79–80.

⑤ 赵汀阳．论可能生活 [M]. 北京：生活·读书·新知三联书店，1994：21.

⑥ ［美］内尔·诺丁斯．关心——伦理和道德教育的女性路径 [M]. 武云斐，译．北京：北京大学出版社，2014：118.

区别上揭示人的社会特性，说明人是社会的人'。"[①]个人发展既是他人发展的条件，个人的发展又受他人发展的制约。关怀品格以一种新的视角来解释人与人、人与社会的关系。现实社会需要"人类的相互依存和对关爱关系的需要"[②]，"一个充满关怀的社会将重新安排人们的社会角色和改变其实践"[③]，"在社会关系中，我们关心彼此而形成一个社会实体"[④]，"关怀关系让人们承认彼此作为同一社会的成员"[⑤]。因此，关怀品格必然和社会人相联，而且关怀品格促进社会中人与人间的彼此关心、彼此合作。

1. 促进人与人之间的自由交往

自由是人的本真存在状态。没有人会反对自由，如果有，反对的也是他人的自由。这明确表明，自由是人类的需要，自由又不是毫无限制。马克思非常关注自由与人的全面发展间的关系。关怀品格关注人与人之间的共同性，即共同的"人性"。"在马克思看来，这种类的共同性或共同的'人性'，就是活动的自由自觉性。"[⑥]关怀品格促进人与人之间的共同发展。

（1）人与人之间自由交往的维度

人与人之间自由交往可以从构成意义、人的实践和功能意义三方面予以解读。

第一，从构成意义看，自由是人的本质存在方式，失去或被剥夺自由，人就不能成为自己。从人的本性看，人与人之间的交往是自由的。人与人之间的交往，包括人与人之间的往来、思想交流。"人的本质力量是'交往的力量'。"[⑦]因为通过交往，可以相互了解、相互补充，彼此学习、提高、发展自己的知识、能力、道德。"只有在人们的相互交往中才能实现自由，离开人们的相互交往的所谓'自由'是不现实的。""只有在社会中，即在人同环境相互影响时，自由

① 韩庆祥．现实逻辑中的人：马克思的人学理论研究 [M]. 北京：北京师范大学出版社，2017：134.

② [美] 弗吉尼亚·赫尔德．关怀伦理学 [M]. 苑莉均，译．北京：商务印书馆，2014：67.

③ [美] 弗吉尼亚·赫尔德．关怀伦理学 [M]. 苑莉均，译．北京：商务印书馆，2014：103.

④ [美] 弗吉尼亚·赫尔德．关怀伦理学 [M]. 苑莉均，译．北京：商务印书馆，2014：66.

⑤ [美] 弗吉尼亚·赫尔德．关怀伦理学 [M]. 苑莉均，译．北京：商务印书馆，2014：24.

⑥ 韩庆祥．现实逻辑中的人：马克思的人学理论研究 [M]. 北京：北京师范大学出版社，2017：176.

⑦ 韩庆祥．现实逻辑中的人：马克思的人学理论研究 [M]. 北京：北京师范大学出版社，2017：235.

问题才能得到解决。”[①]

第二，从人的实践看，人与人在社会实践中是自由的。人通过自由自觉的活动实现创造性的本质，“人的创造性活动是人的活动自由自觉的根源”，“人在创造环境、文化和历史的同时，也在创造人自身”[②]。自由并不意味着任性，任性是偶然性动机和感性选择。而真正的自由必须建立在理性对必然性的认识上，同时消除主观片面性。“‘自由’要靠知识和意志无穷的训练才可以找到和获得。”[③]对于存在主义者来说，自由是其核心，表现为思考自由、选择自由，“选择的自由是最高的善，因为它能给每个人自我创造的机会”[④]。正是因为选择的自由，人们才能在面对各种具体环境时，对采取何种行动，如何采取行动，做出“自由选择”。马克思批评黑格尔的意志自由的虚在，而认为意志自由是建基于对具体情境、在场事物的认识作出决定的能力。“自由是人追求的最高价值。自由不仅具有终极意义，也具有现在的意义。所以，人类和个体一直在为争取更多的自由做不懈的努力。”[⑤]

第三，从功能意义看，自由是自我独立性、自主性、完整性的保证，通过自我判断、选择和决定实现自我成长与精神发展。因此，人与人之间的交往还体现为自我实现和个性自由。然而，无论是个性自由还是自我实现均离不开社会福祉。自由是自我实现的自由。这种自由不受外界强制或内在冲动力量宰制，把自己潜在的可能性转变为现实的可能性，以实现自己最可能的自我价值和自我意义。“由此可见，自由是自我实现的基本条件，是人格发展的首要因素。”[⑥]自我实现即是个性自我。约翰·斯图亚特·穆勒把个性自由与福祉联系在一起，认为个性的自由发展是与文明、文化等并列的必不可少的构成成分，个性有助于构成社会之善。“个性与发展是一回事，只有培养个性才产生出或者才能够产生出发展得很好的人类。”[⑦]因此，个性与福祉相联系，自由成为实现目的的一

---

① 韩庆祥．现实逻辑中的人：马克思的人学理论研究 [M]. 北京：北京师范大学出版社，2017：126.

② 韩庆祥．现实逻辑中的人：马克思的人学理论研究 [M]. 北京：北京师范大学出版社，2017：211.

③ [德] 黑格尔．历史哲学 [M]. 王造时，译．上海：上海书店出版社，2001：80-81.

④ [美] 杜普伊斯，高尔顿．历史视野中的西方教育哲学 [M]. 彭正梅，等，译．北京：北京师范大学出版社，2006：174.

⑤ 黄崴．主体性教育论 [M]. 贵州：贵州人民出版社，1997：219.

⑥ 杨建朝．自由成“人”：人性视角的教育精神 [M]. 北京：中央编译出版社，2013：30.

⑦ [美] 夸梅·安东尼·阿皮亚．认同伦理学 [M]. 张容南，译．南京：译林出版社，2013：16.

部分而不是手段。个性意味着个体自主性，自我抉择，而非被社会或他人所约束。为此，自由是重要的，它使其他的事情成为可能，也使人类福祉，即个性的实现成为可能。人类个性客观存在，然而，只有在与他人的交往中才能发展。“因此，个性预设了社会性，它不仅是对其他人个性的勉强尊重。”[①]因为人类个体的相互依存性，我们许多东西，甚至可以说所有东西，包括个性自由都是由集体创造。实质上人类的福祉包含个性、自由等构成要素，“正确地看待个性就要去承认我们的个人之善依赖于我们与其他人的关系”[②]。如没有这些关联，自由之自我不可能存在，甚至自我也无法存在。自由的个人永远只能是“被限制和很有限的人的生命的一部分，而不是生命的全部”[③]。因此，自由的个人是复数的自由个人，复数的自由个人实质构成社会的自由，也就是说，自由具有自我独立性、自主性意义上的社会自由功能。

（2）关怀品格对自由交往的实践

关怀品格作为人的精神食粮，“从实践领域来说，这些东西也是人的生活和人的活动的一部分”[④]。因此，在生活实践中，关怀品格可从以下两方面促进人与人间的自由交往。一是树立自由交往理念。“真正的自由要求我们具有对‘自我’进行反省、推理和批判思考的意志和能力，缺乏这些能力，我们就会处于‘虚假自我’的危险境地中。”[⑤]而现代有些人在谈及个人自由时，把别人的自由看作是对自己自由的限制，否定他人自由对自己自由实现的作用。这就意味着，自由是有条件的，并不是绝对的。无疑，自由交往含有意志自由的决定，即在交往对象、交往方式、交往目的的选择、思考、判断和抉择上都具有其自主性。从交往范围看，新时代人与人之间的小范围交往，更多发展成较大范围的人与人之间自由交往，相比以往小群体的交往，大范围的交往更具复杂性和挑战性。关怀品格下的人与人之间的自由交往超越了自由主义的个人自主权，“关怀内的自主概念则可以更令人满意地思考大型领域的活动,包括公共活动”[⑥]。同时,更具新时代的意义和语境。人与人之间的自由交往是现实的、具体的，无法离开活生生的社会生活基础、生产条件和社会思想氛围。为此，关怀伦理学要求我

---

① [美]夸梅·安东尼·阿皮亚.认同伦理学[M].张容南，译.南京：译林出版社，2013：37.

② [美]夸梅·安东尼·阿皮亚.认同伦理学[M].张容南，译.南京：译林出版社，2013：38.

③ [美]弗吉尼亚·赫尔德.关怀伦理学[M].苑莉均，译.北京：商务印书馆，2014：67.

④ 马克思恩格斯选集（第一卷）[M].中共中央马克思恩格斯列宁斯大林著作编译局编译，北京：人民出版社，2012：55.

⑤ [美]马斯洛.马斯洛人本哲学[M].成明，译.北京：九州出版社，2003：138.

⑥ [美]弗吉尼亚·赫尔德.关怀伦理学[M].苑莉均，译.北京：商务印书馆，2014：136.

们注意，而不是忽视，“关于自主性的物质、心理和社会的先决条件”。“自主性是在社会范围内，而不是由抽象的、独立自由和平等的个人来行使。”[①] 二是开展自由交往实践。“没有关怀，就没有社会，也就没有任何人。”[②] 关怀与社会相互存在，关怀不能没有社会，社会不能离开关怀，这是关怀品格下人与人自由交往的社会实践基础。“自由既是发展的首要目的，又是发展的主要手段。”[③]“人的生成性是在自由实践中体现和完成的。”[④] 由于人的不确定性，预示着人的实践的不可预设性。因此，人作为精神生命体，人与人之间的交往没有先天的既定的模式，依据具体的情境和具体的个人不断创新、不断超越人的现有存在，在实践中生成自我、完善自我，实现与他人的进一步自由交往。“关怀伦理并没有将道德生活的来源置于现实的人类互动之外”[⑤]，而是将其置于现实的人与人的关系中。正是基于此意义，关怀品格促进人与人之间的自由交往。

2. 增进人与人之间的协作关系

人的本质的社会关系总和规定性关注人与人之间的团结协作，使人习惯于遵守公共的社会生活，而不用强制和服从。“人的社会性在本质上指的是人与人之间的联合性和合作性，指人与人之间的平等友爱关系。”[⑥] 然而，现实社会中人与人之间存在对立冲突、自私自利、孤立屈辱的关系。关怀品格因其关系取向特征，使得个人与他人、个人和群体、个人与社会联合或整合，“能使人结合成一个有机的社会”[⑦]。为此，关怀品格有助于促进人与人之间的协作关系。其协作关系表现为满足人际交往的多层次需要和促进人际关系的认同。

（1）满足人们交往的多层次需要

人的需要是人的类本质，人不仅有自己的需要，人还会自己创造并满足自己新的需要。人的交往需要既包括人们间的物质交往需要，也包括人们间的精神交往需要。物质交往是人类的基本生存需要，精神交往是人们的高级需要或

---

① ［美］弗吉尼亚·赫尔德．关怀伦理学 [M]. 苑莉均，译．北京：商务印书馆，2014：136.

② ［美］弗吉尼亚·赫尔德．关怀伦理学 [M]. 苑莉均，译．北京：商务印书馆，2014：137.

③ ［印］阿马蒂亚·森．以自由看待发展 [M]. 任赜，于真，译．北京：中国人民大学出版社，2002：7.

④ 杨建朝．自由成“人”：人性视角的教育精神 [M]. 北京：中央编译出版社，2013：53.

⑤ ［美］内尔·诺丁斯．关心——伦理和道德教育的女性路径 [M]. 武云斐，译．北京：北京大学出版社，2014：17.

⑥ 韩庆祥．现实逻辑中的人：马克思的人学理论研究 [M]. 北京：北京师范大学出版社，2017：104.

⑦ 韩庆祥．现实逻辑中的人：马克思的人学理论研究 [M]. 北京：北京师范大学出版社，2017：112.

者说本质需要。马斯洛的人的五个层次需要，分别为生理需要、安全需要、感情需要、尊重需要和自我实现需要。前三种需要为低层次的需要，后两种需要为高层次需要。同一时期，一个人可能会有多种需要，但同时会有一种占支配地位的需要，对行为起决定作用。各种需要共同依存，高层次需要的发展，依赖于低层次的需要，低层次需要不会消失，只是对行为影响程度大大减小。关怀品格并不否定人们间交往的根本需求，相反，关怀品格承认人们间交往的物质利益需要，认同他人的物质基础是他人幸福的根本条件，感受他人的幸福也就需要承认他人的物质利益需要。"我们可以感受我们自己内心对他人的幸福或利益的欲望，他人的幸福或利益同样通过这种感情而变成我们自己的利益，而后我们出于仁爱和自我享受的双重动机而加以追求。"① 因为，关怀品格不能是脱离经济基础而虚在，关怀品格关怀的是现实人的存在。当然，关怀品格不能仅仅停留在物质需求等的低层次需要。尊重和自我实现的需要是人的精神的成长的层面，意味着新和变的生命真谛。精神的成长实质是变化自己，人的成长，即变化，是一种趋向，一种可能性的选择；而新的变化，就是"超越自己已经实现的状态，超越自己已经获得的自我，超越自己已经意识到的欠缺"②，从而趋向更加完善。自我实现其实也是作为一个具体的、有潜能、有能力的、独特的个体实现，是人们交往的最高层次需要，也是关怀品格的精神关怀和价值关怀层次。

（2）促进人际之间关系的认同

由于人的自然性，人和人之间存在差别、存在多种多样的需要、能力的限制，离开他人，人难以发展。关怀品格总是以关怀的态度对待人的平等权利。"没有人可以只为自己而活，无论其意愿。他所获得的能力，他的行动所表彰的善恶，都会在某种程度上给他人带来痛苦或快乐。"③ 这就是说在人与人的协作中，不同的人呈现不同的文化知识、智慧能力、交往方式、人格状态、道德理想、人生观、价值观，等等，而促进协作，就需要认同个体差异，包括人的平等、自由、尊严、价值、人格和主体地位，从而达成个人与他人的和谐一致。从本质看，人与人之间关系的认同，是对公平和互惠的道德追求，存在于多样的世界观中。关怀伦理学家赫尔德认为，人类无止境的情感、思想的努力，均

① ［英］休谟．道德原则研究 [M]. 曾晓平，译．北京：商务印书馆，2001：154.

② 金生鈜．规训与教化 [M]. 北京：教育科学出版社，2004：8.

③ ［美］夸梅·安东尼·阿皮亚．认同伦理学 [M]. 张容南，译．南京：译林出版社，2013：200-201.

指向于真实有效的道德品格的努力，将无穷多样的存在推向所有人都具有的、统一的理解、善、对等和人之真性情。关怀品格让人体验到人与人之间的善的需要，足以说明人与人关系认同力量的道德需要，必然使关怀品格成为人的需要。关怀品格是道德品质的构成部分，是良好道德习惯的内在驱动力，激发“一种与他人共存、为他人着想的情感”[①]。因此，关怀品格是促进品德形成的强大而持续的推动机制，促进人们追求道德品质，促进向善、和谐的人与人之间的协作。

二、关怀品格与社会发展

在某种程度上，“关心和爱是公共意义上的产物”[②]。现实社会需要“人类的相互依存和对关爱关系的需要”[③]，关怀伦理学提供了“人与人之间关系的一种思考与评价”[④]，以这些关系来发展道德上可以接受的社会。因此，关怀品格思量社会的发展，关怀品格的价值所在以关心形成一个社会实体。

（一）关怀品格表征社会文明

1. 文明的理解

“文明的”与野蛮相对立。“文明的”(civilized)，预示着“有教养的”(polished)。在原始社会虽然还未产生相关“文明的”的词汇，但是其实早已蕴藏“文明”(civilization)的存在了。《牛津阿拉伯语词典》中文明的词汇“玛达尼亚”(madaniyya)一词，它源于“麦地那”(madina)或城市，这里，文明等同于城邦；另一词“哈达拉”(hadara)，表达与游牧相对的定居观念；“塔玛敦”(tammadun)，源于“麦地那”，含有城市的意思，表达开化和教化。在穆罕默德迁往叶斯里布城（Yathrib）时，该城位于麦加北部，穆罕默德改其名为麦地那，“城市文明的近义词”——“塔玛敦”，便从此城市名而来。由此，可以看出文明的进步、进化、先进蕴意。

马克思和恩格斯把文明指称为人类生活的进步状态，是人类在生产活动过

① ［美］内尔·诺丁斯.关心——伦理和道德教育的女性路径[M].武云斐，译.北京：北京大学出版社，2014：15.

② 俞可平.幸福与尊严：一种关于未来的设计[M].北京：中央编译出版社，2012：112.

③ ［美］弗吉尼亚·赫尔德.关怀伦理学[M].苑莉均，译.北京：商务印书馆，2014：67.

④ ［美］弗吉尼亚·赫尔德.关怀伦理学[M].苑莉均，译.北京：商务印书馆，2014：67.

程中创造的一切进步成果，是人类社会不断进化的发展过程。第一，文明符合人类社会发展的客观状态，体现为进步与发展。第二，文明与人类社会的实践活动相伴随，表现为人类实践活动的产物和人类实践活动本身，它可以是物质形式的，也可以是精神形式的，并蕴藏于人的具体行为中。它实际是人类社会不断发展进步的过程，因此，并不是说："文明就是完善的同义词，是人类预先注定要通往完善的道路。"① 人类的实践活动推动文明向前发展。第三，文明是社会品质，具有社会属性。文明总是社会文明，每个社会均拥有所处社会的文明。由于人是社会关系的总和，文明的主体为人，人类的社会性决定了人类的文明性。

2. 社会文明的特征

文明具有如下两个基本功能："一种文明必须具有足以保持自身活力的动力机制。""这种文明还必须具有足以进行自身监护的免疫机制。"② 这意味着，文明必须具有创新力，同时文明还必须处于一个公正、和谐的社会和文化系统。"这就是说，文明是社会活动的产物，人类的社会性决定人类的文明性。"③

（1）社会文明的历史性

文明的界定本身就是一个历史范畴，它是离不开历史的产物。文明作为一个历史范畴来使用，标志人类进入阶级社会以后的时代即文明时代。文明是人类在物质生产、劳动实践，改造自然、社会建设的过程中产生的积极进步成果。通常情况下，人们认为原始社会不存在文明，但却蕴含着文明。事实上，每一历史发展阶段都存在不同的文明成果，如，西方的古希腊文明、文艺复兴、工业革命，我国的四大发明、改革开放、人类命运共同体等。当然，每一阶段的文明都是建立在前一阶段已有的文明成果的基础上，当前阶段的文明是前一阶段文明的继承和发展。建设当前的文明不能否定以前的文明成果的作用，当前的文明是对以前文明成果的积极扬弃，符合当前时代社会的发展规律和要求。

（2）社会文明的实践性

社会文明是社会实践的产物，社会文明从属于社会实践范畴。社会实践包含人类的生产实践、生活实践、交往实践等。生产实践从事物质产品生产，既包括改造自然环境、利用自然资源的实践，也包括从事社会环境、社会技术等

① ［奥］西格蒙德·弗洛伊德．论文明 [M]. 徐洋，译．北京：国际文化出版公司，2000：90.
② 赵汀阳．论可能生活 [M]. 北京：中国人民大学出版社，2010：197.
③ 邵鹏．文明形态理论研究 [M]. 北京：中国言实出版社，2015：191.

方面的实践。社会文明的生产实践，必然是可持续发展的实践。生活实践是人们在日常消费和享受中的实践活动，体现一个人的消费观念、消费思维、消费模式和消费价值观，社会文明倡导人们绿色消费、文明消费，既是资源的文明利用，也是人们精神文明的一种体现。交往实践、交往思想或意识的不同，影响着人们的交往方式。以消耗能源为取向的方式，还是以绿色理念为取向的方式，会极大影响社会的发展状态。社会文明倡导人们之间的交往是文明交往，促进社会进步。

（3）社会文明的价值性

文明是人类在改造自然、改造社会和改造自身的生产生活实践活动中成就的积极成果，是社会进步的一切总和。人们在进行客观世界改造的同时，主观世界也必然得到改造，也就是说人的精神世界也得以发展，并进一步促成社会的精神生产和人的精神生活的进步，形成精神文明。它主要表现为教育、科学、文化知识的丰富和发展以及人们思想、政治、道德的提高。

（4）社会文明的先进性

社会文明是社会进步的一种状态。文明与蒙昧、野蛮和落后相对，它是人类社会发展到一定阶段的进步状态，从某种意义上说，人类的历史本质上是一部文明的发展史。

3. 关怀品格的社会文明内涵

关怀品格属于道德品质范畴，是一种榜样品格。“人们总是特别信赖和仰慕拥有善良和伟大品格的人，人们以他们为榜样，争相模仿，每一个人都受到他们的鼓舞。”[①] 为此，我们对一个人的赞许或责备，是由于品格在与他人交往时对他人产生的影响，而不基于他们之间关系的亲近或疏远，更不因个人的利益。“如果一个人具有自然地倾向于有益于社会的一种性格，我们就认为他是善良的，即使在观察到他的性格时就令人愉悦。”[②] 也就是说，有助于发现并促进他人幸福的品格，能让人愉快，并引发敬爱。因此，关怀品格属社会文明品质。而判断一个人的品格，“被大家公认的同一的快乐或利益，是那个人自己的快乐或利益，或与他人交往所感受的快乐或利益”[③]，他人与自我利益或快乐一致，也是关怀品格的社会文明内涵。为此，关怀品格的社会文明蕴含他人利益与自我

① [英]塞缪尔·斯迈尔斯.品格的力量[M].文轩，译.北京：中国书籍出版社，2017：12.
② [英]休谟.人性论[M].关文运，译.北京：商务印书馆，2016：622.
③ [英]休谟.人性论[M].关文运，译.北京：商务印书馆，2016：630.

利益的统一，他人幸福与自我幸福的融合，是和谐文明的建设。以下把社会文明分为工业文明和人类文明的全面发展，以此阐述关怀品格的社会文明内涵。

（1）关怀品格促进工业文明

关怀品格作为一种社会品质，有助于促进工业文明。人类在工业现代化发展的过程中，引发环境污染、资源浪费、局部地区矛盾加剧，这些均与工业文明相背离。恩格斯指出："我们决不像征服统治异族人那样支配自然界，决不像站在自然界之外的人似的去支配自然界——相反，我们连同我们的肉、血和头脑都是属于自然界和存在于自然界之中的。"①即是说,工业的发展需要人类认识和正确运用自然规律，明晰人与自然的和谐相处。关怀"培育社会凝聚力和协作力"②，关注人类的相互依存。关怀品格促进工业文明，把工业发展与生态规律相结合，是更高层次的人类文明。这一社会文明建构需要的生态学、环境学、资源学等学科正是在以前自然科学基础上形成，同时增添了新内容，强化了新的伦理取向，如基本上消除了工业革命时代的环境问题，遵循生态规律发展生态产业和绿色经济，发展电子信息、服务等生态产业，实现资源的循环、高效利用。

（2）关怀品格推进人类文明的全面发展

关怀品格为人类文明的全面发展提供道德保障。人类文明的全面发展包括物质文明、精神文明、政治文明、社会文明和生态文明并存的文明形式。关怀品格为物质文明提出诉求。任何文明的建设均立基于生产力高度发展、物质财富极大丰富的基础之上。当前我国以经济建设为中心，大力发展生产力，物质文明有了长足进步，我国目前的主要矛盾已变为人民日益增长的美好生活需要和不平衡不充分的发展之间的矛盾。当然这一切的成果和进一步的物质丰富与社会的协调发展离不开人的品格提高。关怀品格是精神文明的构成部分。精神文明的两个方面任务：一是思想品德教育。包括理想信念教育与正确的世界观、人生观和价值观的树立，营造友善、团结、向上的社会环境和氛围，建设物质文明和政治文明的精神支撑力量；二是科学文化建设。科学技术不仅是第一生产力，而且是形成科学精神的基本源泉。关怀品格为人类文明提供精神动力和智力支撑，通过科学文化建设培养人才、提高劳动者素质，切实促进精神文明建设的提高。关怀品格有助于提升政治文明。"关怀思考比之正义思考提供了一

① 马克思恩格斯选集（第三卷）[M]. 中共中央马克思斯恩格斯列宁斯大林著作编译局编译，北京：人民出版社，2012:998.

② [美]弗吉尼亚·赫尔德. 关怀伦理学[M]. 苑莉均，译. 北京：商务印书馆，2014：21.

个更有成果的基地来决定社会应当怎样被建构。”① 关怀品格从道德品质的角度，有效地调动政治文明建设的积极性、主动性和创造性，引导社会的思想、政治行为，确保人们享受社会文明的成果。关怀品格构建人类文明的核心内容是社会文明。党的十六届三中全会提出以人为本，坚持经济、政治、文化全面协调和可持续发展，对我国的物质、政治、精神建设的新要求，实质是构建文明社会的需求。关怀品格建设人类文明的重要构成要素是生态文明。生态环境的改善，人与自然的和谐关系的重建，仍然是人类面临的重要课题。尤其是在建设物质文明的过程中，合理利用和改造自然，自觉保护自然环境，统筹人与自然的和谐发展，建设良好的生态环境，增强可持续发展的能力，才能够建成一个环境、经济、社会生态发展的可持续的社会文明。

（二）关怀品格彰显社会和谐

“关怀培养相互信任和关怀延续合作的纲领的社会秩序。”② 关怀品格展现社会的和谐状态。

1. 和谐的关怀特质

和谐凝聚了诸种价值理念和善的意蕴，表达着人类对自然生存环境和状况的价值取向和道德设定；和谐体现着人与各种关系的理想状态追求，是现实关系的合理状态，是人与人之间的关系、人与社会之间的关系的融合互补、和平共处的状态和发展过程。从本质来看，和谐是一种道德价值范畴，和谐自身也需要道德的支撑和保障；从现实看，和谐不能自动生成或自发实现，它的实现需要人们的道德努力和坚持，它的维护需要人们持续的付出和奉献，甚至节制和忍耐；从价值看，和谐的道德价值具有永久性和持久性，甚至为此付出及牺牲某些利益。当然，这并不意味着和谐仅存同一，而不存差异，事实上，和谐是差异和同一的统一。差异和同一是和谐内部永存的矛盾，差异是恒常的，同一是暂时的，而真正的和谐中差异的矛盾斗争也是在和谐范畴中斗争，是为了和谐的进一步更新和提升，体现为各种因素和诸种关系的共存共融共建。关怀品格是既尊重个体差异，又注重人与人之间和谐关系的道德品质。因此，和谐具有关怀的特质。

① [美]弗吉尼亚·赫尔德.关怀伦理学[M].苑莉均，译.北京：商务印书馆，2014：24.

② [美]弗吉尼亚·赫尔德.关怀伦理学[M].苑莉均，译.北京：商务印书馆，2014：244.

2. 社会和谐的时代语义：关怀品格的善

“关怀的关系在任何地方都被看成是最基本的善。”[①] 新时代的社会和谐内涵是人与自身、人与人、人与社会和人与自然的关系和谐，是关怀品格善的体现。

（1）关怀人与自身的和谐

关怀首先学会自我关怀，“当我们学会了怎样关怀自己时，我们就能敏锐地看待他人的关怀”。[②] 因此，关怀品格首先是关怀人与自身的和谐，这是社会和谐的时代语义之一。

人是感性的、个别的、对象性的存在物，同时又作为普遍的、理性的存在物。首先，关怀品格促进人与自我机体的内在和谐。人依赖自我的器官感觉的丰富性，人与自我身体构成的有机和谐，是人基于自身的视觉、嗅觉、触觉、味觉、听觉等基础建构的和谐。“人与自我的和谐要求人正确认识自我，积极提升自我，不断完善自我。”[③] 客观评价自我，不高估自己的才能，也不消极处世，以积极态度对待自己和困难，对待生活与处世。其次，关怀品格促进人与自我机体的外在和谐。马克思说：“人对自身的关系只有通过他对他人的关系，才成为对他来说是对象性的、现实的关系。”[④] 即信赖自身的有机构成，合理选择或从事对象性活动。当前社会的竞争压力，产生人与自我分离的现代病症，人们身心俱疲，然而又置之不理，从而造成自残、自杀现象日益增长；价值观的不正确，导致物欲膨胀、攀比心态，身心健康下降、失衡。实质上，“自我是一种关系。它是在与世界上的他我、与事物及事件相遇的过程中建构起来的”[⑤]。自我关系，并不排斥自我利益与他人利益，为他人做事增进双方的关系，我同时也为自己做了事。即关怀自我，本质包含了对他人的关爱，促进了社会和谐。

（2）关怀人与人的和睦融合

“关怀伦理的核心伦理目标就是建立、维系和增进关怀关系。”[⑥] 因此，关怀

---

① ［美］内尔·诺丁斯．培养有道德的人：从品格教育到关怀伦理 [M]. 汪菊，译．北京：教育科学出版社，2017：106.

② ［美］内尔·诺丁斯．培养有道德的人：从品格教育到关怀伦理 [M]. 汪菊，译．北京：教育科学出版社，2017：35.

③ 王泽应．马克思主义伦理思想中国化最新成果研究 [M]. 北京：中国人民大学出版社，2018：261.

④ 马克思恩格斯选集（第一卷）[M]. 中共中央马克思斯恩格斯列宁斯大林著作编译局编译，北京：人民出版社，2012：59.

⑤ ［美］内尔·诺丁斯．始于家庭：关怀与社会政策 [M]. 侯晶晶，译．北京：教育科学出版社，2006：111.

⑥ ［美］内尔·诺丁斯．始于家庭：关怀与社会政策 [M]. 侯晶晶，译．北京：教育科学出版社，2006：20.

品格关怀人与人的和睦融合，这是社会和谐的时代语义之二。

人的最大需要是人，人离不开人，人因人而成为人。为此，关怀品格实现人与人的和谐，以关爱至善作为处理人与人关系的基本准则，以公平公正作为人与人之间关系的衡量标尺，以全社会的凝聚力创造社会和谐。人与人相逢、相处，以关心、支持才能形成团结和谐的良好局面，不为个人利益，排斥他人，产生摩擦；增进人与人之间的关系，需要宽容之基础，以宽容胸怀待人，求同存异，正视和宽容他人的缺点和不足。当前的多元社会，人与人之间的关系日益市场化、世俗化，人们往往以理智取代情感，以利润得失来衡量、计算和处理人际关系，导致人与人之间关系的情感冷漠、关系疏远，阻碍了人们对幸福的追求。事实证明，现实社会中，人与人之间无法回避关系的存在，人与人之间的关系包括性别关系、老幼关系、亲情关系、同事关系、朋友关系、熟人与陌生人之间的多种关系存在。人与人之间关系相处融洽，身心愉快，工作效率提高，创新火花迸发，生活幸福；人与人之间关系冷漠或冲突，心情抑郁，生活、工作毫无动力和效果。因此，关怀的人际关系，关涉民生幸福和社会融合。强调宽容待人，并不意味着一味逢迎他人思想观点，舍弃自己的合理观点和行为，无原则迁就他人。现实中为避免伤人和气或表现自己的宽容之心，而一味迁就、和稀泥，甚至随大流，实质是对人与人和睦相处的曲解，走向宽容待人的另一极端。人与人的和谐相处，是在了解对方言行情境和心态背景下，把自己尽量置身于对方现状，进行分析和选择，避免主观臆断、一厢情愿地思考、分析、解决问题，尽可能寻找双方最合理、最优秀的解决方案。儒家思想强调人际关系和谐，仁爱、爱人，己所不欲，勿施于人，等等，均体现儒家思想的仁义道德准则。现实社会中倡导相互尊重、团结合作、友爱互助的精神，是建设乐善好施、仁义礼信、扶弱济困的和睦人际关系的根本要求。“伦理自我使我天然地与他人联系，让我通过他人与自己重新联系”。[①]

（3）关怀人与社会的和谐

“一个关爱的社会要照料其成员之间社会关系的健康发展，而不是主要促进对个人的自我利益几乎无限的追求。”[②] 因此，关怀品格就是关怀人与社会的和谐，这是社会和谐的时代语义之三。

人与社会的和谐是人与人关系和睦融合的提升。人与社会的和谐实质是个

① ［美］内尔·诺丁斯．关心——伦理和道德教育的女性路径［M］．武云斐，译．北京：北京大学出版社，2014：34.

② ［美］弗吉尼亚·赫尔德．关怀伦理学［M］．苑莉均，译．北京：商务印书馆，2014：217.

人利益和社会利益的整体融合，社会能够且持续满足个人的利益诉求，个人能从社会整体利益出发承担相应的责任和义务。一方面人是社会的构成要素，人不能脱离社会而存在，人是社会存在中的现实的人，社会的存在和发展是人生存和发展的根基和条件。假若没有人的存在，社会就不复存在，更不会有社会的和谐发展。另一方面，人还是社会存在的主体，是社会活动和社会关系的承担者与支配者，是社会发展的最终目的。人的能动性、创造性、生产性和发展性是社会进步和发展的持续不断的动力。为此，社会的和谐问题归根究底是人的问题。关怀品格关怀人与社会的和谐：一是关怀人与阶层的和谐，是经济、政治、文化地位不同的人们形成的不同阶层之间的和谐；二是关怀人与社会组织之间的和谐，是政党、机构、集团和非正式组织之间的和谐；三是关怀人与社区之间的和谐，是发达、欠发达与不发达地区之间的和谐，是少数民族聚居区和汉族聚居区之间的和谐；四是关怀不同职业之间的和谐，是不同领域部门之间的和谐；五是关怀“五位一体”的和谐，是政治、经济、文化、社会和生态发展之间的和谐，主要为政治文明、经济文明、精神文明、社会文明和生态文明之间的和谐关系。要实现人与社会的和谐：首先，关注社会的物质和精神发展。以此促进社会在公平、公正的条件下为个人的生存和发展提供必要的物质和精神条件，共享社会发展进步带来的成果，进一步实现个体潜能和价值。其次，提升个人的精神品质。个人的发展和贡献是社会发展的保障，每个人均应承担应有的责任和义务，那种只单向索取，不回报贡献的个人，不仅不能促进社会的发展与进步，相反，如果这类人群超过一定限度，社会就会停滞不前，甚至倒退，个人也就失去得以生存和发展的土壤。个人与社会只有实现双方的良性互动，双方的利益才能维护，双方的和谐关系才能维系。“关怀伦理学以一种新的视角来理解人与人、人与社会的关系。”① 社会需要“有足够的关怀使人的生活繁荣发展”。②

（4）关怀人与自然的和谐

诺丁斯认为，“基于关系的伦理维度也存在于动物、植物、事物和观念中”③。因此，关怀品格关怀人与自然的和谐，这是社会和谐的时代语义之四。

自然作为人类生存和发展的物质基础。为此，我们既要关爱人类，又要爱

① [美]弗吉尼亚·赫尔德.关怀伦理学[M].苑莉均，译.北京：商务印书馆，2014：67.

② [美]弗吉尼亚·赫尔德.关怀伦理学[M].苑莉均，译.北京：商务印书馆，2014：116.

③ [美]内尔·诺丁斯.关心——伦理和道德教育的女性路径[M].武云斐，译.北京：北京大学出版社，2014：118.

护自然，在维护人类利益的同时，维护自然的生态平衡，保障社会系统和自然生态系统的和谐发展。自然环境是人类生存和发展的必备基础条件，人与自然的和谐共处是人类经过慎思后作出的理性选择。至此，恩格斯感叹："特别自本世纪自然科学大踏步前进以来，……人们就越是不仅再次地感觉到，而且也认识到自身和自然界的一体性，那种关于精神和物质、人类和自然、灵魂和肉体之间的对立的荒谬、反自然的观点，也就越不可能成立了。"[①] 在人类发展的过程中，人类经历了崇拜自然、征服自然和协调自然的阶段。在原始社会，因生产力水平极其低下，可归结为崇拜自然的阶段。而在奴隶社会、封建社会，生产力水平仍然不高，自给自足的自然经济占主导地位，出现开荒毁林等破坏资源环境的现象，但总体仍处于崇拜自然的时期。进入资本主义阶段，随着生产力不断发展，环境污染、资源短缺、城市拥堵、生态失衡等一系列问题，困扰着人类的生存和发展，迫使人类反思自己与自然的关系，遵循自然规律，合理利用自然，与自然长期和谐相处，希冀人类与自然的共同发展。因此，关怀人与自然的和谐共存，成为新时代的主题。党的十八大以来，习近平总书记提出"绿水青山就是金山银山"；当前国家采取的一系列措施，如经济中速高质量增长、参与全球气候治理等，均表明当前我国处于人与自然相协调的阶段。由此，关怀人与自然的和谐涉及社会的全面、协调发展，是人类走向自由王国的必由之路。

3. 关怀品格树立社会和谐的道德观

和谐承认物质的多样性、文化形式的多元化、社会生活的丰富性，将多样性、丰富性的和谐并存视为常态，崇尚自然自身的和谐、人与自然的和谐、人与社会的和谐。当前，社会和谐已扩展至全人类的共同福祉，摒弃单向的价值取向，相互借鉴、相互学习，在多元文化中建立一种团结他者的和谐精神，为世界人类的生存、和平提供一个新平台。也就是说，和谐联结的是相互依存的社会关系，"全面的关系伦理强调的是道德方面的相互依存性"[②]。因此，关怀品格有助于树立社会和谐的道德观，包括差异同一的道德观、共生共存的价值观和互利合作的道德规范。

---

① 马克思恩格斯选集（第三卷）[M]. 中共中央马克思恩格斯列宁斯大林著作编译局编译，北京：人民出版社，2012：998–999.

② ［美］内尔·诺丁斯 . 培养有道德的人：从品格教育到关怀伦理 [M]. 汪菊，译 . 北京：教育科学出版社，2017：10.

（1）树立差异同一的道德观

“关怀理论拒斥唯自律的道德观点，接受道德相互依赖的现实，现实中每一个体的善与生长不可避免地与他人的善与生长联结在一起。”[①] 这里的“唯自律”并不否定自律，同样地，关怀品格关心与他人的联结，趋向同一。“同一性是依靠类似关系、接近关系、因果关系中的某几种关系，……，沿着一连串关联着的观念不间断进行而产生的。”[②] 因此，关怀品格有助于树立差异同一的新时代道德观。即承认各国的文化传统、社会体制、政治制度、价值观念和发展道路的差异，不同文明、制度、文化相互包容、相互尊重、取长补短，宽容各自的差异。从关怀品格的价值取向看，消解差异作为解决冲突和矛盾的根源，成为各国相互借鉴和融合的动力。存在差异，各国才能相互借鉴、相互包容、共同提高、共同发展；强求一致，文明滞长，社会则僵化衰落。

（2）树立共生共存的价值观

“道德关怀总是致力于建立、修复或完善关系。”“激发关怀的是与他人共存、为他人着想的情感。”[③] 因此，树立共生共存的价值观，是你中有我，我中有你，彼此共同成长进步。新时代共生共存的价值观是对人类命运共同体的理性理解，接受双向、多向、多元的价值观念。面对经济困难，携手共生共赢的和谐自觉进步；面对生存环境资源的破坏，呼吁共生共赢的和谐增进行动；面对国家间的利益争执，亟需共生共赢的和谐促进魄力。正如弗洛姆所言：“一起行动、一起发展、一起工作。”[④]

（3）树立互利合作的道德规范

关怀品格意味着平等待人，平等“意味着任何人都不是实现他人目的的工具，大家都是平等的，因为人人都是目的而且仅仅是目的，而绝不意味着互为手段”[⑤]。因此，关怀品格有助于树立互利合作的道德规范。互利是关注各方利益，促进各方利益，是关怀品格的基本规范和基本要求，是关爱关系得以延续和发展的内在动力。合作是联合各方的分散力量，以团队提高工作效率。国与国之间只有超越彼此的纷争，聚焦双方的共同利益，才能得以应对各种挑战，实现互惠的良性驱动。对于关怀品格而言，人与人之间、人与社会之间的平等

---

① [美]奈尔·诺丁斯．教育哲学[M]. 许立新，译．北京：北京师范大学出版社，2017：214.

② [英]休谟．人性论[M]. 关文运，译．北京：商务印书馆，2016：287.

③ [美]内尔·诺丁斯．培养有道德的人：从品格教育到关怀伦理[M]. 汪菊，译．北京：教育科学出版社，2017：15.

④ [美]艾里希·弗洛姆．爱的艺术[M]. 刘福堂，译．北京：人民文学出版社，2018：105.

⑤ [美]艾里希·弗洛姆．爱的艺术[M]. 刘福堂，译．北京：人民文学出版社，2018：18.

关系，是人与人之间、人与社会之间爱的交换，如果你想得到他人的关爱，你就应关爱他人。“达到人际间的协调和我与另一个人融为一体，在于爱。”“没有爱，人类便不能存在。”[①]

（三）关怀品格促进社会正义

正义属于道德范畴的善。“正义涉及道德上合宜地、正当地对待人。”[②] 其中，道德合宜依据人的基本权利和义务恰当分配善事物，并基于制度保障实现人的基本权利和义务，从而为实现人的良好生活和发展提供根本条件。因此，正义一方面促进和保护公共善，另一方面根据每个人天赋的自然权利而赋予每个人应该平等拥有的社会善。社会正义确保个人基本权利的制度原则，包括社会的制度、体制等旨在建构和谐、文明、道德等良好秩序的社会；同时确定每个人自由的限度，包括对个人、社会、自然在理念和思想等方面的正当行为原则。“正义指向人的自然权利的保护，是人类社会的实在善。”[③] 因此，社会正义是一种根本的实在善，其本身就是善。根据每个人天赋的自然权利赋予每个人应该拥有的尊严、权利、义务、发展、幸福，为每个人的生存、发展提供平等、公正的资源、环境、制度，保障每个人拥有追求美善生活的品质养成、能力发展、个性卓越的基本条件。正义意味着个人获得平等公正对待。社会正义要求道德正当对待每一个人，不仅基于社会的需要，而且基于人的机体本质，基于人的自然权利。基于此视角，社会正义是每个行动主体的义务，或者说国家和社会都应当正当善待每一自然人。正当、平等对待意味着充满善意，以人的本质方式尊重人的尊严，促进人的精神健康发展，实现人的幸福旨意。正义与善相互联系。“关怀之内必须要发展正义。”“对于充分合理的道德性而言，正义是至关重要的。”[④]

关怀与正义相互依存。“关怀伦理与正义相互协作。”[⑤]“尊重人权和正义的原则是以某种程度的人与人之间的关爱关系为前提的。”[⑥] 关怀是正义的前提条件，正义离不开关怀。“倘若没有正义仍然可以有关怀，但倘若没有具有价值的关怀

---

① [美] 艾里希·弗洛姆．爱的艺术 [M]. 刘福堂，译．北京：人民文学出版社，2018：21.
② 金生鈜．教育与正义——教育正义的哲学想象 [M]. 福州：福建教育出版社，2012：6.
③ 金生鈜．教育与正义——教育正义的哲学想象 [M]. 福州：福建教育出版社，2012：7.
④ [美] 弗吉尼亚·赫尔德．关怀伦理学 [M]. 苑莉均，译．北京：商务印书馆，2014：234.
⑤ [美] 弗吉尼亚·赫尔德．关怀伦理学 [M]. 苑莉均，译．北京：商务印书馆，2014：246.
⑥ [美] 弗吉尼亚·赫尔德．关怀伦理学 [M]. 苑莉均，译．北京：商务印书馆，2014：210.

也就不可能有正义。”[①] 关怀是正义的基础条件。“正义也来自我们对同胞利益的关心。”[②] 关心的目的在于为人类建立一个正义的社会，关怀情感、关怀想象力、借助感情分析他人内心等，都将有助于促进社会的正义。人都无法离开自我利益的取向，尤其是在与他人相处中，给予亲人、朋友以更大的关爱，这往往与正义取向相互抵触，这种感情的偏私会引发社会利益的不稳定性。“如果每一个人对其他人都有一种慈爱的关怀，……那么作为正义的前提的利益计较、便不能再存在了。”[③] 如果“每个人对每个人都有像对自己的那种慈爱的感情和关怀，那么人类对正义和非义也就都不会知道了”。[④]

关怀品格促进社会正义。正义初义旨向分配正义，分配正义包含生存和发展环境条件的提供和分配。生存多旨在生理、安全等方面的物质条件，发展多意指精神向度的环境条件，而这一切环境的创造离不开外在好事物的支持，这些好事物是我们实现良善社会的必要条件。良善社会的实现需要工具性或显性的善，而这些外在善必定服务于个人主体。关怀品格与社会正义具有重要的相关性。关怀品格在物质关怀和精神关怀两方面促进社会正义。物质关怀是实现社会正义的手段，精神关怀是目的善。物质关怀是追求和实现善的生活和理想人格的基础条件，构成社会正义的必需的善事物。它是物质条件因素，虽然不构成社会正义本身，然而对社会公平、平等的追求和理想的实现起着支持作用。手段善虽不属其构成部分，然而却是必不可少的。缺乏手段善，社会现实不可能完满，正义的社会实践可能遇上重重困难，对正义的社会的期望可能会降低，人的成长会受到困扰。对于公正的善的社会的实现与发展，对于人的精神成长来说，有些手段善可能是根本，缺乏这样的手段善，任何社会正义都难以实现。精神关怀是人的本质关怀，人之品格的自我实现，蕴含社会精神气质的高尚，社会心理的健全，引导人的灵魂更高尚、更有德性，引导人们向更有价值、更优秀的高度提升。关怀品格对社会正义具有以下两方面的具体作用。

1. 有助于实现权利公平

“公平意味着每一位公民都能具有受到平等关心和尊重的权利。”[⑤] 艾德勒认

---

① ［美］弗吉尼亚·赫尔德．关怀伦理学［M］．苑莉均，译．北京：商务印书馆，2014：214.

② ［美］迈克尔·L．弗雷泽．同情的启蒙：18 世纪与当代的正义和道德情感［M］．胡靖，译．南京：译林出版社，2016：40.

③ ［英］休谟．人性论［M］．关文运，译．北京：商务印书馆，2016：531.

④ ［英］休谟．人性论［M］．关文运，译．北京：商务印书馆，2016：531-532.

⑤ 王泽应．马克思主义伦理思想中国化最新成果研究［M］．北京：中国人民大学出版社，2018：271.

为公平体现在以下两个方面，“第一种是平等对待的权利，它是对某些机会、资源或负担的平等分配的权利”，“第二种是作为一个平等的人而受到平等对待的权利，它不是一种获得某些负担或利益之同等分配的权利，而是一种同任何其他人一样受到同等关心和尊重的权利”①。第一种平等体现的是人之生存之本，是人之尊严；第二种平等是人之为人的根本，是第一种平等的派生。要想在现实中作为平等的人受到关心和尊重，离不开道德他人的存在。对人之地位、价值和尊严的关心、尊重与对待人的公平正义相交织，关怀有助于正义价值的实现。机会公平是一切机会向所有人开放。共享的机会公平，一切社会成员都拥有相同的发展机会；差别的机会公平，社会成员生存和发展的机会不是完全相等，会出现不同程度的差异。也可体现为现实中的形式公平、由法律规定的机会平等、实质公平。现实社会所能实现的机会公平，是对形式公平在现实中的实现程度。推进机会公平，不仅意味着一切机会向所有人开放，而且蕴含着所有公民平等地参与竞争和发展的机会均等，人的主观能动性和创造力得以平等对待和充分发挥的机会。一个人的政治、经济和社会地位不能约束或限制一个人的发展机会，其差别来自个人的努力和自主能力。同时机会公平的实现，有助于阶层人员的流动，有效减少社会怨恨程度，促进社会的健康公平正义建构，和谐社会得以实现。关怀品格关注和承认人与人的差异、社会的具体情境，其尊重差异实质体现其对平等和公正的追求，追求生命的权利与尊严的平等。

2. 有助于实现程序正义

程序正义是在公平实现过程中，规则的平等对待、一视同仁。而不能超越规则，甚至潜规则，搭便车，导致权利公平和机会公平的沦丧。制定公平规则，执行公平规则，把一切人都纳入规则体系内，个人与个人之间、个人和群体之间、群体与群体之间以规则相处。规则公平要求社会运行规则本身合乎理性，符合社会发展规律，反映时代进步要求，实现最广大人民的利益，符合公平正义。这一切均体现为关怀品格的道德规范、道德规则、道德实效的体系中。

关怀品格促进社会正义。社会正义主张平等、公正对待个人，维护社会秩序。然而事实上个人行为存在着重大差别，因而关怀品格从道德上以差异化的方式对待具体的人。“‘社会正义’主张者要求人们‘经由对社会的人格化思考而把社会认做一个拥有意识心智并能够在行动中受道德原则指导的主体’。”② 不

① Ronald Dworkin.Taking Rights Seriously.Cambridge,MA:Harvard University Press,1977:227.

② 俞可平．幸福与尊严——一种关于未来的设计 [M]. 北京：中央编译出版社，2012：86.

正义在多方面危害公共福利：降低信任，增加焦虑，破坏秩序，增加冲突，而且在某些特殊情况下，增加暴力。因为爱、关心、团结的意义恰在于如何减少匮乏与冲突，平衡人与人之间的权利和责任。“我们知道，人们在更为平等的社会中比在不平等的社会中会对别人赋予更多的信任和关心；公众对关爱和团结的尊重不仅影响政府，同样影响亲密的实践。”[①]“正义有助于建立一种完善的和谐与协作。”[②]

三、关怀品格与自然发展

“自然界，就它自身不是人的身体而言，是人的无机的身体。”[③]没有自然界，也就没有人的无机界，没有人的感性外部世界，从而不存在健全的人。关怀品格对自然界的价值体现于两个方面：一是引导人的生存活动，提升人的生存品质；二是为现实的人提供感性的活动方式或手段，帮助人与自然世界建构关爱关系的媒介。人的感性建立了人与自然界的对象性关系，人改造了自然界。人们遵循自然规律，改造自然界，同时，创造着人自身，即肉体、思维和社会关系。“所谓人的肉体生活和精神生活同自然界相联系，不外是说自然界同自身相联系。”[④]人类自始至终都离不开自然界，人类的物质生存与价值发展均依赖自然界。现实中人类的生产活动无意识地而不是有目的地破坏自然界，许多自然问题确实因人类的创造性活动引发。关怀品格有助于树立人类生态理性的自然发展价值观，促进人与自然界的共生共存发展。

（一）树立生态理性的自然发展价值观

1. 关怀自然界的客观生态存在

关怀品格理解、尊重、关心自然界的客观存在。自然界为人类提供生存和发展的前提或必要条件。人的肉体生活和精神生活均与自然界相联系，人是自然界的延伸与自然界是人的延伸，或者说人是自然界的有机体与自然界是人的

---

① 俞可平．幸福与尊严——一种关于未来的设计 [M]. 北京：中央编译出版社，2012：117.

② [英] 休谟．人性论 [M]. 关文运，译．北京：商务印书馆，2016：528.

③ 马克思 .1844 年经济学哲学手稿 [M]. 中共中央马克思斯恩格斯列宁斯大林著作编译局编译，北京：人民出版社，2018：52.

④ 马克思 .1844 年经济学哲学手稿 [M]. 中共中央马克思斯恩格斯列宁斯大林著作编译局编译，北京：人民出版社，2018：52.

无机界。一方面，自然界给人类提供生存和发展的场域；另一方面，自然界还给人类提供生存和发展的资源。关怀品格关怀自然界的客观生态存在，体现为：关怀自然生命的存在和关注自然生命的超越。

（1）关怀自然生命的存在

自然界是生命的存在。自然界与其他世界的最大区别是自然生命意义的存在。某种意义说，自然界是“生命”的代称。而自然界的生命包括了人类之生命和生物之生命两大类。生物之生命是人类之生存和发展的基本条件，人类之生命又是生物之生命的一部分。

首先，关怀人的自然生命存在。自然界是人的自然生命存在。“身体感受是生命情感的基础，排斥身体及其感觉，只可能培育出虚幻的生命情感。”①由此，关怀品格首先是身体之在，以身体的生命情感为出发点，通过感性的身体触觉，实现对个体丰富生命样态的真实的感性把握。关怀品格有助于调动身体的触觉、嗅觉、味觉、视觉、听觉，系统感知自我、他人的生命样态，并延伸至外在的多姿多彩、声色形俱全的真实环境，唤起人们对外在世界的美好感受，延伸内在真实生命情感。“人靠自然界生活。这就是说，自然界是人为了不致死亡而必须与之持续不断进行交互作用过程的、人的身体。”②

其次，关怀人的生存环境。自然界是人类的生存环境，这是自然界的外在功用价值。“一个存在物如果在自身之外没有自己的自然界，就不是自然存在物，就不能参加自然界的生活。一个存在物如果在自身之外没有对象，就不是对象性的存在物。一个存在物如果本身不是第三存在物的对象，就没有任何存在物作为自己的对象，就是说，它没有对象性的关系，它的存在就不是对象性的存在。”③人自身属于自然机体存在，恩格斯认为人类的肉体、头脑和鲜血都属于自然界，存在于自然界之中。因此，关怀人的生存环境，关涉自然界的生态存在，关注生物和环境的整体性或系统性，意味着人类“成功地利用自然来促进人类的利益，而这又意味着找到了解决生态问题的办法”④。

① 刘铁芳．走向生活的教育哲学 [M]. 长沙：湖南师范大学出版社，2005：170.

② ［德］马克思．1844 年经济学哲学手稿 [M]. 中共中央马克思斯恩格斯列宁斯大林著作编译局编译，北京：人民出版社，2018：52.

③ ［德］马克思．1844 年经济学哲学手稿 [M]. 中共中央马克思斯恩格斯列宁斯大林著作编译局编译，北京：人民出版社，2018：103-104.

④ ［英］乔纳森·休斯．生态与历史唯物主义 [M]. 张晓琼，侯晓滨，译．南京：江苏人民出版社，2011：43.

（2）关怀自然生命的超越存在

人在本质上是自然的，属于自然界的一部分，无论是肉体还是精神生活都与自然界密切相关。一方面人的自身机体构成具有自然性，人生活于自然界中，人为了生存、发展必须遵从自然界的规律支配；另一方面人要超越自然界，由于人的理性和精神的趋向，人的思想崇尚自由。为此，人既为自然界的一部分，又置身于自然界之外，超越自然界。关怀人的自然生命的超越存在，也就是关怀人的精神之追求。关怀品格认同自然生命世界的客观存在，至少在某种程度上，不会以主观破坏的理念和方式与自然界相处，能心怀善意对待自然界，尊重自然界的客观实在性。现代伦理学奠基人阿尔贝特·施韦泽提出了“敬畏生命”的伦理原则：“善是保持生命、促进生命，使可发展的生命实现其最高价值。恶是毁灭生命、伤害生命、压制生命的发展。这是必然的、普遍的、绝对的伦理原则。”①具有关怀品格之人无疑以尊重生命、爱护生命的方式关怀自然界的客观实在，实现了人对自身自然生命的超越。

2. 关怀自然界的生态发展

随着社会的现代化，人类对自然界的征服活动向广度和深度迈进，除去物质生活之外，精神生活方面也逐渐统治自然界。我们应彻底摒弃“人类中心主义”观念，改变占有、掠夺的人与自然界关系的错误立场。那种把人与自然界看作纯粹的主客体关系的观点，只会让人与自然界变为改造与被改造、征服与被征服的关系，自然界所具有的规律性、客观性则消失。“只有在社会中，自然界对人说来才是人与人联系的纽带，才是他为别人的存在和别人为他的存在，才是人的现实的生活要素。”②在人类面前，如果自然界的神圣性和敬畏心已沦丧，则陷入工具性的存在。恩格斯在《自然辩证法》中告诫我们不能过分陶醉于对自然界的胜利，不然，会受到自然界的报复。从主客体视角看，当人类以主体性征服自然客体时，自然界成为满足人类欲望和需求的工具，反之，自然客体也规定了人自我存在的可能性。人与自然界则呈现占有与被占有的关系，从而人的精神取向被割断，陷入物质价值取向的旋涡，导致人片面化和单向度的加深。孤独个体的病态生存状态，揭示人们失去自我本质，而成为物质利益的空虚追逐者。因此，人与自然关系的破坏，不仅是对自然界的破坏，而且是

① ［法］阿尔贝特·施韦泽．敬畏生命［M］．陈怀泽，译．上海：上海社会科学出版社，2003：52-57.

② 舒志定．人的存在与教育——马克思教育思想的当代价值[M].上海：学林出版社，2004：100.

对人自身人之为人的消解。

关怀品格不仅关爱人之自我的存在和活动，而且敬畏自然界之自然存在，是人与自然界的相处中通向自我实现和自我解放的桥梁。关怀品格关注人的全面向度，使人类在改造和享受自然界所带来的胜利成果的同时，仍担当其社会责任和历史使命，能理性审慎思考自己在自然界中的位置，持续自我对话，超越自我的本能欲望、思想错误和行为失范，主动地以爱来积极调整人与自然界的关系。在党的十八大上，习近平总书记提出“人类命运共同体”。针对《联合国气候变化框架公约》确立的重要原则，2015 年 11 月，习近平总书记作《携手构建合作共赢、公平合理的气候变化治理》讲话，应对全球气候变化。党的十九届四中全会《决定》指出“坚持和完善生态文明制度体系，促进人与自然和谐共生。”因此，关怀自然界的生态发展已成为人类新时代的历史责任。同时，生态环境保护制度、资源高效利用制度、生态保护和修复制度、生态环境保护责任制度等方面的建设，有利于促进社会生态文明的良好发展，实现社会和谐。另外，我国不仅正着力于全面建设我国的生态环境，而且在全球气候治理中起引领和担当的关键作用。这些无疑是关怀自然界的生态发展的现实体现和保障。

（二）关怀人与自然界的共生共存发展

关怀品格的特征取向和谐发展，有利于促进人与自然界的共生共存发展。人作为自然存在物，是能动存在自然物和受动存在物的统一体。蒙培元先生说：“‘生’的哲学是一种生命哲学而不是机械论哲学……就人与自然界的关系而言，自然界不仅是人的生命来源，而且是人的生命价值的来源。人本身是有创造力的，但是，人的创造力是有前提的，人绝不是自然界的‘立法者’，而是自然界‘内在价值’的实现者和执行者。”[①] 人对待自然界应是尊重自然界的内在价值，因任自然界，适应自然界。在人与自然界的交往中，“把人的感性理解成是人的生成状态，感性建立了人与外部世界的对象性关系，以及是对人自身本质力量的确证，决定了人的生存活动是向外部对象世界开放的过程，在这个过程中，人的生命器官的能动和受动，生命能量的表现和体验，成为与外部世界关系建构的中介，从而使人不断地克服自身的种种限制，使人的各方面得到发展，按

① 蒙培元．人与自然：中国哲学生态观 [M]. 中共中央马克思恩格斯列宁斯大林著作编译局编译，北京：人民出版社，2001：4-5.

马克思的说法是人的自然化与自然的人化的全面实现"[①]。因此,关怀品格促进人与自然界的共生共存发展，实现自然世界与人类自然生命的和谐发展：一方面，使人的感觉还原为人的感觉，另一方面，创建同人的本质与自然界的本质相适应的丰富的感觉。人类只有在自然界中才能生存，找寻生命体的健康，灵性才能得以更新和提升，人类接近自然界，就是接近生命的不竭源泉。为此，人们的一切关怀言论与关怀行为均以维护自然环境为规则，索取与奉献、开发与维护、利用与生成共存。

1. 人与自然界的共生共存内容

（1）关怀个体与自然界的共生共存

关怀品格关注人与自然界的和谐共存，并不否定个体生命的存在，而是关怀个体与自然界的共生共存。人天生就是具有感知和有潜能能够从事对象性活动的生命体，人的思维和观念不仅依附于他自身对象中，而且也只有在其对象即自然界中才可能实现。人是关涉自然生存的生命，作为真实的生命体生存于现实生活世界，用肉体和心灵交往、感受、理解，而不是受外在力量的简单指令束缚个体的身体感触，更不能以不和谐、破坏他者感受取而代之。关怀品格肯定人的个体生命感受，遵循个体生命的存在独特性和成长发展规律，否定僭越个体生命的企图，否定生命个体放弃自己的感觉，按照他者的要求如此感觉、思考和行为。如果否定个体生命感觉张力的客观存在，遮蔽个体的身体感受，也就是构成对个体生命的控制，失去个体关怀品质的存在物质基础。但是强调个体生命的感觉，并不是放纵身体感受，而是尊重个体的生命存在，而这离不开个体对自然界的关怀。个体与自然界从来就不是两个相互孤立的存在，个体不能离开自然界而存在，关怀自然界生命的存在，其实质是保障其生命个体的发展，提升个体生命精神，尊重个体人的存在。

（2）关怀人类与自然界的共生共存

关怀人类与自然界的共存主要体现在生态文明体系的建构。生态文明是党的十七大的新提法，指人类遵循自然、社会和经济规律，采取生态的生产生活方式，改善和优化人与自然、人与人、人与社会关系中取得的物质、精神、制度成果的总和。这里需要指明，生态文明不限指环境保护，而是人们在经济建设过程指向人与自然、人与人的优良关系建构，在生态运行机制和生态环境保

① 舒志定．人的存在与教育——马克思教育思想的当代价值 [M]. 上海：学林出版社，2004：238-239.

障机制下的物质、精神综合生态文明。生态文明领域涉及物质生产、技术改造、精神范畴、自然环境、制度建设等形态。它具有以下特征：第一，生态整体性特征。包括人类与自然界的统一整体，人类与自然界经历了屈从、改变、征服等阶段，人类作为自然界的一部分存在，是其中的构成要素之一。从人类社会生态整体特征看，除生态文明外，包括物质文明、精神文明、政治文明和社会文明，它们互为依存，互为促进，构成全面完整的文明体系。第二，人类自身整体特征。生态文明要求人类突破国家、民族、集团、区域等界限，超越狭隘的个人和集团利益，强调全人类对地球生态的共同责任和义务，实现世界人类的平等合作。第三，生态资源和谐共享特征。生态文明注重协调人与自然、人与社会、人与人的关系，尊重和保护生态环境和生态秩序，旨向人类的可持续发展。为此，在开发和利用自然的过程中，立足于整体利益观，发展生态经济，慎重对待资源，制定策略科学利用资源，坚持生态原则，使用资源不超越损害阈域，保护水、大气、土壤、植被，把发展和生态协调共享共建。第四，生态系统全面可持续发展特征。正确把握生态发展规律，把经济发展与生态环境保护相结合，经济发展以生态环境保护为前提，生态环境保护是经济发展的基础，促进两者的高度融合。社会发展不再以经济水平的提高为唯一的衡量标准，而要依据经济、社会、生态是否协调为标尺；不再以经济效益发展最大化为目标，而以经济、社会、生态是否高度融合为目标。而且，生态文明具有如下基本原则：一是敬畏生命的原则。敬畏生命是敬畏一切存在的生命物，崇敬、尊重和善待一切生命现象。史怀哲认为，敬畏生命，如同敬畏自己的生命，体验生命，如同体验自己的生命。接受生命之善，维护生命，改善生命，促进其发展的最大价值。“这是绝对的、根本的道德准则。”①“保存生命，这是唯一的幸福。”②为此，损害生命、毁灭生命不是关怀品格，与周围的生命休戚与共就是关怀品格。二是生命平等原则。一切生命体，动物、植物和人类均具有生命的意义。尤其注意避免个人中心主义、人类中心主义，人类与其他生命体平等相处，自觉控制自己的思想和行为，合理利用、改造自然，保护生态系统的完整性，维护生态物种的多样性，促进生态系统的平衡性。三是生态正义原则。从对象上来说，是指所有人，不分国籍、民族、种族、性别、贫富等平等享有开发、利用和保

① [美]戴斯·贾丁斯.环境伦理学[M].林官明，杨爱明，译.北京：北京大学出版社，2002：153.

② [法]阿尔贝特·史怀泽.敬畏生命[M].陈泽环，译.上海：上海社会科学出版社，1995：23.

护资源的权利和义务；从人与环境的关系上来说，人类要理性对待自然环境，节制利用自然资源，防治自然环境污染，维护生态系统平衡，实现人与自然和谐；从代内、代际关系说，不同群体有权利有义务分配自然资源，并保障分配的合理、公平和公正，同时差别对待，优先考虑最不利地区，兼顾对弱势群体的倾斜关怀。另一方面关注不同代际间自然资源的合理分配，保障代与代间资源的可持续性利用，保障发展权和发展机会的均等。因此，生态文明的特征全面展示了人与人、人与自然、人与社会的和谐、持续、整体发展，生态文明的原则体现了对生命的敬畏、对生命的尊重和平等公正对待，这一切蕴含对人类与自然界共生共存的关怀。

2. 人与自然界共生共存的建构方式

人类赖以生存的自然界和人看起来属于两个完全不同的世界，事实是相互联系和同一的存在。教育者不仅要教导受教育者怎样认识“真”的自然界，而且要提升受教育者认知、理解“善”和“美”的自然界，提升人的主体能力和责任感，具有明确的世界观和价值取向。“自然界是人为了不致死亡而必须与之处于持续不断的交互作用过程的、人的身体。”① 人在与自然界交往的过程中，充分发挥自我的能力和潜能，实现自我的全面性的社会本质。因此，自然界成为人自我价值实现的载体。为此，基于关怀品格与自然界的交往，讲究交往的品位、质量和内涵，维持自然界与人的精神生命的健康发展。“自然界的人的本质只有对社会的人来说才是存在的；因为只有在社会中，自然界对人来说才是人与人联系的纽带，才是他为别人的存在和别人为他的存在，只有在社会中，自然界才是人自己的合乎人性的存在的基础，才是人的现实的生活要素。只有在社会中，人的自然的存在对他来说才是人的合乎人性的存在，并且自然界对他来说才成为人。”② 因此，社会“是人的实现了的自然主义和自然界的实现了的人道主义”③，人与自然界的人道交往统一于关怀的现实社会。关怀品格下人与自然界共生共存的建构方式包括关怀人类的适度发展、生态关怀教育和关怀生态文明建设。

① ［德］马克思 .1844 年经济学哲学手稿 [M]. 中共中央马克思斯恩格斯列宁斯大林著作编译局编译，北京：人民出版社，2018：52.

② ［德］马克思 .1844 年经济学哲学手稿 [M]. 中共中央马克思斯恩格斯列宁斯大林著作编译局编译，北京：人民出版社，2018：79.

③ ［德］马克思 .1844 年经济学哲学手稿 [M]. 中共中央马克思斯恩格斯列宁斯大林著作编译局编译，北京：人民出版社，2018：79-80.

（1）关怀人类的适度发展

人类的一切行为均无法离开自然界，开发和利用自然界是人类存在的构成部分。关怀人类的适度发展指以自然界的可持续发展为关怀目标，以自然界的生态环境限度为人类发展的范围。提倡绿色消费，消除消费浪费、消费面子、消费奢侈、消费过度等不良现象；倡导简单消费、适度消费、无害消费、恰当消费，实现良性循环的生态消费圈，维护生态平衡。关怀人类的适度发展，以关怀品格实现生态行动，在生产、经济、消费、建设等方面均以生态文明意识参与和管理活动，提高人们的生态文明意识和行为能力培育，逐步形成可持续发展的生产生活方式，逐渐减少直至杜绝资源破坏、环境污染。关怀人类的适度发展，"不能把人和自然超越于技术的抽象运用，不能再支配自然，而是要适应自然"。①

（2）生态关怀教育

生态关怀教育倡导尊重自然、善待自然的价值观，敬畏自然、遵循自然规律的理性，保护自然、拯救自然的实践态度，培育面向未来、促进人的全面发展的关怀素养，实现人与自然的和谐。生态关怀教育促进人的真善美的和谐统一和人的全面发展，这样的人在人与人、人与自然和人与社会的环境中敞开，承担从生态文明知识到生态文明行动转变的重任。生态关怀教育全面贯穿生态文明意识、生态文明知识、生态文明意志和生态文明行为的传授与培育，将生态文明意识上升为主流思想，将生态文明知识融入课堂内外的教育，将生态文明意志和生态文明行为融于生活和教育实践，建构完整、丰富的生态文明内容体系。

（3）关怀生态文明建设

由于技术的发展，人类面临前所未有的选择和革命，以前所未闻的方式征服自然，并有效地管理人的事务。然而，人类同时也承受着发展的巨大代价，人和自然的关系逐渐新陈代谢为人或者说社会对自然的控制和支配。关怀生态文明建设，就是要构建自然、绿色的生态发展体系。人们利用自然界、改造自然界仅是自然界的一部分功能，实现人与自然界的和谐相处，实现社会的可持续发展和人的全面发展才是人与自然界共生共存的发展目标。

因此，任何一个自然存在物的存在既是个体的存在，表现出独立自主性，同时"它们之间的关系被认为是相互包容在一起的，并且是它们各自的概念所

① ［英］乔纳森·休斯．生态与历史唯物主义［M］．张晓琼，侯晓滨，译．南京：江苏人民出版社，2011：324.

表达的全部含义的一部分”[①]，又是关系的存在，表现出包容性。处理人与自然界的关系，既是科学技术问题、社会问题、制度问题，又是一个涉及人类道德的问题。

① [美]奥尔曼.异化：马克思论资本主义社会中人的概念[M].王贵贤，译.北京：北京师范大学出版社，2011：35.

第四章　关怀品格的现实审思

"关怀必须能够涉及工作、动机、价值，也许还远远不止这些。"① "关怀包含共享时间、精力和服务。"② 在现实中，人的本质"是一切社会关系的总和"③，"至于个人在精神上的现实丰富性完全取决于他的现实关系的丰富性"④。因此，关怀品格既与人的主体选择有关，又无法离开人类社会现实。本章从关怀品格面临的困境、关怀品格发展的机遇和关怀品格发展的走向三个维度考察关怀品格的现实。

一、关怀品格面临的困境

关怀品格存在于具体的现实中。在中国特色社会主义建设新阶段，我国无论在经济、政治、社会方面，还是在道德、文化方面都有着新时代的新情况和新问题，并对关怀品格提出了时代挑战。目前，关怀品格面临的困境可以从关怀认知模糊、关怀情感淡漠、关怀意志薄弱、关怀行为乏力四个方面阐述，并从家庭、学校、社会、政府四方面探究关怀品格困境产生的原因，即家庭养育关怀品格缺失、学校关怀品格教育目标缺位、社会对关怀品格的负面影响、政府关怀品格保障缺失。

---

① [美] 弗吉尼亚·赫尔德 . 关怀伦理学 [M]. 苑莉均，译 . 北京：商务印书馆，2014：53.

② [美] 弗吉尼亚·赫尔德 . 关怀伦理学 [M]. 苑莉均，译 . 北京：商务印书馆，2014：54.

③ 马克思恩格斯文集（第 1 卷）[C]. 北京：人民出版社，2009：501.

④ 马克思恩格斯选集（第一卷）[M]. 中共中央马克思斯恩格斯列宁斯大林著作编译局编译，北京：人民出版社，2012：169.

（一）关怀品格困境的镜像

1. 镜像一：关怀认知模糊

关怀认知是关怀品格构成的基础条件，是基于关怀内涵、关怀原则、关怀特征、关怀价值等的认识和理解，进而对关怀者、受关怀者的关怀品格所作出的判断和评价。关怀认知模糊的问题主要体现为关怀认知错位和关怀价值判断错位。

（1）关怀认知错位

由于对传统关怀思想缺乏必要的甄别、反思、选择、借鉴能力，往往把一切文化大一统，视为糟粕，或走向另一个极端——瑰宝，或是因对现有不良经济、政治和社会风气缺乏必要的理解，带来关怀认知的错位。进入新时代，我国经济保持持续增长的发展趋势，在物质领域发展进入新时代，但综合素养却还没有达到应有的高度。具体表现为，经济上富裕，精神上相对贫困。正确评价我国关怀品格现状，应立足于正确的关怀认知。首先，关怀品格作为一种社会意识形态，受经济基础的制约，并对经济基础具有一定的反作用。我们评价关怀品格对社会建设的进步与否，需要依据关怀品格的经济基础性质，同时要依据关怀品格对经济基础作用的性质。关怀品格建立于进步的经济基础之上，且能促进经济的发展，这就是关怀的价值取向，反之，则为关怀认知错位。因此，现代人的关怀价值取向是“从道德与经济基础关系出发，从生产力的标准出发，从人民群众根本利益出发”①。其次，新时代我国公民的关怀品格素养获得不小的、持续的提升。表现为：改革开放带来的竞争进取意识、公正平等理念、自由民主意识、包容和谐观、秩序规则理念和生态文明理念不断增强，彰显着新时代中国文明观念的不断提升。因此，人们的关怀观念、关怀情感、关怀意志与关怀行为均得到长足进步。然而，也不能忽视因关怀认知错位而引发关怀缺失的严重问题。如，经济领域的诚信危机，严重阻碍经济的健康发展；政治领域的以权谋私、贪污腐败、违法乱纪导致职责的缺失；文化领域的低级媚俗、恶意炒作，扰乱文化秩序；社会公共领域关怀的新情况、新问题，如2019年的新型冠状病毒肆虐之际，有武汉某个小区一女居民竟然在夜深人静时对公共场合的门把吐口水，山西、广西的某小区也均出现有人朝电梯按钮、电梯门吐口水的事件。这些均不能规避人们的关怀认知问题。

① 向玉乔，龚群等．道德文化自信[M]．北京：中国社会科学出版社，2018：322.

（2）关怀价值判断错位

关怀价值判断是对关怀品格作出正确的评价。对于恶劣的、落后的道德品质，应该批判；对于优良的、积极的道德品质，应该激励和弘扬。培养人们的关怀认知，以是否符合关怀价值取向为评判标准，引导社会大众正确看待道德现象，作出理性判断。当前生活领域的关怀认知问题有：社会公共关怀问题，社会公共关怀水平的高低直接影响着社会的文明程度，维系着社会秩序和社会风气的好坏，影响公共生活和人与人之间的关系；职业关怀问题，在职业领域应具有基本的关怀素养，而职业关怀素养的沦丧在日常生活中也屡见不鲜，如，师生关系冷漠、医患关系紧张；家庭伦理问题，家庭美德涉及了父子、夫妻和长幼间的关系，而漠视亲情，父母子女的仇恨关系、对老人、孩子的虐待等事件时有发生。关怀价值取向的问题，可以说是关怀价值评判的标准问题，随着社会进步、经济发展，关怀评价标准发生变化具有绝对性和相对性，如有些人以财富、地位作为关怀价值取向的依据，模糊善与恶的界线，关怀价值判断错位，从而带来复杂的关怀问题。

目前，物质利益取向的关怀价值判断可分为两个方面：一是关怀行为的物质成本大于关怀行为的精神成本。现实关怀行为中，许多的关怀行为不发生，应该实行的关怀行为没有产生，是由于关怀行为发生付出的成本大于关怀行为获得的精神收益。如，街上躺着一位老奶奶，如果我们跑过去救助，由于各种原因，可能会被老奶奶本人或老奶奶家人讹诈，这时关怀行为的物质成本占胜我们自身关怀认知或关怀情感。两相权衡，关怀不作为更有利于自身。二是关怀行为的物质成本大于关怀行为的物质收益。这时，人们两相比较行为，会选取较大的物质收益的行为。如，目前电信诈骗屡禁不止。因为按照现在法律规定，针对一个诈骗对象，骗取金额达 3000 元以上，才能刑事立案调查。为此，违法者依靠法律骗取 3000 元以下，能够暂时逃避法律的制裁。

2. 镜像二：关怀情感淡漠

关怀情感是人们依据对关怀品格的理念、价值等评价而产生的一种情感。关怀情感是在关怀认知的基础上产生，是对关怀认知的具体体现。关怀情感淡漠主要体现为关怀体验失联和关怀移情断裂。

（1）关怀体验失联

关怀体验是关怀主体在关怀实践活动中产生的主观感受，使关怀主体可深刻体会到受关怀者的情感，由此产生相应的关怀情感，驱动相应的关怀行为。

然而，如果关怀主体不去或不能体验他人的情感，也即关怀体验失联，就无从产生关怀情感。关怀体验失联，从发生时间看，可分是即时性关怀体验失联和发展性关怀体验失联。第一，即时性关怀体验失联。即时性关怀体验失联是即时想他人所想，感他人所感。生活中人们的自我维权意识越来越强，外卖小哥不在规定时间内送达订单，通常得到顾客的差评。如果从规范市场角度看，这无可厚非。然而，大部分迟到的订单后面都有着让外卖小哥无可奈何的原因，如家中突发事件、雨雪天气等。一个因父亲病危请了七天丧假的儿子问父亲："你到底死不死？"儿子仅从自己角度发出这令人深思的锥心之痛。以上两个例子中外卖的差评、儿子的痛心发问，无一不仅源于自身的即时感知，即时关怀体验，从而关怀情感冷漠。第二，发展性关怀体验失灵。即对关怀体验发展缺少预见性。如，2018 年，重庆万州公交车坠桥事件。因公共汽车内的所有乘客对一名错过车站下车的乘客与正在驾驶汽车的司机谩骂与肢体冲突矛盾全都置之不理，导致全车 15 条鲜活生命消逝。在该事件中，车上无一乘客体验到在当时的愤怒、混乱场景中，还可能发展为更可怕、悲惨、恶劣的场景。如果说，车上闹事乘客为自己的愚蠢行为付出代价，司机为自己的冲动情绪付出生命代价，那么车上的 13 名乘客则为自己的关怀情感淡漠付出了生命代价。

（2）关怀移情断裂

关怀移情是关怀者感受关怀者所感，从而产生相应的关怀情感。在中国传统以血缘关系为基础的社会中，人们分散的家庭式劳动生活方式使人们生活在一个相对狭小、熟悉亲缘的地域。长期的共同生活，形成关系稳定、简单的熟识社会，人们以各种各样的私人关系联结起来，形成一个个处理彼此关系的有着某种规则和习惯的关系网络。处于这种生活关系网中的人们，彼此共同工作、生活和成长。改革开放后，不同区域地区经济文化的交流加速，人员流动非常迅速，从熟人社会迅速进入陌生人社会，来自不同地区甚至不同国家的人们因生产原因暂时或较长时期地聚集在一起，双方在语言、生活习惯、思维方式等方面均存在较大差异，相互之间的防备心理阻碍了人们的进一步交流，形成冷漠的人际关系，关怀移情断裂。为此，在生活工作中的苦闷、孤寂得不到沟通、倾泻与理解，同时缺失以前熟人社会间的相互帮助和约束监督，容易产生人与人之间关系冷漠、关爱缺失、人际关系冲突等现象。而有些社会问题，由于人与人之间的不熟悉、不关注、距离感而得不到他人的发现，甚至受他人的冷漠对待，则助长了关怀移情的鸿沟。另外，不同地区和不同文化观念的人聚合在一起，造成本地人与外地人人际关系的冲突，以前熟人社会中处理人际关系的道德规则与新的人际关系道德规则不相适应，甚至相冲突，更容易产生关怀情感的淡漠，从而产生各种各样的社会问题。关怀情感冷漠，人们之间关系疏远，关怀关系无从建立。

3. 镜像三：关怀意志薄弱

关怀意志需要关怀者克服内外阻碍以完成预定的关怀行为，实现初始的关怀动机。人们在关怀行为生发的过程中，往往因自我的意向、动机或者外在的情境、条件等因素发生矛盾，需要关怀者意志的调节和控制，最终战胜内外障碍，开展关怀行为。关怀意志薄弱无疑会影响甚至阻碍关怀行为，坚强的关怀意志品质是坚持关怀行为的精神力量。因此，当前关怀意志薄弱可以从人们对精神收益的价值取向来分析。

（1）精神收益屈从于物质利益

社会主义核心价值观的倡导、《新时代公民道德建设实施纲要》和党的十八大、十九大的道德建设要求无疑在外在环境上坚定了人们的关怀意志。关怀意志坚定者认为关怀行为的精神收益虽不如关怀行为的物质利益直接可见，或者说获得可见的回报，但人们仍坚信关怀行为的精神收益由此带来的价值追求和精神享受。当人们以见义勇为、无私奉献的精神付出自己的血肉之躯，甚至是生命代价时，极好地诠释了关怀意志的魅力。如，排雷英雄杜富国，以自己的血肉之躯保护自己战友的安全，而自己却失去了双手和双眼。对于这些人来说，关怀行为的道德积极价值胜过一切，如果不实施此类行为，会一直伴随道德的谴责，成为无法负重的精神负担和压力。然而，相比较，此类关怀行为付出的精神代价实在太昂贵，而收获的物质利益实在渺小。在许多公共场合下的关怀不作为行为，如，当一个人想与受害者合力制服扒窃者，一旦对方以凶器相威胁而本能退缩；一个倒地的病人，有时很难获得路人及车辆的及时救助；相当一部分人对他人在公共场合随地吐痰、插队、大声喧哗等不道德行为视而不见，等等。这些均由于精神收益屈从物质收益引发，也就是关怀意志薄弱阻碍了关怀行为的生发。

（2）精神成本屈从于精神收益

关怀意志包含意志品质、进取品质、反思品质三方面构成要素。即是说，一旦意志不坚定，缺乏勇敢、果断的勇气和进取心，不能够理性、综合分析遭遇的需要关怀的事件或人，就可能导致关怀意志薄弱。从而在关怀行为的精神成本大于关怀行为的精神收益情况下，“当不道德行为收益大于道德行为收益的话，不道德行为就会成为人们选择的对象”[①]，也就表现为关怀意志薄弱。如新型冠状病毒疫情肆虐下，海南一医师拒不参加发热门诊及隔离病区值班。对于此位医生来说，关怀行为的精神成本远大于关怀行为的精神收益，因为有可能由此付出的生命代价的精神收益不成为其的精神追求，成为其摒弃职业行为的决定要素。因此，以关怀意志作为关怀行为选择的衡量因素，这是道德精神中体现出来的关怀、责任、奉献价值。

我们强调人们的关怀认知和关怀情感，但如果没有进行关怀实践，那么关怀品格也没有真正付诸实施，仍属于不完善的关怀品格。在任何一个社会，在任何情境下，能够自觉坚持关怀意志、实践关怀行为的高尚道德境界的人为数极少，这也为培养坚定的关怀意志提供了现实依据。

4. 镜像四：关怀行为乏力

从关怀品格内容的四个构成部分看，关怀认知、关怀情感、关怀意志最终将落实于关怀行为。因此，关怀行为是关怀品格的检验、评价标准。目前，我国关怀行为乏力主要体现为行为导向乏力和行为实践乏力两个方面。

（1）关怀行为导向乏力

关怀行为导向乏力，是由于对关怀对象、关怀内容、关怀方式等方面的认识存在不足导致。以我国弱势群体为例。目前，我国对弱势群体的关怀主要存在以下一些问题：一是关怀对象存在漏失。以往的弱势群体多指因疾病或残疾等自身原因而导致身处弱势地位的群体，如残疾人、低能人、智力障碍人群等；而现今的弱势群体则涵盖了因政治滞后、经济失衡、社会宏观发展落后、个体能力局限等内外因素形成的弱势群体，如，蚁族、钉子户、失智老人、留守儿童、贫困地区儿童、乡村教师和环卫工人等。因此，关怀的对象应扩展至这些弱势群体，给予他们更多的关怀。二是关怀内容不全面。弱势群体最显著的表现是经济、生活方面贫困，然而，对他们的关怀不能仅限于此。对他们的关怀应通过“通过伦理的方式对关怀客体给予从生理到心理、从物质到精神、道德方面的关怀和帮助”[②]。因此，对弱势群体开展关怀的救助，通过关怀行为，使弱势群体在获得物质经济关怀的同时，加强其思想道德教育，健全人格、丰富人性，做有文明素养的现代公民，全面关心、理解、帮助弱势群体，摆脱弱势地

① 吴瑾菁．道德认识论 [M]. 北京：社会科学出版社，2011：309.

② 梁德友．关怀的伦理之维——转型期中国弱势群体伦理关怀研究 [M]. 南京：南京大学出版社，2013：37.

位，使他们融入主流社会，实现人的自由全面的发展，以真正实现社会的和谐和可持续发展。三是关怀方式欠伦理。长期以来，我国措施不够规范，关怀手段单一，缺乏伦理含量。在转型期，中国弱势群体伦理关怀薄弱，社会救助不足、不公，救助理念、救助程序、救助内容中均存在伦理缺陷。如，我们在对贫困农户的救助方面往往以经济为唯一方式。四是救助目标不完善。目前，弱势群体的救助多唯生存论，而忽略了弱势群体的技能发展、智力支持、权益保障和精神追求等目标。正是由于关怀行为导向乏力而引发关怀行为乏力。

（2）关怀行为执行乏力

关怀行为执行乏力，是在关怀的软件、硬件设施方面显现的关怀质量、效果方面的状态。以弱势群体中的留守孩子、老年人和残疾人为例。第一，留守孩子的精神缺乏关爱和物质条件设施匮乏低质。在软件方面，学校缺乏情感、心理方面的关怀，导致学生精神漂泊、心理无所依托，影响学生的人际交往、心理健康和学习效果。或者学校教师在面对学生出现的心理问题时，缺乏专业的心理辅导知识来应对这些问题。在硬件设施方面，尤其在乡村学校，学生的生活条件较差，如宿舍设施老旧，卫生间脏乱，洗澡房热水供应不足等问题，使得学生的归属感受到影响。第二，老年人和残疾人则面临更多挑战，他们由于生理或认知方面的视觉、听觉、动作等固有限制，叠加无障碍环境建设不足、信息及技术无障碍水平不足等，给他们的日常生活带来诸多不便，导致他们在日常生活和社会参与中遭遇诸多不便。最近，一个以幽默风趣著称的盲人网络红人——黑灯，因在机场值机时工作人员对盲人旅客处理流程的不熟悉，导致了一系列尴尬，“我说我是个盲人，他愣住了，我就知道他死机了”，这种幽默风趣语言表述了残障人士在面对基础设施不完善、社会偏见等问题时的无奈与挑战。[①]

（二）关怀品格问题的归因

关怀品格属于道德品质，是人的全面发展的构成要素，它“不仅指的是个人身体全面发展、身体与精神两方面的全面发展，而且包括个人精神方面的全面发展”[②]。同时，人总是处于现实的社会关系中，是社会关系的总和。因此，探寻关怀品格问题的原因既离不开道德教育的特征，也不能回避社会归因，以下

① 黑灯值机风波：地狱笑话背后的残障权益呼唤［EB /OL］.(2024-09-03). [2024-10-12] https://www.sohu.com/a/806070771_121956424.

② 陈桂生 . 人的全面发展理论与现时代 [M]. 上海：华东师范大学出版社，2012：92.

从家庭、学校、社会和政府四个维度探索关怀品格问题的逻辑。

1. 家庭：关怀品格生成的疏离

父母是孩子的第一任启蒙老师，父母的言传身教对孩子起着极其重要的影响作用。市场经济背景下，部分父母往往倾力于名誉、地位、金钱、权力的竞争，对孩子疏于管教，缺失对孩子的照顾，与孩子关系疏远，缺乏心与心的沟通。事实上，孩子生存极其需要父母无条件的帮助、给予和肯定。“母爱的真正伟大之处似乎并不在于母亲对婴儿的爱，而在于对成长着的孩子的爱。”① 即是说，父母之爱还意味着责任。而父母与孩子生活、教育中所蕴含的关心照顾理念和方式，无疑在潜移默化中影响着孩子关怀品格的形成。

（1）家庭教育影响孩子的关怀价值观形成

柏拉图曾说过：“一个人从小所受的教育把他往哪里引导，能决定他后来往哪里走。”② 家庭可以说是影响孩子成长的最早场域。孩子天生就喜欢模仿他人的言行，父母的言传身教，开始时间早，持续时间长，在形成孩子的关怀价值观方面的影响是学校与社会所无法企及的。不同家庭的教育理念与教育方式对孩子的价值观形成具有重要的影响。孩子的关爱、自由、平等、尊重等关怀价值观的养成，往往来源于父母对孩子的尊重和信任，而冷酷、控制欲很强的家庭，很难培育出孩子温暖、民主的关怀价值观。根据杨昊和陈昂昂对我国中小学生自杀问题的现状分析，归纳中小学生自杀的原因，大致可划分为七类：家庭矛盾、师生矛盾、校园欺凌、学业压力、情感纠纷、心理问题、其他问题。探究中小学生产生自杀行为的原因，依据调查从高到低比率排列依次为：家庭矛盾占比 33%、学业压力占比 26%、师生矛盾占比 16%、心理问题占比 10%、情感纠纷占比 5%、校园欺凌占比 4%，另，其他问题占比 6%。③ 家庭矛盾占比 33% 和师生矛盾占比 16%，反映的是人与人的关系问题，无论背后的具体情况、具体个体如何，相互间的不被理解、不被尊重、关系断裂是矛盾的根本原因。进一步分析，还会发现尽管家庭矛盾比学业压力更突出地刺激中小学生采取自杀行为，但仔细分析家庭矛盾原因，会发现诸如“父母责备其成绩退步”“作业未完成被家长批评”“因学业与家长发生口角”等相当一部分家庭矛盾案例的冲突根源是学业压力。④ 由此，学业压力也反映出家庭对孩子的关怀程度，家长能

① [美]艾里希·弗洛姆. 爱的艺术 [M]. 刘福堂，译. 北京：人民文学出版社，2018：54.

② [古希腊]柏拉图. 理想国 [M]. 郭斌和，张竹明，译. 北京：商务印书馆，1986：140.

③ 杨东平. 中国教育发展报告（2018）[R]. 北京：社会科学文献出版社，2018：265.

④ 杨东平. 中国教育发展报告（2018）[R]. 北京：社会科学文献出版社，2018：265-266.

真正理解孩子需要、兴趣吗？家长能否真正基于对孩子的关怀教育他们？可以说，“被关心几乎是普遍的人类愿望”[①]。这些都表明，家庭是学生的关怀品格养成的根本影响因素。当然，我们并不否定孩子的知识教育或者说个体功利教育，因为这无疑有助于促进个人利益和社会利益的共同实现，但如果唯知识教育或个人功利教育而轻视甚至忽视社会价值担当的家庭教育，则会导致个人与社会的消极发展。“要使受教育者高尚，价值观教育是至关重要的。”[②]

（2）家庭教育影响孩子的人际交往

关于一个人的终身品格，蔡元培曾说：“百变不离其宗，大抵胚胎于家庭之中”，“幼儿受于家庭之教训，虽薄物细故，往往终生而不忘”。[③]家庭教育在习惯、品格等规范的养成方面比学校教育和社会教育起着更显著的作用。习近平同志在2015年春节团拜会上强调优良家风的建设。而家庭关怀产生的欢愉、和谐氛围，对于孩子的社会责任、和谐人际交往有着关键意义。李泽厚认为：“某种乐观深情的文化心理结构开创出和谐健康的社会稳定秩序”。[④]因此，家庭关怀的友善氛围有助于培育孩子的和谐人际交往，并进而关系到国家发展、民族发展和社会和谐。

同时，从周金燕和冯思澈对北京市中小学生校园欺凌现象的调查看，在与孩子存在亲子交往的家庭中，在亲子沟通和亲子参与方面，与身体欺凌的相关系数分别显示为 –.126** 和 –.077*，与语言欺凌的相关系数分别显示为 –.073* 和 –.090**，与关系欺凌的相关系数分别显示为 –.076* 和 –.108**，表明亲子沟通和亲子参与与这三种类型欺凌存在显著负相关。而存在亲子交往的孩子与其所受的上述三方面欺凌也均显示负相关。[⑤]这说明家庭对孩子的积极关怀、照顾会减少孩子遭受欺凌。从关怀意义上讲，重视与孩子的积极沟通，建立与孩子的关爱关系，在教育意义上展现交友的以身示范，孩子的人际交往能力变强，人际关系协调，能够很好处理个人利益与社会利益的关系，承担社会责任。相反，则会导致个人与社会产生矛盾冲突，当社会主义核心价值观、公共利益及社会规则与个人私利发生矛盾时，无法促进孩子的积极发展。

---

① ［美］内尔·诺丁斯．学会关心——教育的另一种模式［M］．于天龙，译．北京：教育科学出版社，2014：35.

② 刘济良．价值观教育［M］．北京：教育科学出版社，2007：6.

③ 蔡元培．蔡元培全集（第2卷）［M］．杭州：浙江教育出版社，1997：108.

④ 李泽厚．说文化心理［M］．上海：上海译文出版社，2012：95.

⑤ 杨东平．中国教育发展报告（2017）［R］．北京：社会科学文献出版社，2017：228.

2. 学校：关怀品格教育目标缺位

“我们要造就的是既有文化又掌握专门知识的人才。”[①] 教育的目的是“把一个人在体力、智力、情绪、伦理等各方面的因素综合起来，使他成为一个完善的人。”[②] 因此，教育要培养既能从事物质生产，又能具有精神促进力的人。为此，人的全面发展是教育的应然目标。然而，当前教育的实然目标仍趋向于现实功利性，表现为以分数的评价标准、升学率的衡量标准，这就偏离了“人”的培养的目标。近些年时有发生的校园欺凌、师生冲突，无论从何种角度看，教育均需承担其应承担的一部分责任。现实中，素质教育、全面发展教育均一直被倡导，然而分数、升学率的评价指标，关怀品格教育的缺位在所难免。当人成为教育雕塑的“产品”，从形式看，具有丰富多样性，从外观看，绚丽引人注目，然而其终究离不开东西、物的塑造理念，教育者不把受教育者当成人来培育，受教育者的品格也难以健全。而当对受教育者的关怀缺位时，必然导致学校关怀品格教育目标的缺位，表现为：唯分数的教育评价标准和友善人际关系的忽视。

（1）唯分数的教育评价标准

根据2017年杨东平的《中国教育发展报告》中秦红宇的“家长眼中的学校教育”调查报告，家长认为学校应试教育倾向严重的原因主要有：中高考考试评价唯分数取向、校长教师升学率追求指向、政府教育政绩追求趋向，家长对考试分数的过分重视和培训机构推波助澜[③]。因此，唯分数的教育评价标准成为学校教育关怀品格错位的最核心原因。当唯分数论成为教育评价的指标，应试教育也就成为关怀品格培育目标缺位的重要影响因素。

（2）友善人际关系的忽视

根据2017年杨东平的《中国教育发展报告》中周金燕和冯思澈对北京市中小学生校园欺凌现象的调查及分析表明，校园欺凌现象与学生能否建立友善的人际关系显著相关。第一，从师生沟通关系看。师生沟通的频率和学生受欺凌的经历呈显著的负向关系，具体为：身体欺凌的相关系数为–0.069，语言欺凌的相关系数为–0.051，关系欺凌的相关系数为–0.077，综合欺凌的相关系数为–0.089。[④] 从上述调研数据看，遇到问题能主动与老师沟通的学生会较少受到

① [英]怀特海．教育目的[M].徐汝舟，译．北京：生活·读书·新知三联书店，2002：1.

② 联合国教科文组织国际教育发展委员会．学会生存——教育世界的今天和明天[M].北京：教育科学出版社，1996：195.

③ 参见杨东平．中国教育发展报告（2017）[R].北京：社会科学文献出版社，2017：206.

④ 参见杨东平．中国教育发展报告（2017）[R].北京：社会科学文献出版社，2017：226.

校园欺凌。也就是说，如果能让学生和老师加强沟通，将有可能减少校园欺凌现象。第二，从同学关系看。学生是否结交同伴、朋友与会否遭遇校园欺凌也具有显著相关性：语言欺凌相关系数为 –0.079，关系欺凌相关系数为 –0.138。[①] 这表明结交同学、朋友的学生，其受欺凌情况会明显少于没有结交同学、朋友的学生。因此，要改变校园欺凌的现象，鼓励学生多结交朋友，学会调和人际关系，将会起到积极的作用。以上分析表明，友善的人际关系是减少欺凌的重要原因。而建立友善、关爱的人际关系，源于学生日常生活、学习中与家长、同学、教师之间的关系状况。如何培养学生以关爱为核心的和谐人际关系价值取向？成为学校关怀品格培育目标的导向。

3. 社会：关怀品格的负面影响

社会是人对客观世界对象化的劳动成果，是人与人的集合体。因此，人是社会的联合体，“人不是抽象的蛰居于世界之外的存在物。人就是人的世界，就是国家，社会”[②]。人生活于社会共同体中，社会对关怀品格的影响无时无处不在。当前社会对关怀品格困境影响可从文化多元和社会舆论两方面分析。

（1）多元文化社会中人的单向度存在

人的本质不依附于外在精神权威，而表现出其独立性、自主性。从生物性看，人是社会化的动物，但是高级精神活动的理性动物，与其他物种的最大区别在于人是双向度的存在。人总是生活于特定的社会文化中，因此，在满足人的基本需求后，加之人的社会性与个体性差异载体的人的主体差异，人具有独特个体的文化界定。独立人格成为人的精神活动和文化追求，然而，独立人格并不意味着人的孤立性、单一性、封闭性，相反是在独立自主基础上与社会的关系性存在。然而，在文化多元化社会中，人的独立人格陷入危机中，表现为自我确定性丧失，自我连续性中断，自我独立性减弱，自我选择性失灵，自我整合性乏力和自我方向性迷失。因此，在文化多元化社会中，必然导致人与人间的交往关系淡漠化、紧张化和缺乏安全感，人成为单向度的存在，人与人之间很难因沟通、理解、尊重而交集，人与人之间成为不需交集的平行线。

（2）人工智能引发关怀风险

人工智能作为“模拟人类智能的技术和应用系统，该系统可以模拟人类的

① 参见杨东平 . 中国教育发展报告（2017）[R]. 北京：社会科学文献出版社，2017：226.

② 马克思恩格斯文集（第 1 卷）[M]. 中共中央马克思恩格斯列宁斯大林著作编译局编译，北京：人民出版社，2009：3.

感知能力、思维能力、交往能力和就业能力等能力，并能够在一定程度上辅助或替代人类智能”[①]。它在辅助或替代人类执行预定任务时，也可能引发关怀风险。以下主要从感知能力、思维能力和交往关系三方面论述：

第一，弱化人与人之间的关怀感知能力。人工智能在视觉、听觉等方面的感知能力获得了极大的发展，如人脸识别、语音识别和智能导航等技术。我们今天出行无论是徒步、自驾，还是依赖公共交通路线，离开了智能导航都寸步难行；此外，日常生活中大量出现智能手机、电视等“带娃”现象和仿真人的陪伴现象。这种过度替代，使人工智能在技术方面已经不知不觉大大弱化了人类天然的感知能力和人与人之间的直接接触机会。人类依靠自我有机体的主观意志、思维对外界信息进行感知与整合，从而获得人类思维加工并整合的信息。然而，人类今天对智能机器的过度依赖，使自我感知能力弱化，人与人之间的情感和物理距离不断扩大，导致人类抑郁、孤单、冷漠等心理问题，人与人之间交往减少、关系淡漠等社会问题。

第二，弱化人与人之间的情感关系。从思维角度看，人工智能以数据和算法为逻辑支撑，通过数据证明来增强逻辑论证，可以避免单纯的主观决策或判断。但这可能导致人类在强化逻辑思维推理的同时，忽视人的直觉思维的顿悟和洞察作用，难以对事物做出合理的、精确的、整体性的把握。受此影响，人们在处理事情时容易受规则限定，忽视在具体情境中事物与事物之间的有机联系，缺乏对具体情境中人与事的情感的和理性的综合把握。这种离人的、机械的和缺失情感动机的思维，可能使事情变得冷冰冰而毫无温度可言，进一步弱化了人与事、人与人之间的情感关系。

第三，弱化人与人之间的社会责任感。人工智能改变了人的交往模式，使人与人之间的直接交往变成了人通过智能机器为中介的间接交往，这种交往模式的距离缩短化、人像现实化，大大便利了人与人之间的日常生活与工作。然而，这种跨时空、跨语言限制的间接交往，弱化了人们在具体场景中情感表达和情感共鸣的时空场景，使人与人之间的交往更易停留于肤浅的表层，或者是虚假的、客套的交往存在，甚至产生人际交往的冲突。今天，智能换脸、微信交友、虚拟定位等被不法分子利用诈骗，在引发物质损失的同时，增加了人的心理和精神困境，又进一步弱化了人与人之间的关爱关系，削弱了人与人之间交往的意向和能力，导致人的社会化的经历缺失，人与现实社会脱离，从而淡

① 张媛媛 . 人工智能对人类智能影响的伦理反思 [D]. 大连理工大学 ,2022:33.

化了人与人之间的社会责任感。

（3）社会舆论中关怀的负向传播

当前，我们生活于媒体环境与现实世界编织的线上与线下合集的复杂空间。媒体经过选择、撰写、宣传营造现实社会中现象、事件，从而影响社会现实环境。社会环境和社会舆论对关怀品格产生不可估量的影响，网络媒体、报纸广播成为新时代信息的主要传播路径，同时作为主要的舆论影响工具引领社会的舆论和风气。然而，当前媒体为采取不择手段吸引大众眼球，宣传不实，传播负能量，导致不良的社会影响；甚至为获取经济利益，发布编制虚假消息，恶意炒作，枉自教育意义。2014 年，一位辅警在交警的指挥之下执法，被冲卡车辆撞牺牲，而当时网上言论为“辅警为 200 元罚款被撞死”。2018 年，西安 92 岁老人每天捡烟头 2 小时坚持一年多，被指作秀。[①]2019 年，当地给予其追认烈士。[②]2019 年，苏州消防员营救轻生女子不幸牺牲，网上许多认为其牺牲不值得的评论。[③]2023 年，武汉校内遭碾压致死男童的母亲，遭受网络暴力后坠楼离世。[④] 当对他人的不尊重、对人的生命的漠视，人与人之间关系的紧张成为网络宣传的价值，当宽容、理解、关爱、责任的品质成为网络嘲讽的对象，当这些对他人、对社会饱含关怀品格之人遭受网络、媒体的非积极、非正面评价与宣传时，整个社会舆论就充斥着对人的生存、发展的亵渎。这种情况下，社会不可能再前进，甚至会倒退。新时代，移动信息和电脑网络成为重要的信息渠道，同时也带来不可忽视的关怀品格问题，我们不得不重新审视虚拟世界的言论自由度及传播能量问题。只有社会充满关怀的氛围和正能量，揪头发、扇耳光的虐童事件，急刹车躲避行人被轧身亡的女子被置之无视，留美学生毒杀室友，拒绝无理停车要求的公交司机被老人强行拽离驾驶室事件，等等，人与人间的冰冷、漠视才能希冀消失。取而代之的是 110 接警员的紧急时刻的话费充值，120 接警员生死时刻的生命守护，被陌生人暖哭的卷车底司机的生命生还，用婴儿背带背老母亲看病照顾的孝子，被痴呆母亲轻打的男子的另类幸福等等，呈现生命的祥和、社会的关爱景象。

---

① 92 岁老人每天捡烟头 2 小时坚持一年多 曾被指作秀 [OL]. https://item.btime.com/343odn1vqgl97589f8lpvhq43hn?from=haoz1t4p3&page=1.

② 辅警为 200 元罚款被撞死？公安拟追认烈士遭民政反对？法院说话了 [OL]. https://www.360kuai.com/pc/9f952a8ec45cf16ed?cota=3&kuai_so=1&sign=360_57c3bbd1&refer_scene=so_1.

③ 消防员为救轻生者牺牲 [OL]. https://mini.eastday.com/a/n190325074844540.html.

④ “刚刚失去了孩子，又遭受网络暴力。”武汉校内遭碾压致死男童的母亲，被证实坠楼离世 [OL]. https://new.qq.com/rain/a/20230602A0BG8T00.html.

媒介与受众之间不再是单方面“给予”和“接收”信息的关系，传播以个人为中心，以共享为基础，信息随时随地被复制转发，个人信息终端演变为个人媒介，每个人既是信息的采集者，同时也是传播者，人与媒介是相互影响、相互作用的。[①]仅关注媒体的负向内容，不能从根本解决其问题本质。媒体的内容本质是媒体人的行为与思想的外在显现。媒介人作为信息的发端者，从某种程度上操控着读者视觉、听觉和头脑，其基于什么样的价值取向来选择和编写媒体内容，影响甚至决定着读者的信息获取和价值判断。这里可从以下两方面分析：媒体目的视角，传播客观事实还是价值意义，意味着媒体人尽最大可能客观、全面地将事实再现给网络空间，即将事实真相公之于众；还是在事实基础上或可能仅取事实的某一侧面，甚至对事实的断裂裁剪、拼凑与粘贴方式的信息传播，让媒体获得不对的信息，产生关怀道德的偏离。

近日，京东前副总裁、“渐冻症”抗争者蔡磊被网络媒体造谣抹黑“装病”，分析其背后造谣原因，或许可从报道中不满的评论窥视些许根源，“他如果不得这个病，还会这么不遗余力研发渐冻症的药？”“人家主要目的是自救，当然行为精神可嘉，就是后续研发出救命药，也不知道有多少人能用得起。”“没什么错，也没什么伟大的，他就是在自救而已。”“他怎么不去研究癌症呢？”“这不仅仅是为了留名啊，想提前救儿子孙子。”“真实的想法是自己多活几天，然后名利双收，名垂千古。”[②]可以看出，造谣者完全是站在自己立场来思考他者，因为造谣者没有得这种病，他无法获取任何利益，在他们看来与这事相关联的一切利益均属于他人的，他们没有从他者生命或社会发展的关系视角分析与看待问题。

最近极受关注的“胖猫”事件，是控制网络舆论的媒体案例。案件中，媒体人多次发布“胖猫”与谭某的私聊记录、转账截图等零碎的、部分的个人隐私信息，煽动网暴、控制舆论、恶意制造对立，而许多网民偏听偏信妄自事实，就跟场道德批判谭某，最终酿成网络风暴。[③]这一案例中，媒介人依据自己的目的，剪切、拼贴数据，并雇佣水军影响和控制舆论，让不知情的网民站在道德的制高点加入网暴行列，可以说，不论是媒介人，还是网民都成了暴力者。因此，面对复杂的、超真实的网络环境，每一个体都应站在维护社会秩序的一边，

① 葛怀东，邹军．“第二媒介时代”的公众媒介素养 [J]. 浙江传媒学院学报，2008(01):27-29.

② 中国企业家杂志．“渐冻症抗争者”蔡磊再闯“鬼门关”，他想在死前救下 100 万 [EB/OL].(2024-05-30)[2024-06-01]https://baijiahao.baidu.com/s?id=1800429821670395231.

③ 今日闵行．蹭流量、网暴造谣等不可取！警方公布“胖猫”事件调查细节 [EB/OL].(2024-05-29)[2024-06-01]https://sghexport.shobserver.com/html/baijiahao/2024/05/29/1335602.html

而不能盲目信任一切媒介信息。

4. 政府：关怀品格保障有待完善

关怀品格作为一种社会意识形态，必然立足于一定的经济政策和制度保障。所以，关怀品格困境的解决离不开适切的社会条件，需要政府提供必要的硬件设施和软件匹配。关怀品格的政府保障主要表现为监管体系、法治体系和经济政策方面。

（1）亟待完善的监管和法治保障体系

关怀品格作为道德品质，具有其自身特定的道德规范。关怀品格的特征蕴含自由、平等、友善，但并不意味着关怀品格不关乎理性和强制。关怀品格离不开制度的保障与支持，因为制度为“价值规定了行为的总方向”①。一方面，政府制定的制度可以在监管、督察、监督反馈等方面保障关怀价值理念的正当存在和付诸实施，建构其价值可能实现的监管体系。譬如，我们一直强调尊老爱幼。然而不久前发生的公交车事件，一位小学二年级学生在公交车上，对着大人拳打脚踢；一些老人倚老卖老，对着不让座的年轻人甚至小孩呵斥、辱骂甚至动手抢夺座位，全然不考虑具体人的具体情况，认为别人对他有利就是关怀，而没有反思自己攫取他人利益的回报，而这种采取强制方式的掠夺，正是非道德行为的再现。这表明，关怀成为单方面的价值向度，亟需完善的监管体系。另一方面，保障关怀品格必须完善相关的法律制度，强化相关的立法、执法建设，促进法治体系的健全。如，在早班、中班、晚班交通高峰期或者说上下班交通高峰期，一些老人为自己生活利益或锻炼身体，往往与学生或上班族争抢交通高峰期的公交车，一些公交车司机相当无奈，有时也会大着嗓门让他们等下一趟公交车。为避免此类事件的发生，有些地方政府，如上海，给老年人的乘车卡规定了刷卡时间，极大地减少了此类事件的发生。

（2）亟待建立健全的经济政策保障体系

关怀品格的实现或者说关怀行为的生发必然处于特定情境和条件下，也就是说关怀品格的倡导离不开必要的社会条件，必要的社会条件能够给关怀行为以积极的影响和推动作用。当前，关怀品格困境的产生有些源于社会缺乏关怀实施的必要条件。譬如，2018 年重庆万州公交车坠桥事件引发深刻的反思后，接下来的媒体相继报道了一系列抢夺公交车司机方向盘的事件。其中的事件披露中，有一部分乘客因坐过站或临时改道与公交车司机发生争执。因此，信息

① [美]T. 帕森斯 . 现代社会的结构与过程 [M]. 梁向阳，译 . 北京：光明日报出版社，1988：145.

变更不能提前获取，或是老年人因听力差不能准确获取到站信息或是直接悲剧原因。在网络及信息相当发达的社会现实中，公共服务类网站及移动互联网应用的适老化改造效用及智能技术方面的操作便捷程度等方面呈现信息无障碍水平不足、适老化改造不足和智能技术应用困难等问题，那么政府在相关的硬件设施方面怎么解决此问题，值得深思。当然，也存在老年人的秩序无知，想在哪下车就在哪下车，这成为秩序规则问题，也涉及关怀品格问题，这为政府的老年教育提出挑战。

二、关怀品格发展的机遇

关怀品格作为一种道德品质，具有自身存在的道德规范和历史背景。新时代公民道德建设的要求、我国社会主义核心价值观体系的建立、和谐社会的建构目标等均为关怀品格提升提供了机遇。当前，我国的社会、经济和文化作为一个有机整体，为关怀品格的发展提供了环境保障、物质基础和精神支撑。

（一）和谐社会的构建：关怀品格的环境保障

关怀品格作为一种道德品质，既影响社会环境建设，又受社会环境的影响。和谐是至善原则，是人类的普遍精神。和谐社会从其基本功能、发展方式和社会秩序的建构看，可能促进人的个性和社会性联结、和谐思维取向和善的世界的建构，成为关怀品格的环境保障。

1. 和谐社会的基本功能：关怀人的个性和社会性联结

马克思在对人的关怀论述中，强调人的个性和社会性联结的本质。这是完整人的表现，也是和谐社会的基本功能。

和谐社会既关怀现代人的独立性，又关怀现代人的社会性。和谐社会的表征是关系、平衡、协调，但却不否定人的独立性。现代人的独立性，是人摆脱了对物的依赖关系的同时，摆脱了人与人之间的人身依附关系，人具有了自我独立、自主决策、自我做主的人格特征。现代人不仅是个体人，还是社会人。人永远不是脱离世界之外的存在。“人就是人的世界，就是国家，社会。”[①] 人的自然生命属性和社会生命属性表现，离不开与他人共同完成的生命活动方式，

① 马克思恩格斯选集（第一卷）[M]. 中共中央马克思斯恩格斯列宁斯大林著作编译局编译，北京：人民出版社，2012：1.

也证明人的社会生活表现。人的个体生活是人的社会生活中的较为特殊的或是较为普遍的方式，人的社会生活又是较为特殊的或者较为普遍的个体生活。“既然人既是个体人又是社会人，那就意味着，人的价值不仅仅表现为独特的个体价值，而且表现为他的社会价值，或者说在社会中的价值。不仅如此，即使是人的个体价值也是通过与他人的关系，通过社会来实现的。”① 由此，人不仅有对于自我个体的利益价值取向，还具有社会价值取向。构建自身的社会价值，实质是自我价值实现的表现；构建自身的个人价值，也意味着构建与他人共同活动的世界。而正是这样多种多样世界的联合，也成为现代人的社会性表征。

对于和谐社会而言，关怀个体人自身价值、利益、效用的最大化实现，也是关怀社会人的价值、利益、效用的最大化实现。在此，人的独立性，是指人的自我独立个性、人格和尊严的个体化，而社会人的特征又超越了个人主义视界，强化个人与社会的整合和团结。对此，鲍曼认为：如果公民的行为都唯个人取向，一个拥有民主、法治国家和自由秩序的社会即使存在，也必然存在重大问题；从人类历史看，道德和美德不仅是个人的必要素养，而且是人的社会存在的必然要求，除非人类永远处于马克思所说的资本主义及其以前的社会的那样的史前社会；弘扬传统道德成为每个人的责任，现代人品格不够好，因为现代人以道德和美德服务自我利益而取向，而传统道德是无私考虑他人利益。“但在社会学家眼中，这使得现代人更加可爱。如果道德的产生能够用自利和人的自然属性进行解释，而非必须用纯理智、客观价值或抽象的特点来解释，社会学家会感到更为惬意——或者必须用作为根据自己的需要塑造人的整体论实体的‘社会’进行解释。”② 乍看此话，似乎有悖常理。然而，其为人的关怀品格的提升提供了理论依据，人的自然属性和自我取向属性客观存在，正是基于此意义，和谐社会对人的个性和社会性联结的关怀成为必要和可能。

2. 和谐社会的发展方式：和谐思维的取向

和谐社会的发展包含人与自身、人与他人、人与物之间的发展。和谐思维指向人与自身、人与他人、人与物之间关系的和谐，是一种协作、关爱的思维方式。和谐社会中，没有任何一种行为具有其独立存在的意义，即“没有一种

① 袁吉富．和谐发展哲学初探 [M]. 中共中央马克思斯恩格斯列宁斯大林著作编译局编译，北京：人民出版社，2016：55.

② ［德］米歇尔·鲍曼．道德的市场 [M]. 肖君，黄承业，译．北京：中国社会科学出版社，2003：583.

行为可以被孤立地识别”[①]。也就是说，人与人（即使是个体自我）、人与物都是和谐关系的存在。社会的和谐发展，即以和谐思维关怀人的和谐发展。

和谐思维不仅是局限于和谐理念的思维方式，更重要的是为发展而和谐的思维方式。为此，和谐与进取、发展相联系，和谐是联系而不是孤立，否则就无法体现和谐的意义和价值。“和谐思维方式是为共赢创造条件和实现共赢的思维方式，它是与单赢的思维方式相对而言的。”[②]具体说来，和谐在处理人与人之间的关系时表现为：第一，和谐思维是“主—主”思维方式，而不是“主—客”思维方式。和谐思维的客体，并不作为思维的客体，而是作为主体身份来联系。和谐思维把个人自身的合理价值和他人存在的合理价值相联系、相融合，认可自我与他者的差异共在，即是认同他人的多元存在的本质与事实，不否认他人的个体实在意义与价值。和谐思维是双赢思维的存在；而其对立面，单赢的思维把他者看作工具性的存在，即把其对象看作需征服的客体，而不作为人的存在。对他人而言是竞争，不是合作。第二，和谐思维是一种唯物辩证思维的方式。和谐思维否定从孤立、片面、静止的观点观察、思考和看待问题，主张从联系和发展的角度看待问题；和谐思维还要抓住辩证法的核心，从对立统一的学说分析问题。和谐思维既要考虑矛盾，又要超越矛盾，进而考虑超越矛盾的多样性之统一的问题。因此，和谐思维并不主张消灭斗争，而是主张合理斗争的思维方式，为实现和谐而进行合理斗争。和谐思维的斗争表现为两种形式：一是为和谐思维的主导地位而进行的斗争，二是为和谐思维之间的斗争。第三，和谐思维目标在于实现利益最佳化。利益最佳化是考虑个人利益最大化和他人利益最大化相结合、相平衡的结果。现实中，每个人考虑个人自我的利益，必然不能离开他人的利益，否则，就会导致相互间的利益冲突，结果是自我与他人的最大化利益均不能够实现。和谐思维本质是肯定他人与自我的共在，每一个体都承认他人的合理存在，认可他人利益的最大化追求的合理性，自我与他人共同决策，而不是单方面的决定，这既包含个人的主体性和独立意义，也包含着诸多他人的协调行动，它表现为一种集体协商行为。而对于单赢思维方式，其存在的理由或具体生成机制在于，其不同个体间的博弈均衡往往不能令所有个体参与者满意，不能体现其个体的利益、意义或价值存在，有悖于和谐思维

① ［美］肯尼思·J. 格根 . 关系性存在：超越自我与共同体 [M]. 杨莉萍，译 . 上海：上海教育出版社，2017：49.

② 袁吉富 . 和谐发展哲学初探 [M]. 中共中央马克思恩格斯列宁斯大林著作编译局编译，北京：人民出版社，2016：57.

的存在。第四，建构合理规范的行动指导思维方式。和谐思维持差异共在观，而不是唯我独尊观，把遵从一定的社会价值规范和制度规范当作它行为的必要条件。双赢思维方式积极构筑合作的规则，尊重个人、遵循社会规范，不断实现个体的社会化，使自身的个性化和社会化不断得到丰富和发展。和谐思维是个性与社会性相统一，个人与社会相统一的思维方式，是对个人中心主义和单赢思维方式的扬弃和否定。单赢思维方式完全否定自由的外在制约与规范，不重视对正义和秩序等的遵守与规约。和谐思维遵循个体利益的最大化和人与人之间主体利益的合理化。无个人利益出场的行为不能长久，失去个体的奋斗动力；无视他人主体利益的行为即便存在也会呈现多种问题。为此，和谐思维是与时俱进、开放的思维方式，而不是封闭保守的思维方式，其是创造新世界的强大动力。

和谐社会存在的前提条件是具体现实的人，从事实际活动的人，“它的前提是人，但不是处在某种虚幻的离群索居和固定不变状态中的人，而是处在现实的、可以通过经验观察到的、在一定条件下进行的发展过程中的人”[①]。和谐思维是“主—主”思维方式，肯定了人与人之间的共同主体存在，亦即为人的合作提供了可能性；和谐思维的唯物辩证的思维方式为人的差异性与普遍性、孤立性与联系性的平等共存提供了依据；和谐思维的利益最佳化实现目标为人的自我利益和社会利益相融合提供了方向；和谐思维的双赢趋向合理规范了人的现实行为。这一切彰显着人与自身、人与他人、人与物之间关爱、尊重、协作关系的存在，诠释着关怀关系的生命意蕴。

3. 和谐社会秩序：善的世界的建构

社会秩序由法律、规章制度、道德规范等社会规则决定，它是人们在社会生活中基于社会发展规律、社会关系等的认识所形成的关系模式、结构和状态。和谐社会秩序是指人们在日常生活中遵守一定的规则、规范进行生命活动，这种规则、规范不是单个人遵守，而是全体社会成员共同遵循的规则和规范。和谐社会秩序是对社会秩序的关怀，不仅关怀个人的存在，而且关怀社会成员的存在，接受人与人之间相互关爱的现实，“现实中每一个体的善与生长不可避免地与他人的善与生长联结在一起”[②]，是善的世界的建构。

---

① 马克思恩格斯选集（第一卷）[M]. 中共中央马克思恩格斯列宁斯大林著作编译局编译，北京：人民出版社，2012：153.

② ［美］奈尔·诺丁斯．教育哲学 [M]. 许立新，译．北京：北京师范大学出版社，2017：214.

和谐社会秩序有助于善的世界的建构。其一，和谐社会秩序的建立有利于人的生存发展。人的生存发展有赖于人与人之间和谐合作，利用自然需要合作、改造自然需要合作、消费休闲需要合作。如果人与人是对立敌视状态，就不存在合作状态，合作的顺利进行离不开和谐社会秩序的建立。其二，和谐社会秩序具有强大的凝聚力。社会生活中的每一个人，都是社会秩序的构成要素；社会生活中每一个成员的关怀素养，都将影响社会秩序的构成品质，良好的社会秩序需要社会生活中每一个成员以关怀品质凝聚力量，形成一股“合力”，维系社会的稳定与存在，促进社会的发展。否则，如果一个个体拧成的是一股“离心力”，社会就会陷于无秩序状态。其三，和谐社会秩序有助于增进人际关系的信任。在此种和谐的社会状态下，每个人都把对方作为自己的一部分，把对他人的尊重和信任看作是对自我的尊重和信任。

在和谐社会秩序下，人们的生命活动保持着协调性、连续性和指向性。而当人们的生命活动是协调的、连续的和有目标的，其生命活动也就具有预见性。由于社会秩序受人的知识、思想、行为的局限，人们判断社会秩序会有“正当”与“不正当”之分，判断社会秩序的正当与否，以能否促进人与人、人与社会的和谐相处为标准；换句话说，和谐的社会秩序应当能够实现各方面利益的协调与平衡，实现社会良序发展。和谐社会秩序为人为制定，会随着社会条件的变化而变化，但不管如何变化，和谐社会秩序须符合道德规范，也只有那些符合道德规范的和谐社会秩序才能被继承和保存。和谐社会秩序作为人的生命活动所遵循的规律、规则的总和，其作用和意义在于维护和促进人类社会生活的和谐、有序。

当前中国正在构建理想的和谐社会秩序。2006 年 10 月，党的十六届六中全会明确提出了“社会主义核心价值体系”的命题。2012 年 11 月，党的十八大报告进一步提出了社会主义核心价值观:“富强、民主、文明、和谐”，“自由、平等、公正、法治”，“爱国、敬业、诚信、友善”。当前，在精神层面上，人们具有坚定的马克思主义信仰，马克思主义思想成为人们的精神家园。在制度层面上，自由、民主、平等、公正、法治在社会现实生活中的权利得到肯定：个体身体独立，不附属于任何形式的组织或者个人，独立自由存在；个体人格独立，成为自己命运的主宰，依自己的意志思考、选择和行动，承担行为责任。在社会中，公平正义在社会中得到广泛实现。个体平等地享有权利，平等地履行义务；平等地参与社会实践，平等地享有社会资源。在法制层面上，法治理念得到普遍倡扬，依法治国成为法治理念的核心。国家机关、各社会组织、团体、个人的思想、行为都应该在法律的合法框架下开展，一切行为均需依据法律并符合法律的规定，而这一切的目的是为实现每一公民个体的根本目的。在行为层面上，社会主义道德的基本原则和要求为人们普遍践行，社会风尚淳美、个人与集体关系和谐、人与人关系和谐、人与自然关系和谐。因此，目前无论从个人意义，还是社会意义看，我国在制度层面、法制层面、精神层面和行为层面都在努力建构和谐社会秩序，"我们必须致力于建构一个'使善成为可能'的世界"[①]。和谐社会意味着关怀人的生存、关注人的精神、凝聚人的力量、保障人的目的和达成人际关系的信任，是对善的世界的建构。

（二）生态经济的兴起：关怀品格的物质基础

关怀品格作为一种意识形态，其存在依托于一定的物质基础。生态经济的发展符合经济的高质量发展，既满足人民日益增长的美好生活需要，同时又保障和提高了人民的精神生活，体现生态环境建设与人民美好生活的精神追求。诚如马克思的人类历史的一般规律："人们首先必须吃、喝、住、穿，然后才能从事政治、科学、艺术、宗教等等。"[②]生态经济关注人与自然、人与社会的和谐共存，其本质是关怀人的持续发展。因此，生态经济是关怀品格提升的物质基础。

1. 生态经济理念的关怀伦理意蕴诠释

"生态"一词原用于生物学，现已"超出生物学的专有领域"[③]，人类与环境关系的特定内容成为当今关注的生态问题，当今的生态问题"必须建立在人与自然以及人造环境之间实际关系的理论阐释上"[④]。也就是说，生态问题已经涉及自然环境和社会环境问题。"生态正常性的标准解释只有和人类利益相联系才会有意义。"[⑤]生态系统，是构成部分内在地与整体相连。对于生态系统，"如果我们确实把它们自身拥有的善归于个体的非感知生物体，那么我们也应该把它们

① [美]内尔·诺丁斯.始于家庭：关怀与社会政策[M].侯晶晶，译.北京：教育科学出版社，2006：46.

② 马克思恩格斯文集（第3卷）[M].中共中央马克思斯恩格斯列宁斯大林著作编译局编译，北京：人民出版社，2009：601.

③ [英]乔纳森·休斯.生态与历史唯物主义[M].张晓琼，侯晓滨，译.南京：江苏人民出版社，2011：10.

④ [英]乔纳森·休斯.生态与历史唯物主义[M].张晓琼，侯晓滨，译.南京：江苏人民出版社，2011：15.

⑤ [英]乔纳森·休斯.生态与历史唯物主义[M].张晓琼，侯晓滨，译.南京：江苏人民出版社，2011：26.

归于像物种和生态系统这类事物，因为我们似乎确实能从直观上把握这类事物拥有自己善的想法”[①]。因此，生态意味着善，是人与自然、人与社会的整体善。生态经济蕴含伦理指向的经济，追求人与自然和谐共生的经济价值目标、尊重并顺应自然的生产方式、绿色低碳的交往生活方式、保护环境的发展方式，彰显着人与自然、人与社会的和谐共存。然而，生态经济的发展不能仅理解为自然的发展、社会的发展，人作为生态经济的主体，人的发展是生态经济发展的至善本质。我国学者在解读马克思的经济伦理思想时指出：“中国特色社会主义经济发展道路必须是符合不断促进人的自由全面发展的道路。”“人的发展和生态发展相融合。”[②]因此，生态经济的发展不仅是人与自然、人与社会的和谐发展，其本质是指向人的发展，是对现实人的关注，实现人的自由发展。

综上所述，生态经济理念本身就具有关怀意蕴，以下从生态经济发展之特征、生态经济体系的构成、生态经济的本质和生态经济的实现四方面阐述。

（1）生态经济发展之特征：生态自由

谈论生态经济发展，离不开“生态”，而生态又与自由相融合。那么，“‘生态自由’何以可能？从词性上看，‘生态’与作为名词的‘自由’相结合，此外，从生态的本质以及主体内涵的演变来看，自然具有类似于人的主体性，并有其自由的向度；从自由的关系性本质看，自由又有生态的维度，由此通过自然的中介，‘生态’与‘自由’的结合就有了现实的可行性和逻辑上的自洽性”[③]。“生态自由是人与自然和谐的自由。”[④]生态经济不仅实现人与自然、人与社会的和谐发展，而且促进人的自由发展，因为“奠基于生态自由之上的生态伦理学，不只是把道德关怀的对象由人拓展到自然及其存在物，还要求促进人的自由本质的实现，促进自然及其存在物如其所是的按其本性地生存与发展，既让人自由，又让物自由”[⑤]。生态经济是经济发展不仅遵循自然规律，而且能实现人的自由本质。因此，生态经济具有生态自由特征，即生态的发展促进自由的发展，自由的发展实现生态的发展。

生态何以促进自由？生态本意是系统、整体、全部，现今，生态意指生物

---

① [英]乔纳森·休斯．生态与历史唯物主义[M]．张晓琼，侯晓滨，译．南京：江苏人民出版社，2011：28.

② 韩喜平，李文娟．《1844年经济学哲学手稿》的伦理经济思想解读[J]．山东社会科学，2020(3)：111-116.

③ 曹孟勤，黄翠新．论生态自由[M]．上海：上海三联书店，2014：190.

④ 曹孟勤，黄翠新．论生态自由[M]．上海：上海三联书店，2014：204.

⑤ 曹孟勤，黄翠新．论生态自由[M]．上海：上海三联书店，2014：370.

内部的存在状态、生物与生物之间的存在和发展状态，以及生物及其与环境之间的相互作用、相互依赖的整体性关系。自然界中的生态整体，并不是生物内部、或生物与外在环境之间同一性的统整，相反，其是多样性的统一。生态平衡并不是同质化或均质化，而是多样性和复杂性的统一。“生态系统保持其整体性的能力，并不依赖于环境的统一性，而是它的多样性。”[①]生态系统的稳定性并不具有绝对性，而是具有相对稳定性。有多样性的自然存在物，而没有相互影响、相互限制的关联性，就不可能有有机的整体性，不可能有自然的进化与退化辩证统一的演进，也就谈不上稳定性与不稳定性辩证统一的动态的平衡。生态本身表达的是和谐、平衡，是万物的多样性存在，是万物间的相互作用和影响；“生态”的关系，是和谐的关系，追求人类生态系统中复杂关系的和谐。生态构成要素由生物有机体与周围外部世界的关系扩展到人类与自然环境、人文环境及人类环境中的各种关系，生态主体也由生物有机体扩展到人类，因此，生态与人类追求自由的活动产生着内在的关联性。生态自然具有自由是生态自然具有自我的生存和发展规律，自然需要人类的保护和养育，才能实现人与自然的和谐相处。生态经济的价值追求，体现的不仅是自然的本体要求，而且是人类发展的自身需要。

自由何以实现生态？“自由就在于根据对自然界的必然性的认识来支配我们自己和外部自然；因此，它必然是历史发展的产物。”[②]自由具有现实性，自由是对人与外部自然的理性认识和选择。自由又是自主性、能动性与创造性的显现，自由主体与其涉及的人和物的关系也必然呈现生态性。一方面，自然的自由具有生态维度。自然是自觉自主生存的系统，其主动性、丰富性、主体性、能动性与创造性在不断增加与增强，而且自然中的各个物种亦能够按其本性如其所是地生存与发展，共同组成与维持一个相对平衡与稳定的生态系统。另一方面，人的自由同样具有生态的维度，包括人的生物机体和自身精神均是内在要素的和谐构成与存在，还包括人与外部世界的相互联系与制约。然而，并不是所有的人都能够自由地追求生态，只有关怀责任之人才能克服情感的非理性，正确处理与物质追求的关系，对他人、他物以及人与他人及他物的关系有正确合理的认识，实现自我与他人、自然和谐相处。由此，自由以自然的生态存在

① ［美］默里·布克金．自由生态学：等级制的出现与消解［M］．郁庆治，译．济南：山东大学出版社，2008：10.

② 马克思恩格斯选集（第三卷）［M］．中共中央马克思恩格斯列宁斯大林著作编译局编译，北京：人民出版社，2012：492.

为基础，生态自然是自由展现的舞台，自由建立在人与自然的有机结合上。然而现代社会仍存在以人的利益为中心的现象，这种以人为自由追求唯一目标，是对自然的控制和征服，忽视自然的自觉性和能动性，从而导致自然生态环境的恶化与生态危机的爆发。

新时代，我国在经济发展的同时已越来越重视生态环境建设，党的十九大报告指出："我国经济已由高速增长阶段转向高质量发展阶段。"党的二十大报告进一步指出："加快构建新发展格局，着力推动高质量发展。"也就是说，我们既要发展经济，又要重视人类与自然环境、人文环境及人类环境中的各种关系。生态经济发展，使我们越来越关心人类整体和自然整体的不可分割性，生态整体的任何分割，都将失去其部分之整体和整体之整体的意义存在。生态经济发展，既蕴含生态的发展，也蕴藏着自由的发展，体现对任何一个生命的关怀与尊重，否则就失去生态经济的伦理意义，难以维系生态经济自身的可持续的生存和发展。基于此意义，生态经济的伦理指向关怀品格价值。

（2）生态经济体系的构成：自然与社会的有机共同体

生态之基为自然。自然含有自然法则和自然界。自然法则预示具体事物的生长、发展、灭亡，又产生新的生长、发展和灭亡，这是事物本性。因此，自然是事物本来的样子，还是事物生成和发展的根源。自然并"不是我们能看到的具体某个事物,而是通过具体事物的生成与变化发展来体现这一内在本质"[①]。万物都是按其自然本性、自然而然地活动的结果。自然界，是指自然物，成为各种物质系统的总和。"自然"与"生态"合一。生态的原义为整体、全部、系统的意思。[②]今天，生态一词蕴含生物之间的生存和发展状态，以及生物间与环境间的相互影响、相互制约关系；生态的范畴包含生物个体内部，生物与生物之间，生物与自然社会间，生物与社会之间的关系等等。因此，生态经济有助于促进自然生态发展和社会生态发展，进而实现人的自由发展；反之，自然生态发展和社会生态发展又有助于实现生态经济发展。所以，自然和社会有机共同体构成生态经济的体系。

现代生态学的形成，揭示了自然与社会之间的相互依赖、生态系统之间的平衡、有机整体的哲学思想。不可质疑，人类需要与自然和谐相处，否则对自然的过度干预，带来生态平衡的破坏，遭遇自然的报复，经济就无法实现生态发展。这就要求，人们的经济活动需要遵循生态规律。加拿大学者 E. 温克勒说：

① 曹孟勤，黄翠新 . 论生态自由 [M]. 上海：上海三联书店，2014：24.

② 参见余治平 . "'生态'概念的存在论诠释" [J]. 江海学刊，2005，（6）：6.

“不过，他们对这一点是有共识的，即，人类与生态规律的联合已成为头条戒律：生态学是一种伦理学。”[①] 也就是说，生态经济发展，是经济在道德意义上的发展，保障自然与社会的有机共同体建构，是人类关怀品格之彰显。

（3）生态经济的本质：自由发展与和谐发展

生态经济致力于自由发展与和谐发展，自身就蕴藏人类的幸福与伦理，是对人类的终极关怀。

第一，自由发展。生态经济遵循自然规律并不意味着人类在自然面前无所适从，受自然的支配控制，而是通过对自然必然性的认识利用和改造自然，达成和谐共处。“只有实现人与自然的和谐相处，才能保障人在社会面前的自由，人在社会面前的自由又通过人与自然的和谐来体现。”[②] 因此，自然是生态经济之基。生态经济谋求自然面前的自由发展，无疑是满足人类自己的利益需求，实现自我幸福。“幸福是最高的善”[③],是内在善与外在善的统一。幸福是自我的主观感受，然而如果其脱离伦理的评判依据，充其量只是自私。如果我们过上充裕的物质生活，然而空气污染、水土流失、食品安全无法保障，幸福也将随之消失。生态经济需要对自然讲道德，遵循自然规律，因此，人类的真正幸福离不开自然。但是生态经济不能受制于自然，应致力于人类更高的善的生活，追求普遍的自由，才能实现真实的幸福。自由是人之规定、人之本质，人的自由选择成就自我的幸福。然而，自由并不是一个空洞的精神概念，其不局限于人的身体与精神，还存在于与自我、与他人、人与人结成的社会，还包括充满生机的自然。正如马克思所说的，“一个存在物如果在自身之外没有自己的自然界，就不是自然存在物，就不能参加自然界的生活”[④]。生态经济的本质是促进人与人联结的社会、人与自然相处社会的自由发展，是对人类终极关怀的体现。

第二，和谐发展。生态经济，是自然的自由，是对自然的本质规定，遵循生态规律，是人的本质的自然对象化；生态经济，还包括人类的自由，是人与自然的外在和谐，人类生产实践活动生态稳定平衡，丰富人的物质生活和精神生活，反过来更加促进自然的生态发展。由此可见，生态经济本质取向自然的自由与人的自由的和谐统一发展，正是关怀品格关系取向之目的彰显。“人与自然的内在和谐是人性意义上的和谐，它存在于人的本质之中；人与自然的外在

① [加拿大]E. 温克勒 . 环境伦理学观点综述 [J]. 国外社会科学，1992,（6）：56.

② 曹孟勤，黄翠新 . 论生态自由 [M]. 上海：上海三联书店，2014：33.

③ 曹孟勤，黄翠新 . 论生态自由 [M]. 上海：上海三联书店，2014：36.

④ [德] 马克思 .1844 年经济学哲学手稿 [M]. 中共中央马克思斯恩格斯列宁斯大林著作编译局编译，北京：人民出版社，2018：103.

和谐是实践性的和谐，它表现在人类加工改造自然界的现实活动之中。人与自然的内在和谐与外在和谐的关系是：内在和谐是外在和谐的根据，外在和谐是内在和谐的表现。人只有首先达成与自然的内在和谐，才能创造出与自然的外在和谐。”①

（4）生态经济的实现：道德责任的选择

生态经济的实现离不开人的理性自由，需要承担道德责任。自由赋予人的选择的可能性，表现出人的内在自由，体现人的能动性、主动性，从而赋予选择主体以责任。选择有是非和善恶，“有德性的人只选择善的东西”②。道德责任是对善作出选择的责任，“这种绝对的责任不是从别处接受的：它仅仅是我们的自由的结果的逻辑要求”③。即人承担责任，只是对一个人的选择的自由负责。马斯洛提出人的五个层次的需求理论，人的自我实现需求是人的精神追求的最高境界，也是人性的充分圆满实现和人类精神的最理想状况。生态经济是个体自我实现的实践活动，为人类的善提供可能的物质基础，可归为道德的善，对人、自然和社会产生同情、关爱与保护的关怀情感，彰显人的关怀品格的一面。“同类的道德关怀延伸至非同类，从所有人到动物、植物、其他生物和非生物。”④“如果我们摆脱自己的偏见，抛弃我们对其他生命的疏远性，与我们周围的生命休戚与共，那么我们就是道德的。只有这样，我们才是真正的人；只有这样，我们才会有一种特殊的、不会失去的、不断发展的和方向明确的德性。”⑤奠基于生态经济之上的道德责任，要求我们把道德关怀的对象由人拓展到自然及其存在物，并包括对自然的改造过程，促进人的自由本质的实现，即，自然、人和社会的生态自由发展，是其本性的生存与发展，既让人自由，又让自然自由，让社会自由。因此，生态经济发展，实现人、自然界与社会的真正复活，消解他们纯粹的有用性和工具性，获得自身真正存在的自由。“生态自由本身所蕴含的生态道德责任是让万物竞自由。”⑥生态经济实现于万物自由中，人是自由存在，自然是自由存在，社会是自由存在，但是三者并不是孤立存在，而且相互依赖、互相制约、相互作用，唯有如此，才能实现经济的生态发展，才能成就人的自

① 曹孟勤．人与自然和谐的内在机制 [J]. 南京林业大学学报（人文社会科学版），2005，（3）：14.

② 曹孟勤，黄翠新．论生态自由 [M]. 上海：上海三联书店，2014：326.

③ [法] 萨特．存在与虚无 [M]. 陈宣良，译．上海：上海三联书店，1987：708.

④ 曹孟勤，黄翠新．论生态自由 [M]. 上海：上海三联书店，2014：370.

⑤ [法] 施韦泽．敬畏生命：五十年来的基本论述 [M]. 陈泽环，译．上海：上海社会科学院出版社，2003：19.

⑥ 曹孟勤，黄翠新．论生态自由 [M]. 上海：上海三联书店，2014：371.

由和人类的永续存在。正是基于此，生态经济发展的道德责任选择奠定了关怀品格的物质基础。

2. 生态经济的发展方式：关怀思维之转向

经济的生态发展，要求人们具有良好的综合素养，在思想、知识、技能等方面越来越开明、越来越有理智，达成人类普遍有智慧的幸福生存。现代社会在经济迅速发展的同时，仍然存在一系列的问题，如超前消费、过度消费、攀比的生活方式、奢侈的交往方式、稀有资源的享受思维、唯我独尊的价值取向，等等，这些问题已不仅仅局限于物质范畴，而是需要我们在知识、思维、制度等方面全面整合的思维方式。

关怀思维关注个性追求、精神完善之思维方式。生态经济背景下，关怀思维转向具有以下特征：其一，从劣性竞争转向个性追求。劣性竞争是为利益而竞争，个人利益成为个人生存的目的，追求个人利益成为个人行为的动机和原动力，个人利益实现的程度成为衡量个人人生价值的尺度。关怀思维则是个性取向的思维方式，个性的尊重、发挥和实现程度成为个人生存的目的，追求个性自由成为个体行为的动机、原动力，个性实现的程度就成为个人人生价值的尺度。劣性竞争注重个人利益的占有量，关怀思维则尊重个性的具体性和丰富性，从而强调人的独一无二的价值。劣性竞争强调占有和目标取向功能，不可避免地妨碍或伤害他人、社会和自然。关怀思维高扬个性，追求精神价值目标，同时不妨碍和伤害他人、社会和自然。其二，从唯利是图转向精神的完善。唯利是图把个人自我利益的占有量作为衡量人生价值取向的尺度，往往采取贪婪、疯狂的方式甚至不择手段，追求个人自我利益的动机和行为因恶而生、而行。关怀思维不惟利益取向，而是不断地进取和创新，以个人的本质实现和个性精神为追求。人的精神永远具有可完善性，其精神境界的提升是无止境的，关怀思维着力于不断充实个人精神。当然，关怀思维并不是排斥利益获得，而是要求正确、合理追求个人利益，以人的精神境界展现个人品格的现实水平和个体独特性，从而要求个体合理追求个人的物质需要。然而，唯利是图对利益的无限追求，往往造成对社会资源的浪费、破坏，从而走向发展的反面。其三，从个人自我中心转向自我与他人关爱关系的联结。生态经济发展的关怀思维方式建立于人与人关系认识的基础上，人与人间是依赖的、关爱的相互关系。如果一定要以目的和手段来阐述自我利益与他人利益的关系，也是目的与手段的统一。当自我利益依赖于他人时，他人是手段，自我是目的；当他人利益依赖于自我时，自我是手段，他人是目的。生态经济的发展不是唯自我或唯某一集体、群体的利益发展，而是也为他人或其他集体、群体的利益发展，既重视和保障个人利益，又注重维护他人和集体利益，个人利益和他人利益、个人利益和集体利益之间相互依赖、相互促进、和谐发展。关怀思维作为生态经济发展的一种思维方式。它能够提升人的生存的方式，但同时，它不能脱离基本的吃、穿、住、行等物质需求，它是在保障基本的生存条件基础上涵养、发展和提高的人的关怀品格。

树立关怀思维，要求经济发展作出如下变化：其一，以个人自我实现为追求目标。生态经济的发展并不排斥个人自我的实现。相反，生态经济要求人们以自我实现为目标追求。自我实现不能脱离一定的物质基础条件，而物质条件可作为不可缺少的基础条件，但是不能作为人的唯一追求目标。自我实现更主要的是精神方面的追求，譬如个性的发展、人格的完善、创造性的发挥等。因此，不以物质财富为唯一占有目标的追求，必然会理性地或者以持续发展为原则使用自然资源，从而最大限度减少能源耗费。其二，以精神享受为终极目标。生态经济的发展要求人们获得更多的精神享受。关怀思维，要求人们改变享受的思维方式，不唯以物质享受为目标，不鼓励对物质的无限占有和奢侈享受，而主张无限提高人们精神享受水平。这种享受思维，减少了对自然资源的消费，并大大减少生产和消费带来的污染环境的废弃物。当前，减少自然资源的开采和利用，减少向自然丢弃废弃物，仍然是解决环境资源利用和污染问题的主要途径。因此，生态经济的发展能极大地促进精神享受的提高。同时，关怀思维要求人们在利用和改造自然的过程中，必须把握自然环境更适合人类生存和自然环境更具有审美价值两条基本原则，即经济发展与自然环境和谐相处，达成和谐一体的境界。

3. 生态经济发展目标：关怀人的幸福生存

经济可以生态良性的方式发展，也可以生态破坏的方式发展。“马克思关于人类繁荣或自我实现的概念——并认为它可能得以实现的方式应该是那些不依赖于大量的消耗或日益增长的自然资源数量的方式。”[①]一方面人依靠自然界，另一方面人生产自然界，同时人还以美的尺度审视和改造自然界。无疑，目前经济的发展使人们生活方式越来越方便，交通越来越便捷、高速，GDP 数字越

① ［英］乔纳森·休斯．生态与历史唯物主义［M］．张晓琼，侯晓滨，译．南京：江苏人民出版社，2011：285.

来越高，物质财富越来越丰富。然而，人类在经济建设的过程中对自然的破坏，给人们带来了各种灾难。自然界自身变得很贫乏，被毒化或荒漠化，而且媒体、金融机构等还对有限的自然资源进行炒作和投机，多方面消耗、浪费和破坏，人类的生存根基已变得相当脆弱。丰富的自然界成为能源和资源库，丧失其自然的本质存在维度，而对人而言则丧失其审美创造和自由发展的维度，这意味着在技术、经济单向度操控的经济发展日益失去其可持续发展性，日益变为抽象、程序、缺乏光彩的生产运动，从而丧失对自然界和社会的总体理解力和把握力，而仅以抽象数字和知识逻辑作为发展方式和发展目标，计量得失。这一切，使人们重新思考科学技术的伦理和人类行为的合理性限度对经济持续发展的作用。

“人作为有生命的自然存在物，需要在他之外的自然界和感性对象，以展现其生命力并确证其对象性本质力量。”[①]“解放属于人的自然。”[②]显然，经济和科学技术在经济发展中的应用，尤其是近年来大型经济建设项目，立足于自然的保护，优化自然环境，实现高质量发展，在丰富物质财富的同时，改善人们的生存和生活环境，取得了不小的进展。这种生态经济建设是在遵循客观规律、敬畏自然生命力的基础上从事物质生产活动，拒绝随心所欲的改造，否则就会在更大系统内造成物质变换的紊乱和断裂。“从理论领域来说，植物、动物、石头、空气、光等等，一方面作为自然科学的对象，一方面作为艺术的对象，都是人的意识的一部分，是人的精神的无机界，是人必须事先进行加工以便享用和消化的精神食粮；同样，从实践领域来说，这些东西也是人的生活和人的活动的一部分。人在肉体上只有靠这些自然产品才能生活，不管这些产品是以食物、燃料、衣着的形式还是以住房等等形式表现出来。”[③]生态经济承认人自身就是自然界的不可分割的一部分，人的自由发展意味着自然界的生态发展，自然界的生态发展有助于实现人的自由发展，两者有机统一于生态经济发展目标——人的幸福生存。

生态经济发展目标，关怀人的幸福生存可分为四个层次：成功地生存、优质地生存、雅致地生存和完美地生存，这也是生态经济在人的关怀层面上的四个阶段。成功地生存，表明人的个性得以实现：人的需要得到满足和人的潜能

---

① 方锡良．现代性批判视域中的马克思自然观研究 [M]. 上海：上海人民出版社，2014：199.

② 方锡良．现代性批判视域中的马克思自然观研究 [M]. 上海：上海人民出版社，2014：211.

③ ［德］马克思．1844 年经济学哲学手稿 [M]. 中共中央马克思斯恩格斯列宁斯大林著作编译局编译，北京：人民出版社，2018：52.

得以挖掘。人的需要可划分为生存需要、发展需要、精神需要三个层次，成功地生存，就是这三个层次的需要都得以满足；人的潜能可划分为生活潜能、工作潜能和个性潜能三个方面，成功地生存，就是这三个方面的潜能都要实现正常的发挥。可以说，成功地生存的人，就是自我实现的人，并且是能自我实现的人。优质地生存，就是能圆满地实现自我个性的生存。这一层面的人，能够创造性地生活、工作，他的个性也能得以创造性地发挥。优质地生存之人，素质高尚，能力强大，生命充满活力，生活充满乐趣，不仅能优质地自我生存，而且能为他人带来福祉。雅致地生存，指以审美的眼光来看待生存，能以美感受生存、对待生存、满足各方面的需要，以审美的态度和方式设计生活、创造生活和享受生活。由于其生命中由内而外的美感，感染并激发周围他人的美。完美地生存，不仅实现自我个性、创造发展和审美展现，而且是智慧的生存，是精神的生存追求。这个层面的人，把自我的不断反思和批判作为自己的生存状态，并进而开展对他人的理性审视。完美地生存之人，集智慧、思想、洞察力于一体，不仅完美实现自己的生存，而且能给他人造福、创美，甚至为他人启迪人生。

（三）文化自信的坚定：关怀品格的精神支持

1. 文化的结构系统

文化是文明的一种力量源泉，它是人类长期与客观自然世界交往、实践作用的产物。马克思称它为“第二自然”。“文化”字样的出现伴随着“文”“明”字样的出现。如《尚书·序》曰：“由是文籍生焉。”《尚书·舜典》曰：“睿哲文明，温恭永塞。”《易·贲卦·象》曰：“观乎人文，以化成天下。”西汉刘向的《说苑·指武》曰：“凡武之为，为不服也，文化不改，然后加诛。”这些蕴含着当时人们对文化现象的诸种认识。依据西方词源学，拉丁文“Cultura”的本意为耕种、栽培、照料，后被逐渐引申为教育、培训、发展之意。现在，人们通常于人的文化水平、教育程度、思想素养等意义上使用它。如果从文化的内涵和外延看，现在比较普遍的观点是文化包含物质文化、制度文化和精神文化三大方面。物质文化凝结着自然性和超自然性，即是自然物与社会物两者的统一。物质文化的物质属性，如物的质、量和度，统一于人类生产实践的方式及其全部产物。因此物质文化体现为生产力、物质生产过程和物质产品。制度文化是一种社会规范文化，包含生产关系、各种社会制度和组织形式以及社会关系及其行为准则和规范。精神文化是具有认知与价值功能的深层文化结构系统。它包括各种文化设施和文化活动，满足人们生活需要的劳动方式、消费方式、休闲方式等，还包括人们的心理状态、思维方式、伦理道德、价值理念和审美取向等。在文化的三方面构成要素中，其关系表现为：物质文化是文化的表层结构，制度文化是文化的中层结构，精神文化是文化的深层结构。文化的三个层面是相互联系和相互作用，又各自相对独立而共同构成的文化体系。文化的此结构系统，强调人在文化中的地位，文化的属人性和超自然性，文化与人类有关；强调了文化的人的类本质，即文化的超个体性和社会性，不能简单拘泥于个体的角度理解文化；强调文化是人的实践活动的方式及其活动所创造的产物，文化的本质是人创造的产物；强调文化系统的复杂性和独特性。

2. 文化自信的内涵与特征

“文化自信是一个国家、一个民族、一个政党对自身文化价值的充分肯定，对自身文化生命力的坚定信念。”[①] 它是民族、国家、社会的发展，乃至个人的发展的精神支撑。

（1）文化自信的内涵

文化自信的内涵可从多维角度分析。从内容角度看，“优秀传统文化、革命文化和社会主义先进文化构成了中国文化的主体”[②]，组成文化自信的内涵。其中，中华优秀传统文化，包括千年来的仁爱文化，法治文化，民本文化、大同文化、合一文化，孝文化，诚信文化等，还有丰富多样的艺术文化，装饰文化、建筑文化、瓷器文化、饮食文化、雕刻文化等，这些文化体现了中华民族、中国人民的精神风貌、才能智慧、交往之道、理想信念、生活追求与道德信仰等，是新时代中国人的文化自信源泉。革命文化是中华民族站起来的文化，是中国共产党带领人民独立与富强奋斗道路上，彰显的奋发向上的革命文化，包括了五四运动精神、井冈山精神、长征精神、延安精神等，以及在社会主义革命建设过程中显现的雷锋精神、大庆精神，两弹一星精神、抗洪精神、抗震救灾精神、女排精神、抗疫精神、航天精神等，这些彰显着责任担当、无私奉献、奋斗创新、负重前行的革命情感和革命意志，是新时代中国人文化自信的支柱。中国特色社会主义先进文化在社会主义事业探索与前进道路上形成，是一种综

① 云杉 . 文化自觉 文化自信 文化自强—— 对繁荣发展中国特色社会主义文化的思考（中）[J]. 红旗文稿，2010（16）：4.

② 石文卓 . 文化自信：基本内涵、依据来源与提升路径 [J]. 思想教育研究，2017(05):44.

合的、先进的文化，辩证吸纳了优秀的传统文化和革命文化的特点，顺应时代发展的潮流，促进生产力的发展，符合广大人民的利益，推动世界人类文明的进步，是新时代中国人文化自信的活水。当前，我国的经济、政治、文化、社会与生态文明全面发展、全面进步，人民的物质和精神水平日益提升，代表着中国先进文化的前进方向。

（2）文化自信的特征：包容交往的趋向

从对象角度看，文化自信包括国家文化自信、民族文化自信、社会文化自信、个人文化自信和人类文化自信；从空间角度看，文化自信包括我国文化的自信和外国文化的理解。因此，文化自信的践行，借助于社会交往，必然呈现理解、包容的趋势特征。

人类文化、人类文明的多样性，是文化的不朽特质，任何一种文化，都需要融入更为丰富、多样的世界文化，这是文化自信旺盛生命力的保障。因此，故步自封、唯我独尊，走向文化自信的对立面。相反，文化的交流、理解、共享和融合才是新时代文化自信的表现，共存、共享和共荣是文化自信的根本出路。文化自信的生命力在于包容交往，包容交往意味着双方平等、宽容和接纳彼此的不同文化。“包容感……强调个人归属感与独特性或真实感需求的满足”[①],包容是对差异的肯定。文化自信的探讨涉及价值观和信仰问题,这些又极容易转变成情感或心理因素，如果缺失包容感极容易产生巨大的阻力，从而引发不同种族群体间的诸多问题。因此，“不提倡用某一种文明的意识形态、价值观念来解决不同文明之间的问题，因为用一种文明的‘标准’去评判另一种文明,不管这种做法‘对不对’,实际上会让人感觉到这样做‘好不好’”[②]。这种评判趋向于强迫他人接受原本不属于他们自有价值体系的观念，实质上含有欺压和侵略性质。关怀“更具包容性的价值”[③]。因此，以关怀包容不同文化之间的交往，理解、尊重不同文化蕴含的“仪式”“象征”和“意义”，拒绝简单地仅按照经济或利益目的来解释和选择的工具趋向，成为文化自信的核心价值取向。未来文化自信的坚守，是开放包容的发展；未来哪种文化发展得更好，依赖于哪种文化更加开放包容。如黎巴嫩—中国友好联合会主席马斯欧德·达希尔就

① 景保峰，周霞．包容研究前沿述评与展望 [J]. 外国经济与管理，2017，（12）：6.

② 费孝通．全球化与文化自觉：费孝通晚年文选 [M]. 北京：外语教学与研究出版社，2013：40.

③ 弗吉尼亚·赫尔德．关怀伦理学 [M]. 苑莉均，译．北京：商务印书馆，2014：116.

指出："我们应该欣赏不同文明的美好之处，加强对话、增进合作。"①

3. 文化自信的关怀品格意蕴

文化自信追求社会进步的文化。"美人之美，美美与共"，学习、包容他人的优秀文化，是文化自信的关怀价值取向；命运共同体建设，在群体的彼此关系中实践善行，是文化自信交流的关怀目标取向。

（1）美人之美，美美与共：文化自信的关怀价值取向

现代化使人和人的交往最明显的表现是距离缩短，接触增多，范围扩大，往来频繁，生活相互影响。这样，从太平洋至大西洋，从南半球到北半球，从小村庄到大城市，从小国家至大国家，人类编织在一个全球性的世界大关系网中。文化呈现多样性，包含着价值观念的内涵。不同地区和不同民族由于经济发展状况的差异、历史发展进程的不同，其社会制度和意识形态亦存在差距，各自呈现着他们特有的价值倾向。"文化是思想活动，是对美和高尚情感的接受。"② 在人类命运共同体的构建背景下，拥有各种不同文化、怀着不同价值观念的人，如何才能在越来越息息相关的世界上和谐共处。坚守文化自信，达成"美美与共"。文化自信强调对自我优秀文化的自省，了解文化的产生源头、形成过程、发展趋势及其蕴含的特色；强调对优秀文化发展把握的主动力，同时包含对文化的修正与取舍过程，树立在新环境、新时代中的主体地位。文化自信的关怀价值取向是"美人之美，美美与共"，学习他人的优秀文化，对优秀文化相互包容、相互学习，从而达成人与人之间、国家与国家之间、民族与民族之间的平等理解、相互尊重、共同进步，实现对人类的关怀。

第一，"美人之美"。"美人之美"要求不同社会群体对差异文化采取合作共荣的态度，双方平等相待、宽容相对，开展对话的交往方式。社会群体间的接触、交流乃至融合已成为历史的必然，群体中人和人之间的彼此相处问题，群体和群体间彼此沟通问题，涉及不同文化背景影响下价值观差异的相互认可，而诸多群体间价值观点的认同有利于群体相互协作、共同促进和相互融合。现实社会出现与"美人之美"相违背的情况，当一方触及另一方的生活、生存及发展的利益而产生冲突时，任何一方都以自我的价值信念作为团结、凝聚内在群体的力量，而又以自我的价值信念作为对外指责他方信念的对抗力。事实上，

① 张楷欣．美人之美　美美与共——国际人士积极评价习近平主席加强文明交流互鉴四点主张 [N]. 人民日报，2019-5-18（2）.

② [英] 怀特海．教育目的 [M]. 徐汝舟，译．北京：生活·读书·新知三联书店，2002：1.

"'美好社会'是群体的社会行为准则的基础，是各群体社会生活所赖以维持的价值体系"[①]。这要求各个群体不采取唯己独美的中心主义，而各自保持其价值体系，和其他群体建立和平互利的交往关系。根据求同存异的原则，坚持长期的交流以至达到自觉融合为人类命运共同体的大世界。为此，设身处地从各群体成员的立场去理解其他群体的文化和价值观念，"美人之美"，各群体均要认同其他群体自身的价值体系，关怀不同价值标准的并存。因此，"美人之美"体现的是文化自信的关怀价值取向。

第二，"美美与共"。"美美与共"是不同人群达成文化价值共识，促进不同文化的和平共处发展，其状态需要经历更为复杂和曲折的过程。文化自信的交流具有双向性，如今，西方文化快速向其他世界传播的同时，其他世界的文化也同时向西方社会传播，这种文化上的交融，时刻都在发生。这些经过"消化""改造"后吸收的"异文化"，成为各自文明中新的、属于自己的内容，并从文化、政治、经济和意识形态等方面反映出来。事实上，当今世界的文化是"你中有我，我中有你"。为此，我们必须改变以往刻板的、抽象的思维方式，以一种共享美、共创美的动态展望眼光，以此关怀当前世界多元文化和文明之间的积极关系。2022 年 7 月，习近平总书记同意大利总统马塔雷拉分别向"意大利之源——古罗马文明展"开幕式致贺信中指出："相互尊重、和衷共济、和合共生是人类文明发展的正确道路。中国愿同国际社会一道，坚持弘扬平等、互鉴、对话、包容的文明观，以文明交流超越文明隔阂，以文明互鉴超越文明冲突，以文明共存超越文明优越，推动构建人类命运共同体。"[②]因此，"美美与共"所展现的同样是文化自信的关怀价值取向。

（2）命运共同体建设：文化自信交流的关怀目标取向

共同体建设意味着共同利益的趋向，人们共享并交流各种善意，而且是一种群体的善意，在彼此关系中实践善行，进而达成自身的幸福。"由此可见，共同利益是通过集体努力紧密团结的社会成员关系中的固有因素。"[③]命运共同体建设及其裨益具有内在的共同性，是对人类美好生活的建设，是文化自信交流的关怀目标取向。

① 费孝通．全球化与文化自觉：费孝通晚年文选 [M]. 北京：外语教学与研究出版社，2013：25-26.

② 新华社．习近平同意大利总统马塔雷拉分别向"意大利之源——古罗马文明展"开幕式致贺信 [N]. 光明日报，2022-07-11（1）.

③ 联合国教科文组织．反思教育：向"全球共同利益"的理念转变？[M]. 联合国教科文组织总部中文科，译．北京：教育科学出版社，2017：69.

首先，基于文化自信的命运共同体建设并不否定个人，而是关怀人的个体性。从某种程度看，文化自信的命运共同体是新时代精神文明建设的一部分。把个人的解放和自由作为人类命运共同体的核心，强调人，即个人的自由、个性和权利的核心地位。因为，个体自由、个性发展和个人权利的尊重和保护，彰显文化自信的命运共同体的建设要求。当然，现代社会确实存在以自由引向贪得无厌的利益追求，不仅导致人的问题，还会引发社会问题。“但是它所确立的个体原则、自由原则、个性原则、人权原则都为人类优雅生存提供了基本理念和精神。”①其次，基于文化自信的命运共同体建设是对话的交流。文化自信以人为中心，涉及历史、文化传统、习俗、文学、艺术等诸多领域。在命运共同体的建设中和在对跨文化的研究中，理解人的类属性，“理解人的生物性、文化性、社会性，人的思想、意识、知识、体验以及个人和群体之间微妙、复杂的辩证关系等等都是至关重要的”②。正是借助人与人之间的对话、交流和传播，积淀并形成人类共同体的精神和心理财富，促进人类命运共同体的构建，从而让不同的文明、不同的文化的人们以共同体的形式相互理解，共同建构人类命运共同体。第三，基于文化自信的命运共同体建设是共同参与的过程。人类命运共同体是人类的社会行为准则，是世界各族人民的社会生活所赖以维持的价值体系，人类命运共同体的意念是人类社会的共性。因此，共同参与本身就是命运共同体的共同利益。“共同行动是共同利益本身所固有的，并且有助于共同利益，而且在共同行动的过程中也会产生裨益。”③因此，坚定文化自信，建设命运共同体，体现关怀目标导向，不仅关注个人的“好命运”，关注民族的福祉，甚至关怀人类的共同美好生活。

从人类征服自然的历史过程看，文化被设置成“为人”。征服自然成为人的人生奋斗目标，人则和自然相对立，文化世界也就和自然世界相对立，也就是文化和自然相对立。夸大文化为人，人成主体，自然成为主体支配的客体，以致把文化看成是人利用自然来达到自身目的的成就。这种文化价值观是人定胜天、人优于自然的体现，文化成为达成人生活目的的工具手段，把文化价值目标放在其对人的生活的物质利益取向上。从而带来文化生态失衡问题，文化的发展和变化，受其所处的文化和外来文化交流的相互制约、调适和促进。“当今

① 江畅．幸福与和谐[M].北京：科学出版社，2016：343.

② 费孝通．全球化与文化自觉：费孝通晚年文选[M].北京：外语教学与研究出版社，2013：39-40.

③ 联合国教科文组织．反思教育：向“全球共同利益”的理念转变？[M].联合国教科文组织总部中文科，译．北京：教育科学出版社，2017：70.

的物质文明和精神文明还没有真正的协调一致，新的物质文明需要有一个新的精神文明、一个新的文化观念、一个新的道德标准。”① 如新的精神文明还在探索和完善之中，人类的新发展与建造文化世界的自然相互对立。这种对抗结果是自然界的生态失衡，河流、空气、土地被污染，甚至太空和海洋气候的不良变化，启示人类和自然间的紧张关系。今天，人类遇到的世界两难问题，已经不单纯是文化的问题，还成了一个带有政治性的，里面隐含着一个霸权主义扩张的问题。②

2019 年，习近平主席在亚洲文明对话大会开幕式上发表《深化文明交流互鉴 共建亚洲命运共同体》的主旨演讲：“我们应该秉持平等和尊重，摒弃傲慢和偏见，加深对自身文明和其他文明差异性的认知，推动不同文明交流对话、和谐共生。”③ 全人类正在改变世界，创建一个前所未有的美好新世界。在这个新的世界里，文化问题将得到重视并逐渐解决。理解、尊重和包容不同民族的文明文化，不局限于一个途径或一个方法，而是基于不同的出发点，采取多元化的方法，依据自己本土不同的文化传统进行创造，从而让人更好地生活在这个世界上。在对人类物质文明文化关怀的基础上，关怀一个更加美好的精神文明世界的创造。这一切意味着文化自信成为关怀品格的精神支持。

三、关怀品格发展的走向

关怀品格作为一种道德品质，属于社会的精神文明。“任何一种文明都要与时偕行，不断吸纳时代精华”。④ 现代人的态度、价值观不同于以往的传统人，其所具有的关怀品格同样具有时代的特质，有着现时代的象征及意义。

（一）关怀空间的拓展

空间关涉的是横向维度。关怀空间拓展针对社会交往的层面，“对他人利益

① 费孝通 . 全球化与文化自觉：费孝通晚年文选 [M]. 北京：外语教学与研究出版社，2013：180.

② 费孝通 . 全球化与文化自觉：费孝通晚年文选 [M]. 北京：外语教学与研究出版社，2013：184.

③ 习近平 . 深化文明交流互鉴 共建亚洲命运共同体——在亚洲文明对话大会开幕式上的主旨演讲 [N]. 光明日报，2019-5-16（2）.

④ 张楷欣 . 美人之美 美美与共——国际人士积极评价习近平主席加强文明交流互鉴四点主张 [N]. 人民日报，2019-5-18（2）.

的肯定、关心等等，是社会成员能够和谐相处、社会共同体能够维系的基础”[①]。

1. 由直接关怀拓展至间接关怀

直接关怀是关怀者给予被关怀者直接关爱，关怀行为在双方之间直接生发。以往，我们认可的关怀常常为直接的关怀，如果亲人或朋友因某种原因需要照料，即便他们在远方，承担直接的关怀或照顾的任务也被认为是必要的。我们倡导这种直接关怀，因为直接的感知，能让人感受真实的生命存在、被关怀、被需要和被照顾，其具有间接关怀无可比拟的优越性。“眼睛成为人的眼睛，正像眼睛的对象成为社会的、人的、由人并为了人创造出来的对象一样。因此，感觉在自己的实践中直接成为理论家。感觉为了物而同物发生关系，但物本身是对自身和对人的一种对象性的、人的关系，反过来也是这样。”[②]“因为任何一个对象对我的意义（它只是对那个与它相适应的感觉来说才有意义）恰好都以我的感觉所及的程度为限。”[③]因此，直接关怀的可感受性和直接感知性增强了关怀者与被关怀者之间的关爱关系。

在现实社会中，随着科学技术的发展，人们的生活理念与交往方式亦发生变化，借助视频电话、微信、网络、言论，那种远距离的而又近似面对面的关心越来越普遍化和被接受。这就是现代社会的间接关怀。间接关怀是关怀者无法给予被关怀者直接的关怀照料，而借助于充满爱心的语言、捐助、发表赞同言论、投票等方式关心、支持某个人、某些社会群体，从而实现关怀目的。然而，即便是间接关怀，其“目标在于确保关怀行为确实发生”[④]。现代社会，间接关怀正在发挥着越来越大的作用，如对弱势群体的捐助，对贫困群体的支持，对受灾群体或需要关怀人群的救助，对社会慈善民众的言论支持，对社会正义群体的投票支持，等等，这些关怀行为往往都是关怀者以间接关怀形式予以践行。

2. 由个体关怀拓展至共同体关怀

个体关怀指关怀行为往往针对具体的个人发生。个体与具体环境之间、个

---

① 杨国荣．伦理与存在：道德哲学研究 [M]. 上海：上海人民出版社，2002：36.

② 马克思．1844 年经济学哲学手稿 [M]. 中共中央马克思恩格斯列宁斯大林著作编译局编译，北京：人民出版社，2018：82.

③ 马克思．1844 年经济学哲学手稿 [M]. 中共中央马克思恩格斯列宁斯大林著作编译局编译，北京：人民出版社，2018：84.

④ [美] 内尔·诺丁斯．始于家庭：关怀与社会政策 [M]. 侯晶晶，译．北京：教育科学出版社，2006：22.

体自身不同发展阶段之间、个体不同状态的自我之间都构成个体的关怀世界，“是潜在的人与现实的人的统一体”[①]。任何一个具体个人都是不可分割的生命有机体，其存活和生长内在于此生命有机体中；任何一个具体个人的价值均体现于个体的丰富生命历程中，通过个体的主观努力和自我创造来建构和实现，认识具体个体生命的成长与发展，离不开对具体个人生命经历的关心与提升。因此，个体关怀既包括对个体的纵向关怀，又包括对个体的横向关怀。从个体关怀具体内容看，包括对个体的生理、年龄、道德、思想、行为和价值等方面的关怀，是对个体的独特性和普遍性，个性和群体性的关怀。

一个完整健康的人，是一个关系体的存在，自我是一种关系，很难区分自我利益与他人利益。因此，自我是一种社会存在，自我与他人不可能是一种完全分离的关系，而是一种多维度的关系存在，个体与个体之间、个体与群体之间、个体与社会之间都构成人的关系存在。“关怀伦理的核心伦理目标就是建立、维系和增进关怀关系。”[②]可以说，对于关怀品格而言，个体与个体、个体与群体，个体与社会之间构成共同联系的关怀共同体。一个共同体又是由许许多多的共同体组成，它们交互共存和相互依赖于真实的现实中。而众多的共同体又聚集于一个共同的主体周围，遵循这一主体的共同规则。真正的共同体“不是问责性，而是活生生的主体的力量”。“不是线性的、静态的、分等级的，而是圆形的、互动的、动态的。”[③]在真实共同体中，“每个人的自由发展是一切人的自由发展的条件”[④]。因此，共同体关怀，是指处于共同体中的许许多多个人、许许多多群体、许许多多共同体相互关爱并被关爱，共同发挥主体的力量，促进这一共同体的和谐发展。当前，习近平总书记提出的人类命运共同体，不仅包括人与人间的共同体，还拓展至国与国之间的人类命运共同体、人与自然的共同体。因为，“现实是共同联系的关系网”[⑤]，所谓世界，“最根本的就是人与他人的‘共在’中所展开的生存空间与生活境遇”[⑥]。因此，由个体关怀拓展至

---

① 刘文霞．个性教育论[M]．呼和浩特：内蒙古大学出版社，1997：18.

② [美]内尔·诺丁斯．始于家庭：关怀与社会政策[M]．侯晶晶，译．北京：教育科学出版社，2006：207.

③ [美]帕克·帕尔默．教学勇气——漫步教师心灵[M]．吴国珍，等，译．上海：华东师范大学出版社，2014：96.

④ 马克思恩格斯文集（第2卷）[M]．中共中央马克思恩格斯列宁斯大林著作编译局编译，北京：人民出版社，2009：53.

⑤ [美]帕克·帕尔默．教学勇气——漫步教师心灵[M]．吴国珍，等，译．上海：华东师范大学出版社，2014：88.

⑥ 贺来．“关系理性”与真实的“共同体”[J]．中国社会科学，2015，(6)：32.

共同体关怀是关怀品格的现实走向。

3. 从本土关怀拓展至国际关怀

关怀注重培养信任关系，重视相互依存，以促进社会团结和国际合作。未来的关怀不仅在于一个社会内关系的转变，而且要求于全球范围内的转变，“一个关怀的多重关系将扩展到包容整个人类社区”[①]。

关怀品格首先是基于本国实际现状的关怀品质。目前，我国已进入中国特色社会主义的新阶段，全面建成小康社会。基于此，目前我国的本土关怀既包括对人民的生存关怀，也包括对人民的精神关怀。“脱贫攻坚”“两不愁三保障”[②]等，均意味着对人民的基本关怀，保障人民的基本生命和身心不受伤害。精神关怀则是建立于生存关怀之上，超越自然的内在生命，它表现为对高尚品格的追求和完美人格的实现。2019 年 10 月中共中央国务院印发的《新时代公民道德建设实施纲要》，要求“把社会公德、职业道德、家庭美德、个人品德建设作为着力点。”西安多位市民筹办“爱心粥屋”，为环卫工人、空巢老人和拾荒者等免费提供早餐；[③]葫芦岛市急救中心 10 多分钟的电话通话，指导家属心肺复苏，成功挽救了一条生命；[④]郑州的哥的开车离开又返回，陪伴夜间在偏僻无人处下车的姑娘等人；[⑤]梅州市辅警紧拽老人的手小心翼翼帮助其过马路；[⑥]等等。既是社会公德、个人品德的展现，也是关怀品格在我国的关怀实践。

新技术革命的迅速发展，全球范围的竞争和合作日趋紧密。关怀的国际化势头也越来越明显和迅猛，成为关怀品格未来发展的一个趋势。“关爱关系的全球化将有利于使不同国家和文化的人和平共处，尊重对方的权利，共同关心他们的环境，并且改善其子女的生活。”[⑦]未来，国际流动将更加频繁，许多国家在教育、文化、金融、商业、能源、环境等方面的交流日益紧密，这要求交流

① [美]弗吉尼亚·赫尔德.关怀伦理学[M].苑莉均，译.北京：商务印书馆，2014：267.

② 2011 年，中共中央 国务院印发的《中国农村扶贫开发纲要(2011-2020 年)》指出，“两不愁”指保证扶贫对象“不愁吃、不愁穿”；“三保障”，指保障扶贫对象的“义务教育、基本医疗和住房”。

③ 陈绪厚，池玉杏.西安首家“爱心粥屋”开业，免费为残疾人等供早餐[OL]. https://www.sohu.com/a/231249509_260616.

④ 现实版“保持通话”：120 调度员电话指导患者家属进行心肺复苏急救[OL]. http://www.dzwww.com/xinwen/guoneixinwen/201806/t20180609_17471013.htm.

⑤ 郭萍.姑娘夜间偏僻无人处下车 的哥开车离开后突然拐回[OL].http://news.163.com/18/0520/08/DI8410UA0001875P.html.

⑥ 暖！辅警拽紧老人的手过马路 车辆自动排队让行[OL].https://item.btime.com/37rarvif8a79iaori2r723le81o?from=haoz1t4p4.

⑦ [美]弗吉尼亚·赫尔德.关怀伦理学[M].苑莉均，译.北京：商务印书馆，2014：270.

的任何一方必须以尊重、理解另一方为基础，促进各国的相互交流和合作，帮助欠发达国家和发展中国家实现发展目标。国际会议的举行日益频繁，如国际论坛、国际经济论坛、国际会谈、金砖国家会议、国际博览会、全球峰会、联合国气候行动峰会和全球治理论坛等，正在促成各国对问题的协商与解决，促进各国对多边主义的共同维护、国与国之间的交流合作、国际争端的政治解决、气候变化的共同应对和“一带一路”的共建合作等，这一切都正在促成人类命运共同体的构建。国际间的援助活动加强。目前，通过国际途径和力量对发展中国家的经济援助正在加强，如通过“一带一路”建设，借助贷款、投资等形式，帮助和促进发展中国家的发展，对他们的教育、文化、经济等方面作出贡献。所有这些行动均彰显着关怀品格的国际关怀趋势。

（二）关怀内涵的深化

关怀内涵的深化是关怀品格理论的丰富与发展，表现为：由生存关怀趋向精神关怀、由起点关怀趋向终身关怀、由关怀与正义的分离趋向关怀与正义的道德实践融合。

1. 由生存关怀趋向精神关怀

人的生存首先是作为自然生命体的存在，需要通过物质来维系。人的生命成长、维持和延续需要借助物质的养分，从某种意义上说，“任何生命体都是以物质形式存在的”①。人类需求的多样性和丰富性，首先表现为生存的需要，保障个体的吃、穿、住、行，防治、减少疾病的发生，建设宜居的生存环境，极大地丰富人民物质生活。从目前我国的实际状况看，到2020年小康生活的全面实现，意味着人的生存关怀达到了一个新高度。在物质关怀充分实现的基础上，目前，我们已经越来越意识到对人民精神关怀的重要意义。无论是对网络环境的净化，媒体正能量的传播，社会主义核心价值观的建设，还是对社会主义道德建设的新要求，无不彰显着关怀品格的精神关怀趋向。从历史进程看，在以人的方式表现其生命活动的过程中，从猿的动物进化到人脑，从动物心理进化到人的心理意识，注定了人不仅只是局限于动物的本能存在，人类所特有的主观能动性必然超越人类的自然生命的存在方式，注定了人类不可能仅满足于生存的动物性的需要，人的知识、情感、审美、德育、价值和人格追求与实现成为人们的精神关怀需要。而从社会主义向共产主义的迈进，是人从必然王国向

① 熊小青．生命自然与自觉——现代生命哲思[M]．北京：中国社会科学出版社，2012：102.

自由王国的实现，是人的自由全面发展的实现，也是人的关怀品格的趋向。

2. 由起点关怀趋向终身关怀

起点关怀主要包括身体关怀和发展关怀两个方面的内容。对身体而言，起点关怀的关键是婴幼儿时期。婴幼儿天生具有被关怀的需要，包括饮食、穿着、行走、运动健身等，否则其难以生存。因为一个人拥有健康的身体、健全的体魄，才是一个人完整生命的基础。而一个人的发展并不仅是身体的发展，还包括其在体力、智力、情绪、伦理等方面的综合发展，“今天的文化价值幸而和天然地重视身体健康结合在一起了：人们重新欣赏他们的身体，把它当作生命力与体格的和谐、美感享受、自信心、个人表现与情绪体验的基本源泉”[①]。因此，起点关怀要关怀个体的全面发展，“包括人的实践活动，社会关系，各种需要，各种能力，潜能素质的全面发展”[②]。然而，“我们可以说，人永远不会变成一个成人，他的生存是一个无止境的完善过程和学习过程，人和其他生物的不同点主要就是由于他的未完成性”[③]。因为人生存的社会环境，经济在发展、科技在革新、政治在变革、文化在创新，意味着人在不断发展，人“总是不停地‘进入生活’，不停地变成一个人”[④]。为此，对人的关怀也不可能停滞于一个人的某个阶段，而是伴随着人的终身，而且随着社会的发展和人类的进步，终身关怀显得越来越重要。当前社会提倡的终身教育、临终关怀，可以说是终身关怀的体现。

3. 由关怀与正义的分离趋向关怀与正义的道德实践融合

传统的道德观点认为，关怀和正义是相互分离的。关怀是具体的、情感的、非理性的；正义是抽象的、理性的、自主的。他们认为正义与关怀的道德价值取向存在具体与普遍、情感与理性、自主与关系等几对矛盾，但是实际上上述三对关系并不矛盾，而是相互依存。第一，关于具体与普遍。关怀是具体的，它指向具体的人，其本真之意是同情、怜悯、照顾需要被关心的人。但是，具体并不排斥普遍和一般，也即是每个具体事物均是由普遍和具体、一般和个别、

---

① 联合国教科文组织国际教育发展委员会．学会生存——教育世界的今天和明天 [M]. 北京：教育科学出版社，1996：195.

② 祝黄河．中国社会全面发展问题研究 [M]. 南昌：江西人民出版社，1999：152.

③ 联合国教科文组织国际教育发展委员会．学会生存——教育世界的今天和明天 [M]. 北京：教育科学出版社，1996：196.

④ 联合国教科文组织国际教育发展委员会．学会生存——教育世界的今天和明天 [M]. 北京：教育科学出版社，1996：197.

共性和个性构成的矛盾统一体。而普遍也不排斥具体，具体蕴含特殊的生命存在和个体的丰富多样性。关怀品格既是具体的又是普遍的，因为具体才适合社会个体的丰富性和多样性，因为普遍才符合道德品格的统一规约要求。第二，关于情感与理性。关怀重视人的情感关系，正义则要求符合理性原则。关怀的直接表现形式是情感，情感天然存在着同情、关心、慈爱之情。但情感具有主观性、随意性和偶然性，需要理性加以监督、管控和调节。因此，可以说，个体是情感和理性交织的共同体，没有情感的个体道德没有温度，而没有理性的个体道德则没有高度。第三，关于自主与关系。关怀之人处于关怀的关系之中。关怀的关系既是际遇性的，又是过程性的；关怀的关系不仅要尊重自我，也要尊重他人；不仅关怀者发出关怀，还需要被关怀者感受到关怀；不仅被关怀者能接受关怀者的关心，还需关怀者能感知被关怀者的接受关心。关怀并不否定自主性，而是“促进负责任的、适当情况下的自主性”①。而且，关怀的自主是双边的，既包括关怀者的自主，也包括被关怀者的自主。因此，关怀者应当察知、感受作为被关怀者的需要，思考和选择适切的关怀方式，主动践行有效的关怀行为；被关怀者应当给予关怀者及时主动的回应，以维系和发展双方的关怀关系。

“关怀提供正义感植根于其中的基本善。”②关怀与正义在实践中走向融通。第一，正义作为关怀的道德实践根基。正义追求“在竞争的个人权利与利益之间的公平决定”③,“关怀伦理学的价值可以和诸如正义的传统价值互相协作并且超越传统价值”④。对于关怀来说,正义的价值在于为关怀提供理性的依据和合理的规范，保障关怀的正确方向、驾驭情感、监管责任的落实。赫尔德指出:“关怀实践并不是仅仅致力于关怀的价值观。它们也需要正义。”⑤因此，关怀行为有必要以正义来加以规范和引导。第二，以关怀实现正义的道德实践超越。尽管关怀在实践中由于各种原因而出现偏差，但我们却不能由此而否定关怀的价值。符合理性的关怀可以超越正义的要求。关怀有助于促进社会公正，对一些被需要的个体、某些弱势群体的格外关怀，已经超越了正义德性或者说是一种更高境界从而也是更有价值的正义。在这个意义上，关怀即是帮助和促进了正

① [美]弗吉尼亚·赫尔德.关怀伦理学[M].苑莉均，译.北京：商务印书馆，2014：136.

② [美]内尔·诺丁斯.始于家庭：关怀与社会政策[M].侯晶晶，译.北京：教育科学出版社，2006：20.

③ [美]弗吉尼亚·赫尔德.关怀伦理学[M].苑莉均，译.北京：商务印书馆，2014：252.

④ [美]弗吉尼亚·赫尔德.关怀伦理学[M].苑莉均，译.北京：商务印书馆，2014：246.

⑤ [美]弗吉尼亚·赫尔德.关怀伦理学[M].苑莉均，译.北京：商务印书馆，2014：61.

义的实现。另外，关怀可以消解单向度的思维方式。关怀趋向一种具体的、双向度的思维，开放地观察、感知和设身处地理解人与人之间的差异，关心他人的实际境遇，满足他人合理但却可能是不同的需要。当前，中国特色社会主义发展的新阶段面临许多新问题，诸如师生之间的矛盾、同学之间的矛盾、亲子之间的矛盾、邻里之间的纠纷、亲人冷漠、社会冷漠、公共失序、文化霸权、言论霸权、经济霸权、政治霸权等，这些都亟需关怀与正义的融合，实现社会的福祉。

第五章　关怀品格的培育路径

“人的品质基本是由三种因素——教育、社会影响和个人努力决定的，而不是由人的需要直接决定的。”① 内尔·诺丁斯就指出：“道德教育，也即品格教育，是强大的共同体的主要任务。”② 也即是说，关怀品格教育主体是涉及个人、学校、家庭、社会甚至是国家等构成的教育共同体。因此，关怀品格的生成需要个人、学校、家庭及社会的共同体的努力。有学者认为，一个人“所受的教育越好，其人格越高尚。家庭是进行道德教育的最好场所，其次是学校，最后是社会”③。撇开对以上教育主体的排序，至少可以说明关怀品格的提升离不开家庭、学校及社会三位一体的培育。同样，关怀伦理学家内尔·诺丁斯也强调关怀品格培育的重要性，“如果关怀是道德生活的基础，那么培养关怀素养的教育就是极其重要的了”。“学会被关怀是道德教育的第一步。”④ 以下基于上述关怀品格现状分析，探索关怀品格的培育路径。

一、关怀品格的家庭熏陶

家庭是一个人出生、成长的最初、最自然的环境，对一个人的关怀品格养成具有重要的意义。“马克思和恩格斯非常重视对子女的家庭教育，强调以平等、尊重、友爱的态度教育孩子，尊重孩子的意愿和主动精神，对于不同意见

① 陈秉公．主体人类学原理：“主体人类学”概念提出及知识体系建构 [M]．北京：中国社会科学出版社，2012：211.

② [美] 内尔·诺丁斯．培养有道德的人：从品格教育到关怀伦理 [M]．汪菊，译．北京：教育科学出版社，2017：76.

③ [英] 塞缪尔·斯迈尔斯．品格的力量 [M]．文轩，译．北京：中国书籍出版社，2017：115.

④ [美] 内尔·诺丁斯．始于家庭：关怀与社会政策 [M]．侯晶晶，译．北京：教育科学出版社，2006：22.

进行说服教育而不是强迫。”“马克思主张父母和子女是相互依赖、互相创造和平等尊重的关系，双方承担相对应的责任和义务。”[①] 马克思和恩格斯主张的平等、尊重的家庭教育观，父母与孩子之间的平等关系和相互依赖关系，无疑有利于孩子的关怀品格的培育。为此，以下从家庭培育内容、家庭熏陶特征和家庭建构策略开展分析。

（一）关怀品格的家庭培育内容

关怀品格的家庭熏陶内容属于家庭道德品质的培育范畴，而关怀品格也是人的种生命和类生命的构成要素。一方面，人作为自然生命的有机体，如何道德生存，是家庭熏陶的内容之一；另一方面，人作为精神发展的生命个体，是有意志、情感、责任、人格和价值等方面的存在，如何关怀个体的精神发展，也是家庭熏陶的重要内容。完整的个体由自然生命和精神生命构成。也就是说，关怀品格的家庭熏陶内容既包含个体的自然生命关怀教育，也包含个体的精神生命发展教育，是一个和谐发展的人。“教育应当促进每个人的全面发展，即身心、智力、敏感性、审美意识、个人责任感、精神价值等方面的发展。”[②] 因此，关怀品格的家庭熏陶内容主要包括身体关怀和发展关怀。

1. 身体关怀

身体是孩子发展的基础，且由于家庭对孩子身体的健康成长起着无法替代的作用。因为，“为了生存，孩子至少需要最起码的身体关怀”[③]。身体关怀，是一个人，特别是孩子，最基础的关怀。从刚出生的婴儿开始，孩子的生命存在完全取决于成人，特别是父母的照料。也是从这一刻起，父母与孩子逐渐建立稳固的关爱关系。随着科学的发展，人们已经越来越意识到，早期教育对孩子身体和心理成长的重要性。孩子，即使是婴儿，他的微笑、哭叫、吵闹、咿呀回应，等等，甚至其眼神、表情、手势等都表达了某种需求，希望得到成人的关注及照顾。如对一个宠物的需要、对家人拥抱的需要、对家人关注的需要或者对某样衣物的需要，等等，这些都体现着对孩子的生存关怀、基本关怀，也

① 张新庆，尹一桥．家庭生命文化：跨学科视角 [M]. 北京：中国协和医科大学出版社，2019：36.

② 国际 21 世纪教育委员会．教育——财富蕴藏其中 [M]. 联合国教科文组织总部中文科，译．北京：教育科学出版社，1996：85.

③ [美] 内尔·诺丁斯．始于家庭：关怀与社会政策 [M]. 侯晶晶，译．北京：教育科学出版社，2006：23.

可以说是生理关怀。父母一句简单的“我在这里”，孩子的内在反应是“你在这里”，这是健康的相互依赖、相互关怀、相互信任关系的起点，孤独不复存在。

越是年幼的孩子，其身体关怀的需要显得尤其重要。在不能自理的成长阶段，孩子通过触摸、视像、声音、味道等促进身体的成长，家庭对婴儿的照料帮助他们感知和评价这些相遇。家庭中真实的人与人之间的每一次相遇都将会产生意义和影响，“真正宝贵的是那个具体的他者的具体的回应”①。因为，“被关怀者的回应对于关怀者的决定与态度就具有重要的影响”②。在家庭中，孩子对父母的回应，并不在于纠正错误的、可笑的东西，而在于依据孩子的回应，父母对自我的行为及其效果做出评价，才能有助于建立和维系关怀关系。另外，父母与孩子的沟通，正是由于回应才能显现父母关怀行为的合理性，没有孩子的倾听，没有来自孩子的凝视、触摸与微笑，父母的关怀何以彰显？“关怀者和被关怀者都在相遇交往中发展自我，双方都珍视对方的回应。”③孩子感受到父母的重视，能够掌握自身部分的命运，召唤在场的人，并且学会了悦纳诸多回应的方式，进一步加深双方的关怀关系的建立，这些都有利于孩子身体和心理的健康成长。马克思和恩格斯就曾经批判，由于资本主义制度的存在，无产阶级家庭为了微薄的工资，出卖甚至虐待自己子女，让孩子从事高强度的劳动，成为“单纯的商品和劳动工具”④，从而导致儿童的身心不良发育。当前，我国处于中国特色的社会主义建设阶段，相当重视家庭教育在人的成长中的重要性，习近平总书记说过：“家庭和睦则社会安定，家庭幸福则社会祥和，家庭文明则社会文明。”⑤家庭在社会发展和人的成长中作用至关重要。

2. 发展关怀

关怀强调身体关怀，身体必须得到照顾，然而身体不是纯有机体，身体具有精神的层面。“关怀者希望促进被关怀者健康幸福的成长，而不是督促其遵从

---

① [美] 内尔·诺丁斯．始于家庭：关怀与社会政策 [M]. 侯晶晶，译．北京：教育科学出版社，2006：129.

② [美] 内尔·诺丁斯．始于家庭：关怀与社会政策 [M]. 侯晶晶，译．北京：教育科学出版社，2006：128.

③ [美] 内尔·诺丁斯．始于家庭：关怀与社会政策 [M]. 侯晶晶，译．北京：教育科学出版社，2006：129.

④ 马克思恩格斯全集（第 1 卷）[M]. 中共中央马克思斯恩格斯列宁斯大林著作编译局编译，北京：人民出版社，1995：290.

⑤ 习近平谈治国理政（第二卷）[M]. 中共中央马克思斯恩格斯列宁斯大林著作编译局编译，北京：人民出版社，2017：354.

规则，而且也不仅仅关注有助于物质成功的单维度的发展。”[①] 孩子除了食物和水之外的身体关怀，还需要爱心、同情心和自主关怀能力等方面的道德发展关怀。

（1）爱心的培育

对孩子的发展关怀强调对孩子的挚爱。一个对孩子有着挚爱情感的父母，才会全身心地与孩子快乐共处。也正是由于这种愉悦共处，双方的关爱关系得以建立，双方相互依赖、相互信赖而彼此伴随，共同游戏并共同动手，倾心交谈，孩子在不知不觉中收获成长的多方面的知识和素养。“我们的父亲平时无意之中零零碎碎教给我们的东西对我们有着极大的裨益。我们从这些零星的智慧中得到许多滋养。”[②] 关怀型家庭，父母愿意倾听、理解、修正、有条件地认同并尽可能满足孩子的需要，与孩子交谈他们自身的理解和想法，而孩子可能拒绝承认它们，也可能修正它们，或者理解和接受这些想法。在这一过程中，孩子的判断能力得以提高，并得到父母的支持，从某种程度看，孩子也得到了关怀体验。

发展关怀注重从爱自己到爱他人。孩子在一个充满关爱的家庭环境中成长，体验和学会被关爱，而在与父母的关爱关系的维系和建构中，从无意识的回应，到关怀意识的提高，发展着关怀能力，爱自己、爱父母、爱亲戚、爱朋友、爱邻居，进而关爱其他需要关爱的人。从本质上说，这是对自我生命的超越，是具有独立人格、热烈情感、价值追求的和谐发展的人的成长。由于家庭的关怀，孩子的关爱情感得以倍增，尊重和理解人的自由、尊严和独特性，尊重人的生命的成长机制，并在与父母的生活中建立对话的关系，形成对自我、父母与他人的深刻认识，进而形成价值。关怀型的父母，置身于家庭、亲戚、朋友和邻居的丰富的关怀关系中，孩子学会的不仅仅是纯粹的关爱体验，被关怀的敏感性，更是关怀的生活方式。一开始，从孩子与父母的依恋关系，到认识他人，学习与人相处，适应学校的学习和生活，融入社会的生活，由家庭走向社会。“家庭之爱是将从爱自己之小爱到爱他人之大爱的基础，能促使人们提升爱社会/他人的第三种爱。”[③]

（2）同情心的培育

教育孩子顾虑别人的安宁，才能在家庭、甚至社会中不侵犯他人的幸福。

---

① ［美］内尔·诺丁斯．始于家庭：关怀与社会政策［M］．侯晶晶，译．北京：教育科学出版社，2006：132.

② ［美］内尔·诺丁斯．始于家庭：关怀与社会政策［M］．侯晶晶，译．北京：教育科学出版社，2006：23.

③ 朱明霞．第三种爱，生命文化核心概念解析［M］．北京：中国华侨出版社，2018：351-352.

对家里病人或伤心事情表示同情、关心，“同情行为在家庭里，在社会里是一种非常重要的美德。家庭里没有同情行为，那父不父，母不母，子不子，家庭就不成为家庭；若社会里没有同情行为，尔虞我诈，人人自利，社会也不成社会了。”① 同情不是与生俱来，与后天的环境和教育有关，在教育好的家庭发展得快些，在教育不好的家庭则发展得慢些。

（3）自主关怀能力的培育

关怀家庭注重培育孩子的自主能力。然而，关怀家庭并不是逼迫孩子自主，甚至不谈自主，而在于引导、帮助孩子认识自我、评判自己的兴趣和爱好，教育孩子学会做出决定。因此，帮助孩子选择自己感兴趣的东西，注重帮助他们学会关怀而避免给孩子施加伤害，这才是关怀家庭应注重培养的能力。同时，注重引导孩子学习被关怀的需要，引发关怀的愿望，“并使人乐于体验有效关怀他者的满足”。② 从而使关怀的需要成为一个正在发展的道德主体的基本需要，而真正有创造性的、充满爱的关怀者并不把关怀事务当作冷冰冰的任务，而在于付出道德努力，根据被关怀者的需要让对方产生某种回应并珍视它。

“为了发展，孩子需要至少一个成年人长期的、非理性的关照，需要彼此互动……必须有人对这孩子非常关爱。”③ 现实中，父母常常受制于理性思维的制约，制定计划和策略，指导、指正、监督和控制孩子的思想与行为。唯理性思维的制约，父母常常以规定性技术方式处理解决理性思维引发的一些问题，从而刻板地强化同样程序的工具运用倾向。“当事情发生偏差时，运用更多的理性。”④ 如以一个理性思维换取另一个理性思维，或者运用一种理性思维反思正在运用的理性思维，这可能导致非理性的、情感的缺失，程序式地、技术化地处理父母与子女间的生活，父母与孩子的关系只能越来越陌生，最后甚至相分离，关怀品格的培育也就无从谈起。

（二）关怀品格的家庭熏陶特征

“显而易见，受到别人关爱的人，尤其在孩提时代受到关爱的人，往往更容

① 陈鹤琴．家庭教育 [M]．上海：华东师范大学出版社，2013：116.

② [美] 内尔·诺丁斯．始于家庭：关怀与社会政策 [M]．侯晶晶，译．北京：教育科学出版社，2006：162.

③ [美] 内尔·诺丁斯．始于家庭：关怀与社会政策 [M]．侯晶晶，译．北京：教育科学出版社，2006：23.

④ [美] 内尔·诺丁斯．始于家庭：关怀与社会政策 [M]．侯晶晶，译．北京：教育科学出版社，2006：23.

易健康地发展，而被剥夺了爱的人则往往不能。”[①]而对于一个人而言，生命之始的爱往往都来自家庭。家庭因其的特殊地位和特殊性质，其对孩子关怀品格的熏陶有着自身独特的特质。

1. 自然性

“关心最亲密的情形是自然的。”[②]父母不把对孩子的照顾以道德来评价，而以自然为感受。家庭关怀具有自然关怀的特征。自然关怀“是指或多或少由深情或内心愿望自发产生的那种关怀。”“直接因为回应被关怀者的需要而产生。”[③]自然关怀是一个人内在心理的自主愿望，具有内在驱动的自然而然性，关怀主体无需进行道德努力，即是不需要道德与逻辑的慎思开展。当然，这并不是说，关怀主体在做出关怀决定或行为反应的过程中不需要任何形式的努力，只是说，虽然这种关怀付出的生理努力可能微乎其微，有时甚至付出生命代价。但是，对于自然关怀而言，其强调“对被关怀者的接受和动机移置是对被关怀者需要的直接反应”[④]。家庭关怀常生发于子女或亲友关系的家庭成员的关系网络中，从血缘关系看，父母对孩子的关爱具有天然形成。对于关怀型父母，孩子从出生起，就会自然而然地受到父母全方位的、无微不至的照料，这其中包括生存的基本关照，特别是幼小的孩子，生命的保障及成长显得尤为重要。由于孩子的独特性，这种自然关怀，常表现出无私性和不对等性，即父母并不寻求孩子的关怀回应，或者说，孩子可能延时回报父母的无私照料。无可否认，关怀含有操心、无私的照顾等不对等性，但是关怀除去这些负担，实质是充盈着喜悦和成就。

2. 榜样示范性

家庭关怀具有榜样示范特征。“榜样的力量往往会对品格的形成产生极其巨大的影响。”[⑤]关怀型家庭中，父母对子女的照顾和教育自身就具有榜样作用，这也是培养关怀品格的关键。关怀型父母的言谈、举止在与孩子的日常生活与交流中无形中对孩子产生潜移默化的影响。父母对孩子的照料和养育，对子女的

① [美] 马斯洛 . 马斯洛人本哲学 [M]. 成明，译 . 北京：九州出版社，2003：166.

② [美] 内尔·诺丁斯 . 关心——伦理和道德教育的女性路径 [M]. 武云斐，译 . 北京：北京大学出版社，2014：59.

③ [美] 内尔·诺丁斯 . 始于家庭：关怀与社会政策 [M]. 侯晶晶，译 . 北京：教育科学出版社，2006：26.

④ [美] 内尔·诺丁斯 . 始于家庭：关怀与社会政策 [M]. 侯晶晶，译 . 北京：教育科学出版社，2006：27.

⑤ [美] 马斯洛 . 马斯洛人本哲学 [M]. 成明，译 . 北京：九州出版社，2003：299.

培育方式和技巧，"'父母的心'是'爱的太阳'和'最贴心的培育'，父母的举动必须'温和而慎重'"[①]。这些都有利于促进孩子在身心、智力、敏感性、责任感、宽容心、精神价值等方面全面发展的人。从某种程度说，"孩子的发展能力取决于父母的发展"[②]。父母对家具的擦拭和爱护,影响到孩子的美感和秩序感；父母对孩子思想和行为的关怀，孩子耳濡目染，通过观察和践行成人的关怀，逐渐学会关怀。父母的负有责任和责任感，符合对方的需要，作出有益于对方的回应，同样，孩子也在培养自己的责任感。如果父母只是被迫做某一具体行动，而不是出于爱心料理家务劳动，那么也就不能营造一个值得孩子们爱的地方。这些都充分体现了榜样示范在关怀品格培育中的特征。

3. 相互依存性

家庭与孩子的成长是相互依赖、相互尊重的关系，双方都应承担相应的责任和义务。"所谓关怀者，就是会可靠地回应关怀吁求的人。"[③]父母对孩子的关怀包括身体、心理、情感、品质、知识、技能、社会伦理和行为规范，由于父母与孩子的天然的相互依赖关系，其关怀具有敏感性、及时性和具体性。当父母的关怀得到孩子的认可时，更容易建立关怀的关系。"生活世界要让孩子们（未来的成人）有可能学善、学好，他们需要体验被关怀的感受。"[④]"关怀关系需要关怀者和被关怀者双方都有所为。"[⑤]积极的回应对关怀者和被关怀者都显得尤为重要，在生活中，有些父母可能会责备孩子的没有回应，而关怀型父母则会以询问的方式，了解孩子需要的满足情况，逐步引导孩子学会回应。

4. 终身持续性

家庭关怀具有终身趋向特征，是指家庭对子女的成长具有终身趋向性，需要家庭坚持不懈的努力。家庭关怀贯穿人的整个一生，旨在让孩子"在智力、

---

① 张新庆，尹一桥 . 家庭生命文化：跨学科视角 [M]. 北京：中国协和医科大学出版社，2019：36.

② 马克思恩格斯全集（第 3 卷）[M]. 中共中央马克思斯恩格斯列宁斯大林著作编译局编译，北京：人民出版社，2002：498.

③ [美] 内尔·诺丁斯 . 始于家庭：关怀与社会政策 [M]. 侯晶晶，译 . 北京：教育科学出版社，2006：119.

④ [美] 内尔·诺丁斯 . 始于家庭：关怀与社会政策 [M]. 侯晶晶，译 . 北京：教育科学出版社，2006：41.

⑤ [美] 内尔·诺丁斯 . 始于家庭：关怀与社会政策 [M]. 侯晶晶，译 . 北京：教育科学出版社，2006：202.

身体、情感、道德和精神等方面得到最全面的发展”[①]。幼年时期孩子的经历及接受的教育常给予一个人终生的烙印，一个年幼时期常受到家庭不公平、缺乏关爱对待的孩子，往往在他今后的人生中常伴随不安全感，他很难把自己置身于被关怀的角色，也难以给予他人关怀的态度和行为。实际上，不是说这种人不需要被关怀，而是他往往感受不到他人的关怀，也就无从给予关怀者以积极的回应，这种关怀关系难以建立和维系。相反，在一个充满友爱的家庭中，父母与子女之间在生活中自然流露与体验的关爱和照顾会对孩子一生有着积极的影响，孩子在与他人和社会相处的过程中，能够尊重、理解、包容和平等对待。

（三）关怀品格的家庭建构策略

“要培养孩子爱他人，必须先让孩子处于一个充满爱的环境中。”[②]家庭关怀，让孩子在生活中体验一个使善成为可能的现实世界，切实关怀孩子的内在情感和思想的外在表现。家庭环境及家庭教育方式对关怀品格的培育具有较大的影响。“并不是说自然关怀的能力无需培养。相反，自然关怀的能力需要持续、用心地培养。”[③]关怀品格的家庭建构策略包括环境熏陶、榜样示范和亲缘主体间性关系建构。

1. 环境熏陶

“当心灵渴望回家时，它向往的有时是像记忆中那样摆放的一些物件，有时是所眷恋之地的景色、声音和味道。”[④]一个人的关怀品格与其生活的环境和氛围有着密切关联性，对其住所及其他物件的熟悉相遇，会产生一种情感依赖。如房屋墙壁的颜色、室内陈设、房屋周围的环境，又如家具、草木、铺设的小路、设置的角落，等等，与孩子的相遇均会引发自愿或强迫的态度，促成自我的发展。“任何自我都是相遇与回应的产物。”[⑤]或者说，“那些被视为‘非我’的东西通过相遇产生了‘我’。相遇的每一个物件都有影响自我的可能性，但是这种相

① 全球教育发展的历史轨迹——国际教育大会 60 年建议书 [M]. 赵中建，译 . 北京：教育科学出版社，1999：498.

② 李皎正，方月燕 . 关怀照护——护理教育的核心 [J]. 护理杂志，2000，（3）：22-27.

③ [美] 内尔·诺丁斯 . 始于家庭：关怀与社会政策 [M]. 侯晶晶，译 . 北京：教育科学出版社，2006：27.

④ [美] 内尔·诺丁斯 . 始于家庭：关怀与社会政策 [M]. 侯晶晶，译 . 北京：教育科学出版社，2006：145-146.

⑤ [美] 内尔·诺丁斯 . 始于家庭：关怀与社会政策 [M]. 侯晶晶，译 . 北京：教育科学出版社，2006：153-154.

遇受到他我的左右”[①]。因此，充盈着关爱的环境，对自我产生关怀的影响，也就是“近朱者赤，近墨者黑”。

关怀型家庭的核心是父母对孩子的关怀，然而，在任何家庭中，孩子都无法回避与其他身体的相遇。“在最好的家庭中，儿童学会以关怀的态度对待其他的身体。”[②]这些其他的身体，如宠物、家具等。人与这些物体无法避免其相互性，体现出相互的情感，我们的情感是快乐的，其对我们的回应也会带来快乐。如果家庭中的物体被擦得锃亮，透着光泽，显示着其极佳的状态。音乐环境的建设，优美、欢快、积极向上的音乐，让家庭充满音乐的空气。审美环境的建设，家庭墙壁布置，桌上摆设，物品摆放，审美的意味，在不知不觉中受到审美影响，养成一种审美习惯。书房书的摆设与环境的布置，能让孩子置身于知识的求知海洋。有着阅读氛围和愉悦交谈氛围的家庭，孩子会在无形中参与阅读的探讨与交流，并逐渐内化这种需要。“如果一个正在构建自己精神世界的人，不曾读过动人心弦、激荡心潮的书，不曾有自己百读不厌的优秀书籍，不曾为人类的智慧惊叹不已，不曾从书籍那里广泛地涉取人类智慧和精神力量，不曾从书籍中得到一种雄浑博大的崇高气质的感染，那么，他就没有受到地地道道的、货真价实的教育，难以想象会得到智力的和精神的充分和谐的发展，会有充实、丰富、纯洁的内心世界。”[③]

“当物按人的方式同人发生关系时，我才能在实践上按人的方式同物发生关系。”[④]在家里学会了关怀他人、动物、植物、物件的思想和行为，自然就会迁移到公共场所。孩子会逐渐明白服务员、警察、环卫人员等其他合法劳动的从业者都应以关爱，感谢他们的努力，认识他们自己与别人的相互依赖性。“关系在一定程度上决定着我们的自我，关系双方都对此负有责任。”[⑤]

2. 榜样示范

榜样具有积极性、正向性。在家庭中对孩子的关怀品格培育，榜样无疑以

① [美] 内尔·诺丁斯. 始于家庭：关怀与社会政策 [M]. 侯晶晶，译. 北京：教育科学出版社，2006：158.

② [美] 内尔·诺丁斯. 始于家庭：关怀与社会政策 [M]. 侯晶晶，译. 北京：教育科学出版社，2006：139.

③ 肖川. 教育与文化 [M]. 长沙：湖南教育出版社，1990：32.

④ 马克思. 1844 年经济学哲学手稿 [M]. 中共中央马克思斯恩格斯列宁斯大林著作编译局编译，北京：人民出版社，2018：82.

⑤ [美] 内尔·诺丁斯. 始于家庭：关怀与社会政策 [M]. 侯晶晶，译. 北京：教育科学出版社，2006：205.

父母为示范，并对孩子起着潜移默化的作用。因此，父母“对孩子最好的教育是以身作则。孩子们对谎言或虚伪非常敏感，极易察觉。如果他们尊重你、依赖你，他们就是在很小的时候也会同你合作”[①]。父母的素养极大程度上决定孩子的素养，决定孩子的人际关系。父母的关怀品格素养无疑成为孩子关怀品格养成的资本，具体表现为他们的关怀知识、关怀情感、关怀意志力和关怀能力等，均对孩子产生持续恒久的潜移默化作用，孩子也正是从父母的这些潜移默化影响中继承父母的关怀品格素养，并内化为自身品格的构成部分。因此，父母从学校教育、社会资源等场域，通过系统的、具体的学习、体验和反思提升和积累自己的形象，获得关怀知识和关怀能力的提升，对孩子的关怀品格培育大有裨益。

人在现实存在中都具有双重性，“正如人在现实中既作为对社会存在的直观和现实享受而存在，又作为人的生命表现的总体而存在一样”[②]。父母对孩子的影响既是感性的，即情感的示范作用，还是理性的，即对孩子规则习惯的影响。关怀情感是以人性中最丰富、最强烈的情感为基础，孩子在与父母相处中所感受到父母的关爱、理解、尊重、公正会提升孩子的关怀情感敏感度。“发生德的感觉只是由于思维一个品格感觉一种特殊的快乐。正是这种感觉构成了我们的赞美或敬羡。”[③]也就是说父母与孩子相处的和谐感觉，构成了关爱、尊重等情感，潜移默化影响孩子关怀品格的养成。而父母日常生活中循环往复的榜样示范，会成为孩子习惯性的、规则性的教化，正是父母关怀品格效应和道德规则意识贯穿在家庭教育全过程中，发挥其积极的情感效应和示范效应，产生潜移默化的影响效应，形成关怀习惯的积极效应。“在积极习性中，由于精神足以充分维持自己，所以心灵的倾向就使精神增添新的势力，促使精神更有力地倾向于那种行动。”[④]因此，父母的关怀品格榜样示范会促进孩子关怀情感的丰实和关怀行为习性的养成，全方位地积极熏陶孩子的关怀品格。

3. 亲缘主体间性关系建构

父母与孩子的亲缘关系所产生的教育作用是任何其他教育形式不能替代的，

---

① 缪建东 . 家庭教育学 [M]. 北京：高等教育出版社，2009：215.

② 马克思 .1844 年经济学哲学手稿 [M]. 中共中央马克思斯恩格斯列宁斯大林著作编译局编译，北京：人民出版社，2018：81.

③ [英] 大卫 · 休谟 . 人性论 [M]. 关文运，译 . 北京：商务印书馆，2016：507.

④ [英] 大卫 · 休谟 . 人性论 [M]. 关文运，译 . 北京：商务印书馆，2016：458.

“亲子关系直接决定着家庭的教养水平,从而影响着孩子的发展”[①]。亲缘关系既包含父母与子女间的血缘生物关系，也包含父母与子女间的情感关系及由此体现的社会道德关系。父母与子女间亲缘主体间性关系的建构，有助于建构平等对话的话语平台，包容父母与子女间的不同观点，内蕴一种参与和共享的精神。因此，亲缘主体间性关系建构人与人的关系，是我与你的平等关系，是一种主体与主体之间的相遇,“只有主体之间的关系才算得上是相互关系”[②]，是主体之间的交互关系，体现主体与主体之间的平等、交互意义本质，而不是主体和客体的主动和被动的关系。

在关怀家庭中，父母与子女间亲缘主体间性关系的建构“成为解决问题方案的一个组成部分”[③]。亲缘主体间性关系并不意味着不能否定被关怀者不正当的追求或需求，关键在于如何说“不”,“如果以关爱、合理的方式说不，基本需要还是可以满足的。如果被关怀者能够理解且愿意改变追求，关怀关系是可以维系的”[④]。如果被关怀者拒绝承认、坚决否定关怀者的关怀，此时，关怀行为无以继续或维持，关怀关系无以联结或建立，关怀无以存在。而这要求父母反思自己的态度和行为，关注孩子的困惑和失望。从关怀的视角审视，不是关注对孩子责任的判定，而在于避免关怀的倒错。如，有些父母把对孩子的责骂、体罚作为一种关怀方式，因为，在孩子的成长的某些阶段看来具有暂时效用。然而，这种“关怀”往往具有的只是表象形式，而缺失其内在的关怀本性。“德性因何原因和手段而养成，也因何原因和手段而毁丧。”[⑤]

亲缘主体间性关系建构并不否定合理的惩罚，而是重视孩子的所有反应，有原则地回应孩子的需要,“坚持进行柔和而有立场的对话”[⑥]，这也是关怀者的道德努力行为显现。因为，即使是孩子的不合理行为，一个关怀孩子的父母也不会置之不理，而是采取妥善处理的方式恰切说理，以适当控制孩子的不合理行为，而对于关怀型父母来说，这一切均包含着关爱，与绝对的控制完全不同。随着孩子独立性的提升和对周围环境的控制能力的提升，孩子的自理能力在不断提高，这也是孩子对父母关怀责任承担的表现，“关怀者希望培养出的孩子也

① 缪建东 . 家庭教育学 [M]. 北京：高等教育出版社，2009：104.

② 余灵灵 . 哈贝马斯传 [M]. 石家庄：河北人民出版社，1998：180.

③ [英] 戴维·伯姆 . 论对话 [M]. 王松涛，译 . 北京：教育科学出版社，2004：43.

④ [美] 内尔·诺丁斯 . 始于家庭：关怀与社会政策 [M]. 侯晶晶，译 . 北京：教育科学出版社，2006：40-41.

⑤ [古希腊] 亚里士多德 . 尼各马可伦理学 [M]. 廖申白，译. 北京：商务印书馆，2017：37.

⑥ [美] 内尔·诺丁斯 . 始于家庭：关怀与社会政策 [M]. 侯晶晶，译 . 北京：教育科学出版社，2006：130.

具有智性他律的倾向，对他人及自己的相互依赖的需要比较敏感”[①]。为此，亲缘主体间性关系建构注重孩子的自主性的提高，进行自我监控和自我控制。这也意味着，作为关怀者的父母需要时常监控、反思、修正自己的行为与态度。亲缘主体间性关系的建构往往促进孩子分析理解某些行为和态度的可接受的原因，提高孩子的关怀能力，孩子无意中提升了宽容能力，学会情感的控制，从而提升了人与人之间关系的协调能力。

二、关怀品格的学校教育引导

“品格是个人所拥有的能被称为美德的性格特征。”[②] 关怀品格的形成无法离开相应的教育活动。“关怀理论家必须强调道德教育，即一种关怀教育。”[③] 袁贵仁认为：“从社会学的角度看，教育是一种‘引进’，是把个人‘引进’到社会中去的非常重要的手段。”[④] 关怀品格培育的最终目的也在于实现社会的美好与和谐。

学校教育的意义，简单说，就是培养人的工作。“教育的最高善就是成‘人’、基于德性立场使人不断发展、从而能够自我实现。”[⑤] 一方面具有教人识字认理的功利作用，另一方面让人明白天地万物相互统一的原理。教育求真，体现教育品质的积极意义，建构规范的、科学的教育活动系统，促进科学知识的发展，保障教育平等、民主观念的确立。强调教育求真，容易淡化对人的关注。新时代的教育赋予了更为重要深刻的使命，“从人的思想和意识方面积极地进行和平共处的教育，就是在精神文化领域里建立起一套促进相互理解、宽容和共存的教育体系”[⑥]。人之存在是人之为人的存在，只有真正的人的存在才能体现人的意义，为此，教育之目的是如何使人之生命具有比生命自身更富有意义。教育的意义在于使人之存在成为有价值的存在，无价值的教育就是对人的否定。为此，洛克写道：“我想我可以说在我所遇见的所有人中，他们是什么样的人，

---

① [美]内尔·诺丁斯．始于家庭：关怀与社会政策[M].侯晶晶，译．北京：教育科学出版社，2006：131.

② [美]内尔·诺丁斯．培养有道德的人：从品格教育到关怀伦理[M].汪菊，译．北京：教育科学出版社，2017：3.

③ [美]内尔·诺丁斯．始于家庭：关怀与社会政策[M].侯晶晶，译．北京：教育科学出版社，2006：43.

④ 袁贵仁．马克思主义人学理论研究[M].北京：北京师范大学出版社，2017：59.

⑤ 杨建朝．自由成“人”：人性视角的教育精神[M]. 北京：中央编译出版社，2013：30.

⑥ 费孝通．全球化与文化自觉：费孝通晚年文选[M].北京：外语教学与研究出版社，2013：11.

善或恶，有用与否，90% 取决于他们所受的教育。”[①] 从这一意义上说，学校教育引导关怀品格的培育。

（一）关怀品格学校教育引导的特征

关怀品格属于意识形态。因此，关怀品格学校教育引导的特征主要可归纳为主导性、目的性、计划性、组织性、渗透性、激励性等特征。

1. 主导性

关怀品格教育具有专业的教育工作者，这类教育工作者受过专业训练，具有专业理念和职业道德、专业的知识和技能。专业理念是对教育事业的理想和信念，表现为一种教育价值观，包括教育目的观、学生观、人的发展观、课程观等，是教育活动的理性和精神支点。职业道德是在教育教学过程中坚守的基本准则和职业品质，包括道德理念、职业规范和思想品质。专业知识是教育者开展教育教学活动的基础，包括了通识教育知识、学科专业知识、教学专业知识、通识知识等。专业技能是教育者从事和完成教育活动的专业能力，也是保障教育活动顺利进行的能力，包括教育活动设计能力、教育活动管理能力、沟通合作能力、解决问题能力、教育反思能力。正是由于教育工作者的专业性，才能主导受教育者关怀品格的培育。正是因为教育工作者的专业素养，才能成为关怀品格教育的主导者，保障关怀品格教育的目的性和有效性。

2. 目的性

教育目的是国家对教育培养的人才的要求和期望。关怀品格是国家对人才道德素质要求的显现，关怀品格教育目的是激励、指导和检验关怀品格教育活动的起点、过程和结果。而关怀品格教育目的又具有层次结构，具体表现为国家和社会层面的关怀品格教育目的要求、学校层面的关怀品格教育目的要求、课程层面的关怀品格教育目的要求、单元教学或课时教学的关怀品格教育目的要求。这些不同层级的关怀品格教育目的要求对关怀品格的教育活动具有具体指导意义。

3. 计划性

计划性是对关怀品格的教育有序、有组织开展，是学校关怀品格教育与其他教育相比的显著特征。关怀品格教育引导的计划性特征表现在：一是课程设

---

① ［美］夸梅·安东尼·阿皮亚．认同伦理学 [M]. 张容南，译．南京：译林出版社，2013：254.

置的计划性。不论是思想政治教育，还是各学科教学、班级活动、共青团、少先队等组织的活动，都有学期计划和学年计划安排。二是教学时间的计划性。学校对关怀品格培育的课程学习时间，根据学科专业特点、受教育者的学习规律、受教育者的身心发展规律，作出系统、科学安排。三是教育阶段的计划性。各阶段教育，如幼儿园阶段、小学阶段、初中阶段、高中阶段、大学阶段对受教育者的关怀品格培育均有不同层次和深度的要求。

4. 组织性

关怀品格教育具有明显的组织性，表现为无论在教育规模、教育阶段设置上，还是在教育硬件设施、教育软件配置、课程设置、教育计划等方面，都进行了全面、周密的安排。同时，关怀品格教育的组织性特征还体现在政府层级的具体组织上，由教育部到省教育厅，再到地方教育组织对关怀品格教育都有不同的组织安排，体现了从宏观到中观，再到微观的组织安排。

5. 渗透性

关怀品格教育不能仅局限于思想政治教育课，还应渗透到各学科的教育教学中、课外活动、班主任工作和共青团、少先队及学生会组织的活动中。青少年的道德品质决定着未来社会的基本价值导向，保障青少年正确的关怀价值导向，才能建设友爱、祥和的社会环境。习近平同志认为，中华优秀传统文化中就蕴藏着丰富的人与人、人与自然、人与社会的关怀思想。因此，青少年学习、弘扬中华优秀传统文化，就渗透着对关怀品格的树立、培育和践行。在学科教学中，我们可以根据学科专业相关知识进行学习，如追溯知识的来源在哪里？它所涉及的社会问题是什么？关涉的关怀价值取向是什么？

6. 激励性

在关怀品格的学习中，教育者可以采取一定的物质手段和精神手段激发受教育者的思想动机，从而把外在的关怀知识、理念等内化为自我的关怀认知，乃至形成关怀品格。人既有物质需要，又有精神需要。适当的物质激励有助于关怀品格的养成，但要善于利用物质激励，高度重视精神激励。精神激励可采用榜样示范、情感关怀、信任支持，甚至适当惩罚等。合理利用好物质激励和精神激励，不断提高受教育的关怀认知、关怀情感、关怀意志和关怀行为层次水平。

（二）关怀品格学校教育引导的原则

“教育的首要任务是传授为其本身而进行的活动的价值。”[①] 关怀品格教育既要遵循道德教育的客观规律，又要立足建设中国特色社会主义阶段的现实，即遵循现有经济、政治、文化、社会的嬗变，寻求关怀品格教育的立足点，以积极和有效面对现有的重大问题。鉴于此，关怀品格教育引导必须坚持以下基本原则。

1. 坚持马克思主义的方向性

关怀品格作为一种意识形态，以马克思主义为指导，立足新时代中国特色社会主义建设背景，坚持正确的政治方向，统一受教育者的思想和行为。贯彻这一原则的基本要求：第一，以马克思主义理论为指导。一是马克思的人学思想。马克思人的社会存在本质和人的类存在性揭示了人的社会历史性和现实性，人的自由全面发展思想揭示了人的个体价值和社会价值。马克思的人学思想为关怀品格理论奠定了坚实基础，指导受教育者对关怀品格价值观的追求和树立。二是坚持马克思主义的意识形态。抵制西方不良意识形态在关怀品格培育中的负面影响，如个人主义、物质至上主义等，坚持社会主义的法律、经济制度、政治制度基础上的社会主义意识形态，指导关怀品格的价值观培育。第二，以马克思主义为实践指南。一是立足习近平新时代中国特色社会主义建设背景。把关怀品格的培育立基于当代中国社会背景，在真实环境、现实世界开展培育活动，把学校培育的关怀品格理念转化为社会关怀实践行为，帮助受教育者在现实社会中全面地、全方位地观察、思考社会现象，关怀自我，关怀身边的人，进而关怀社会、关怀自然界，乃至全人类。二是坚持社会服务的价值导向。关怀品格从关怀对象看，关涉自我、他人、社会、自然界和全人类，但是关怀品格的关爱关系价值取向特征表明关怀自我，并不排斥与他人、社会和自然界的关系。因为自我不能独立存在，关怀自我也要对他人、社会和自然界负责。因此，关怀品格始终坚持为社会服务的价值导向。

2. 遵循道德教育的规律

关怀品格属于道德范畴，是道德理论和道德建设的重要内容，其培育必须充分发挥道德教育的作用，实现关怀品格教育价值的要求。贯彻这一原则的基本要求：一是明确各阶段教育的基本任务。在目标上明确关怀品格的普遍性与

---

① ［英］约翰·怀特．再论教育目的［M］．李永宏，等，译．北京：教育科学出版社，1997：17.

特殊性的关系，即是对各阶段全体受教育者的关怀品格培育的普遍要求和具体受教育者的个别要求关系。二是在教育内容上，解决好思想政治教育和各专业学科教育中的关怀品格培育关系。把关怀品格培育统整于思想政治教育课程和各专业学科教育的课程目标、教学目标中，进行系统、科学的培育。三是在理想教育上，解决好关怀品格的关怀层次培育问题。关怀品格的内容包括关怀认知、关怀情感、关怀意志和关怀行为，还需要针对不同个体的具体情况，如身心发展规律、成长环境、受教育阶段、个性特点等开展培育活动，处理好受教育者当前的关怀现实和关怀理想关系。

3. 提高受教育者的主体性地位

关怀品格的培育是在教育者主导下受教育者学习、内化的过程。因此，明确受教育者的主体地位是关怀品格培育的关键。受教育者主体性是受教育者在教育者的主导下对学习对象主动、自觉、自为、创造的活动特征。贯彻受教育者主体性地位原则要求：一是培育受教育者的主体意识。提高受教育在关怀品格教育中的自为性和创造能力，自觉地提高自我关怀品格养成的认知能力和实践能力，自觉、主动地提升关怀品格。二是在关怀品格培育过程中，注重受教育者的参与性，增强受教育者对教育内容、教育手段的选择性和批判性，以及对教育目标的评价能力。三是立足受教育者现实，针对受教育者的关怀品格现状传授教育内容，并根据受教育对象的反馈信息，及时解决教育存在问题。四是创新意识和创造能力培育。受教育者的主体性实现真正体现于创新能力的提升，因此，在关怀品格培育过程中，教育者要注重受教育者的自我更新能力、自主实现能力和创造潜能发挥。

4. 立基于社会主义核心价值观

社会主义核心价值观是践行中国特色社会主义的文化力量，是凝聚、激发民族创造力的精神支柱，是提高国民素养的思想道德范式，是实现社会和谐的文化基石。国家层面的“文明”“和谐”价值目标，社会层面的“自由”“平等”价值取向，个人层面的“友善”公民价值准则成为关怀品格的直接思想根源。贯彻这一原则要求：第一，关怀品格作为一种意识形态，“就同现有的观念材料相结合而发展起来，并对这些材料作进一步的加工”[①]。因此，将关怀品格的培育贯穿于社会主义核心价值观的具体形式中，建立为经济基础服务的思想体系，

① 马克思恩格斯文集（第4卷）[C]. 北京：人民出版社，2009：309.

主导人们的关怀价值观、关怀道德追求和关怀行为规范。第二，将关怀品格的形成和发展融入社会主义核心价值观内外部塑造机制联合的过程。通过其内在形成机制，如价值观认同机制；同时，通过其外在形成机制，如教育引导、社会支持、政府保障，培育尊重差异、包容多样的个人道德品质，形成关怀价值观。第三，将关怀品格的形成贯穿于社会主义核心价值观的理论构建与实践建设过程中。通过社会主义核心价值观丰富关怀品格理论，并借助其舆论引导机制、实践养成机制、监督评价机制等保障关怀行为。

5. 继承世界优秀文化成果

任何道德品质的培育都离不开吸取世界的优秀文明成果，因为不同的文化类型包含着不同的关怀品格思想，世界优秀文化成果中含有丰富的关怀思想。如，亚里士多德的“善”“友爱”，大卫·休谟的“关心”“慈善”“同情”，艾里希·弗洛姆的“自由”“爱”，卡尔·罗杰斯的“共情”，亚伯拉罕·马斯洛的“完美人格”，内尔·诺丁斯的“关怀”理论，弗吉尼亚·赫尔德的“关怀”伦理等。因此，关怀品格的培育可以从世界人类文明成果中充分汲取养分。贯彻这一原则要求：一是避免对西方文化全部否定的错误思想认识；二是避免对西方文化全盘接受不加甄别的错误态度与做法；三是辩证吸收、选择其优秀文化成果中的关怀思想文化精髓，促进关怀品格的发展活力。因此，关怀品格的培育必须借鉴吸收包括世界积极价值观在内的一切文化成果，积极扬弃。

6. 弘扬民族优秀文明成果

中华优秀传统文化是历史的凝结，蕴含中华民族最根本的、最深层次的精神追求，贯穿到个人、家庭、社会、自然及国家等方方面面，对人们的关怀价值观念、思维模式和行为方式产生潜移默化的影响。一是仁爱。如，孔子“爱人”，孟子“仁民”，韩愈“博爱”，朱熹“仁”。二是和谐。和谐是中华民族文化的基本精神，处理人际关系的“和为贵”“和而不同”，人与自然关系的“和实生物”“天人合一”，人道追求的目标“太和”“中和”。因此，中华优秀传统文化重视社会整体利益价值的追求，重视生态和谐的建构，重视道德行为的实践，重视高尚道德品质的锤炼，是提升个人道德品质、促进社会进步和生态和谐的精神成果。贯彻这一原则要求：对中华传统文化自觉摒弃，取其精华去其糟粕，克服缺陷发扬优点。

（三）关怀品格学校教育引导的途径

“审慎、勇气、克制、仁慈以及明智、思想独立、智慧、幽默和活力等品质是受过教育的人的特征”，“受过教育的人应该通晓所有的知识”，“对他来说，知识是美德的必要前提，而知识本身不是目的”[①]。因此，关怀品格教育在于如何引导受教育者培育自己的品格，以下从教育过程建构、教育实践方式和教学内容改革三方面探索。

1. 教育过程建构：相互对话

关怀品格的教育是人的教育，其过程不能是单向式的灌输，而是对话式的双向交流。对话可以在个人与个人自身之间开展，是个人大脑思维的过程；普遍觉知的对话是个人与群体间的对话。“无论是消极被动地在他人身上发现自己，还是积极主动地创作自我与他人，关键在于与他人之间（‘针对我之他人’与‘针对他人之我’）和与自己的自我之间（‘针对自身之我’）的对话性关系”。[②]对话不仅有助于教育者发现自我和他人，还能通过受教育者发现自我，并有助于受教育者的自我发现。

（1）对话教育过程的关怀品格特征

“一切存在的事物都处在不断运动中。因此，有关存在的对话也将永无休止。”[③]对话是关怀品格教育践行的永恒动力。对话以尊重、平等的姿态开启教育历程，在这一过程中双方敞开心扉，商讨、协作分享问题、处理问题、解决问题。

对话具有差异性、主体间性、尊重、理解和探究的特征。第一，差异是对话的基础。差异导致对话，但对话并不是要消解差异、排斥差异，不是用同一性去抹杀差异，而是在理解、包容差异的基础上去尊重、承认差异。第二，主体间性。对话由两个或两个以上的主体间活动构成，真正的对话是基于主体间的交互活动。对话是对话主体间互相承认、认可对方，相互表达自我观点，在相互沟通的基础上实现观点与思想的理解、相通。在对话中，双方主体各自保持自由，彼此敞开相遇相融，理想的对话促进人与人之间的团结、合作可能性，

① ［英］约翰·怀特．再论教育目的［M］．李永宏，等，译．北京：教育科学出版社，1997：139.

② ［英］伊恩·伯基特．社会性自我：自我与社会面面观［M］．李康，译．北京：北京大学出版社，2012：67.

③ ［美］肯尼思·J. 格根．关系性存在：超越自我与共同体［M］．杨莉萍，译．上海：上海教育出版社，2017：391.

双方自我更新，不断生成，去爱、去关心，去倾听、去给予，超越孤独的自我内心牢狱。彼此开放的对话，才能实现彼此心灵的敏锐感知，产生思想的共鸣，擦出智慧的火花，实现精神的相知相容，获得个体自身的完满。第三，尊重。平等是对话的基础。自发地学会聆听他人的说话，给予他人发言的机会和氛围，彰显了对话的尊严和尊重。在教育过程中，培育受教育者习惯去解释其他受教育者的说话，即是聆听，这本身就是对话的根本构成要素。那些经常进行交谈和推理的受教育者，通常在现代生活中的做人和做事方面表现得更好。第四，理解。“相互理解就是在我们共同的文化脚本中协调彼此的行动。”① 理解能让双方放下彼此的成见，找寻一致的解决办法。当然，其“一致”并不是要消除差异性，而是肯定差异的存在，肯定的声音是提高关怀品格的最简单有效的方式，“肯定具有互惠的特点”②。相互肯定能促进个体与他人的团结。第五,对话是一种探究。“对话的目的就在于对思维的全部过程进行探索。”③ 受教育者忠实于自我内心声音，对所有的知识、观点和价值进行质疑、改变，理解、再理解、再诠释，而教育者则致力于批判和独立思考的教育模式的创建，不让受教育者沉溺于僵化、封闭的教育模式，在交互辩论和思维中做出判断和选择。因此，对话教育过程的特征是展示关怀品格的特征。

（2）对话教育过程的关怀品格培育建构

“对话的目的是与观念和理解建立联系，是去与他人相遇，去关心。”④ 对话教育过程的建构实质是教育者与受教育者在知识传授、学习和探讨中展开的关怀品格培育过程。第一，关注言语交流。对话语言，既属于稳定化的要素，也是实践活动中调适或改变的思维工具。在任何关怀教育行为中，都存在自我对话和与他人交流之间的转换，这是因我作为自身自我、他人之我和我之他人的现实多重样态存在。从显性角度看，对话形成可听的语言内容和可见的行为活动；从隐性角度看，对话形成遮蔽的或是潜存的语言和行为结构。教育者与受教育者的对话，教育者以相关的言语形式，向自己也向受教育者明确表达，同时受教育者的言语和评价表达也为教育者的交流定向。第二，共享思维。对话

---

① [美] 肯尼思 ·J. 格根 . 关系性存在：超越自我与共同体 [M]. 杨莉萍，译 . 上海：上海教育出版社，2017：176.

② [美] 肯尼思 ·J. 格根 . 关系性存在：超越自我与共同体 [M]. 杨莉萍，译 . 上海：上海教育出版社，2017：323.

③ [英] 戴维 · 伯姆 . 论对话 [M]. 王松涛，译 . 北京：教育科学出版社，2004：10.

④ [美] 内尔 · 诺丁斯 . 关心——伦理和道德教育的女性路径 [M]. 武云斐，译 . 北京：北京大学出版社，2014：139.

过程并非直线式的，不是从教育者直接传输信息至受教育者，或受教育者直接将思想传输至教育者。对话进程中，教育者与受教育者均需付出注意力和思维力，并对另一方的回应倾向给予预判，但目的并不是给予纠正，而是以某种循环的和递进的方式尽可能以全面的角度、客观的判断和透彻的眼光分析事物。对话往往不预设目的或进程，然而对话离不开彼此的信任、尊重和坦诚，双方共享建构的意义。对话中的任何一方必定听——倾听，是全神贯注、细致入微、敏锐感知、心领神会地倾听、理解、领会对方的话语，避免错误理解而产生另一种意义。对话是把思维作为一个过程，并不是让每个人确信或达成一致观点，相比而言，“精神、智力与意识的共享要远比观念的内容更重要”①。

总之，消除分歧是对话之使命。如果教育双方产生分歧甚至对抗，必定是其中一方把自己和自己的意见、看法或思想视为一体，从而把另一方质疑你的观点误为质疑你自己。对话追求的结果是双赢，“在对话中，你不会试图去赢取对方，也不会强求让别人接受你的观点。相反，我们通过对话，来发现任何人身上可能出现的任何错误，从而使每个人都从中受益”。“在对话中我们不是相互对抗，而是共同合作。”②在人际交往与互动作用下，产生的集体思维力量远远超越个体思维的作用力。因此，对话这种方式可以为改变人与人之间（包括教育者与受教育者、受教育者与受教育者之间）的关系，帮助解决问题。“事实上，可以这样说，由于对话，我们已经不再是问题的组成部分，而是解决问题方案的一个组成部分。”③即是我们的所作所为在努力解决问题，而不是制造新问题，趋向合作、和谐。

2. 教育实践方式：回归生活

为什么提倡回归生活的教育？在生活教育中，“做人与做事其实是同一件事情，而不是两种分别独立的事实”④。回归生活的教育实践能把两者相融合。人的发展不是个体人的孤立的发展，应是人与人、人与自然、人与社会的整体力量的发展。回归生活教育的价值在于培育和提升受教育者的人与人、人与自然、人与社会关系的处理能力，在教育活动过程中如何把人与人之间的关系呈现出来，实际是在建构人与人、人与社会、人与自然的关爱关系，达到敞开自我，理解他人，亲近和关注世界的结果。“教育要塑造人的精神观念，不能远离实

① [英]戴维·伯姆．论对话[M]. 王松涛，译．北京：教育科学出版社，2004：42.

② [英]戴维·伯姆．论对话[M]. 王松涛，译．北京：教育科学出版社，2004：7.

③ [英]戴维·伯姆．论对话[M]. 王松涛，译．北京：教育科学出版社，2004：43.

④ 赵汀阳．论可能生活[M]. 北京：中国人民大学出版社，2010：44.

践，教育必须建立在人的生活世界之上。”①

关怀品格的培育不是空中楼阁，其建立在现实生活基础之上。我国教育家陶行知指出“教育即生活”，教育只有通过生活才能散发出真正的教育力量，“接受教育本身就是人的生活的一部分”②，才能构成完整的人生。因此，回归生活的教育有助于促进关怀品格的培育。关怀品格也必须深入生活，既是培育又是践行，把人引向好的生活、善的生活。科学技术日益成为现代文明的标志，问题在于，我们不是排斥、放弃科学技术的价值，而是对科学技术的盲目崇拜使个人生活迷失了自我。唯科学技术的价值观下要弘扬关怀品格价值必然是微弱的，因此，要突破技术理性价值独尊的地位，不能忽视人文理性的价值存在，以两者的共同存在指向为现实生活世界提供导向。珍视个体生命存在的生活本来就是整体和不可分割的存在，完整的生活离不开个体生命的完整体验，个人只有以人文理性和技术理性体验生活，才能感知生活的完整与充盈。关怀品格的培育离不开生活的完整性，完整生活影响人的关怀品格养成，为此，回归生活的教育积极建构个人生活的完整体验，追求生活的完整性，在完整生活的建构过程中，获得关怀品格的养成。

（1）回归生活教育的关怀品格特征

“教育的功能不只是增长人的知识与心智能力，而且是要提升人的品质，增长人的‘感性活动’的能力。”③回归生活的教育具有个体性、情境性、体验性和反思性等关怀品格特征。

第一，个体性。回归生活的教育具有个体性特征。如果受教育者因感受到接受教育的独特方式而生活着，体验个体的内在价值，并成为当下个体的价值生活，即为回归个人生活的教育。这种特殊的活动使个体完整生活于关怀品格的培育中，具有不可替代的重要意义。回归生活教育的作用在于激励、唤醒生活态度和生活精神，并扶植这种生活态度和生活精神。教育乃是生活实践本身，有助于个体的生活理想和美好生活实践，“教育的过程就是生活的过程，就是人格实现优秀的过程，如果生活是各种各样的行动，通过行动实现人格的相互交往、合作和成长，实现美善生活本身，那么，教育就是组成这种美善生活的内容之一”④。美善个体品质成为教育的第一性的、根本的目的，促进关怀品格的

① 舒志定．人的存在与教育——马克思教育思想的当代价值 [M]. 上海：学林出版社，2004：36.

② 刘铁芳．走向生活的教育哲学 [M]. 长沙：湖南师范大学出版社，2005：69.

③ 舒志定．人的存在与教育——马克思教育思想的当代价值 [M]. 上海：学林出版社，2004：227.

④ 金生鋐．教育与正义——教育正义的哲学想象 [M]. 福州：福建教育出版社，2012：92.

培育，推进全面发展的人的培养，实现从生物实体之人走向人之为人，从未完善之人走向逐渐完善之人。

第二，情境性。教育者要引导受教育者避免自己与世界的疏离，同时还要引导受教育者回归自我生活。“教育要塑造人的精神观念，不能远离实践，教育必须建立在人的生活世界之上。”① 创设的实践情境包含：第一，建立相互合作的课堂。不仅能够保存、展现、分享个体发展的人格特点，而且能够培育胜任与他人交流的思想、行为方式。受教育者与受教育者间具有生存性的特征，讨论小组、工作坊、研究小组等成为主要的课堂合作形式，以提高受教育者参与对话的数量和质量，促进受教育者之间更多的相互帮助。第二，创设教育者与受教育者交流的学校环境。学校需要为教育者与受教育者创设空间，来讨论他们的情感和关注。“设计教育经历，使学生发展其情感技巧或个人智力，即一个独立的人类能力领域。”② 第三，拓展课堂的实践场域。社会为关怀品格的培育拓展空间，提供更广阔的实践场域。以合作教育的方式，邀请家长、专业特长人员等教育共同体参与课堂，增进教育共同体对课堂的了解，促进教育共同体乐于奉献课堂；同时，可将课堂搬进博物馆、纪念馆、生物或动物园、机关或工厂等广阔的社区，在情境或实践中培养关怀品格。

第三，体验性和反思性。回归生活的教育，重视人的体验和反思在教育中的作用。体验是感知的活动，感知活动使人现实化，揭示人的活动的当下性、现实性和世俗性，使教育脱离纯粹的抽象的理性活动。反思并不完全脱离体验，“情感主义将反思看作包含了感情、想象和认知的过程，理性主义将反思看作理性认知专有的任务。情感主义认为规范性来自对自身全面考察的心灵所达到的平衡和满足”③。回归生活的教育既包含对感知反思的过程，也不能缺乏对理性认知的规范。教育者引导受教育者感知生活，需要受教育者对自我的审视和观察，反思对受教育者的人格至善起着至关重要的作用。沙夫茨伯里曾指出，虽然人们无法直接决定在某一时刻感受某种仁爱之情，但经由反思，可以将社会性的友爱之情引入人们的内心。④ 因此，反思的目的在于追求他人的利益，并进一步扩展至社会整体利益。为此，通过体验和反思式的回归生活的教育，可以调

① 舒志定．人的存在与教育——马克思教育思想的当代价值 [M]. 上海：学林出版社，2004：36.

② 俞可平．幸福与尊严——一种关于未来的设计 [M]. 北京：中央编译出版社，2012：124.

③ [美] 迈克尔·L. 弗雷泽．同情的启蒙：18 世纪与当代的正义和道德情感 [M]. 胡靖，译．南京：译林出版社，2016：6.

④ 参见 [美] 迈克尔·L. 弗雷泽．同情的启蒙：18 世纪与当代的正义和道德情感 [M]. 胡靖，译．南京：译林出版社，2016: 30.

整受教育者自身的行为和判断，受教育者拥有了自主性，成为他自己的目的和修正的对象。在教育过程中，受教育者体验和反思的对象不仅包括外界的对象，也包括他自己的行动和感情。也即是，关怀者、被关怀者、关注事件、关怀者及被关怀者的关爱、善意、负责等都成为体验和反思的对象，引入教育。对于生活教育，“反思的核心是要解决主体与客体分离、对立的格局，目的是要澄清科学、技术理性主宰的教育缺失的关键，展示教育的人文意蕴的可能性”[①]。教育不能仅停留于知性教育，把人当作自然科学对象，而缺乏对周围世界的审思意识和能力。“一旦我们的感情变成了反思的对象，道德情感就成为一种以我们自己和他人的感情为对象的反思性认同或不认同。”[②] 正是因为这种体验和反思，人们才将关爱作为道德品质来追求，体现关怀品格的特质。

（2）回归生活教育的关怀品格培育建构

“关怀关系要求相互性，而培养相互性的方式是在人类生活相互依存的各种背景之中。”[③] 回归生活教育的建构，无论是完善生活目标，还是关注生活情境和创新生活实践，均致力于人与人之间的交往、人与世界的交往，个体价值观念的树立、对生活全面负责态度的确立和幸福生活的建构，把人的全面自由发展的实现作为目标追求，这一切均体现关怀品格的培育过程。

第一，完善生活目标。教育介入到人的生活中，从人的生存活动的角度理解教育的伦理价值，培育受教育者主动的社会生活意识和能力，客观存在不仅因我而在，同时也是为他之物，即维护着人、社会、自然的和谐发展。为此，回归生活的教育，建立于客观现实基础上的人的实践教育，在日常生活与非日常生活、物质生活与精神生活中建构交往的意义世界，实现人的全面发展。“人的生存特质，恰恰是人与世界的交互关系的建立，因而教育本质的认识，需要回归到人如何构建与世界的交往关系。”[④] 通过人与人之间的交往、人与世界的交往，促进并实现人的全面自由发展。

第二，关注生活情境。人们生活的现实世界，经由人的生活而创造和改变。教育立足于人们的现实生活状况，以生活世界作为教育内容，解决生活世界问题，指导人们有意义的和有价值的生活。回归生活的教育，服务于人的生活，

---

① 舒志定 . 人的存在与教育——马克思教育思想的当代价值 [M]. 上海：学林出版社，2004：92.

② ［美］迈克尔 ·L. 弗雷泽 . 同情的启蒙：18 世纪与当代的正义和道德情感 [M]. 胡靖，译 . 南京：译林出版社，2016：25.

③ ［美］弗吉尼亚 · 赫尔德 . 关怀伦理学 [M]. 苑莉均，译 . 北京：商务印书馆，2014：83.

④ 舒志定 . 人的存在与教育——马克思教育思想的当代价值 [M]. 上海：学林出版社，2004：100.

才能真正培育人的关怀品格。关注生活情境，包括现实生活世界的生动性和生活个体的丰富个性：一方面要求教育过程还原到人的现实生活世界中，另一方面把抽象个人还原为具体的偶在个人。“人是教育的对象，因此关心人、重视人的价值，是教育活动必须面对的事实。”① 同时，教育本身是生活的一部分，而不是生活的准备。关注当下的教育，也即关注当下的生活。生活的教育是人的真善美的教育。当前的教育注重人的真的教育，却忽略了善美的教育。我们谈论教育不成为未来生活的准备，并不否定教育在未来生活中的准备作用，而是强调教育的当下作用。当教育关注了当下生活状态，也就关注了未来生活。强调当下，是指教育立足现实的生活，以真实、深刻体验生活的价值，培育个体的价值敏感性和价值意识，形成强有力的积极的精神力量影响未来生活。另外，未来生活具有难以计划性和限定性，当下对生活的体验、感受、理解、省察、创造，为的是培养受教育者的主体意识和价值观念，以主人之精神状态走向未来生活，培养受教育者对未来生活全面负责态度。

第三，创新生活实践。回归生活的教育不以知识的绝对真理为探求，而把人的生活方式和生活意义价值的思考作为其主要目的。在教育中，受教育者成为生活的主体，其主动感知周围世界，产生不同的意义理解和价值认识。他们的生活呈现出多样性和不确定性，必然带来生活秩序的差异存在。因此，在现实中，将人的教育视为被预先设定是不正确的。然而，在现实生活中，一方面，科学技术飞速发展，人们的生活更加自由；另一方面，科学成为“异己”的力量，人们沉迷于对外在世界的知识性把握，意义世界却被搁置于角落。人们只探求事实，不追寻价值；只探寻真，却不追求善美。为此，回归生活的教育，在于受教育者精神家园的建构，创新生活教育方式和内容。它围绕生活目的、生活意义，建构幸福生活，解决人的生活难题，变革现有生活秩序，使之符合人的全面发展的要求。

3. 教学内容改革：关怀育人元素的挖掘

2017 年习近平总书记在党的十九大报告中再次强调：“要全面贯彻党的教育方针，落实立德树人根本任务，培养德智体美全面发展的社会主义建设者和接班人。”② 课程作为落实育人任务的重要载体，树立“以德为先”的课程价值观，将“立德”“求知”统一于教学内容的改革显得尤为重要。因此，突出课程的育

① 舒志定．人的存在与教育——马克思教育思想的当代价值 [M]. 上海：学林出版社，2004：119.

② 习近平．在党的十九大上的报告［N］. 人民日报，2017-10-28.

人内涵，挖掘教学内容的关怀育人元素，探讨全课程，包括专业课程、通识课程中关怀育人元素，是关怀品格教学内容改革的诉求。

（1）教学内容的关怀育人特征

第一，追求科学品质的教学内容。“如果缺失了‘知识’这一根本元素，任何教育便失去了其目的，所谓‘立德树人’就无从谈起。”① 关怀育人并不否定对科学知识的追求，相反，其立基于知识，达成意义世界与客观世界的统一。关怀育人的教育内容，关注科学，强调科技对国家在认同和安全等方面的重要意义，强调科学在人民生活和经济发展方面的价值作用；科学教育目标，不仅包括科学知识的学习和科学方法的掌握，更为强调学习兴趣的培育；科学不局限于科学学科的范围，不仅强调科学与社会问题的联系，还关注科学态度、科学素养和科学认识的引导，以提高科学技术对现有社会问题的长远规划和解决方案。第二，追求善的精神品质的教学内容。一方面，教育者向受教育者传授约定的道德规范，让受教育者习得合理的道德准则；另一方面，教育者同时关注受教育者的精神提升和理想追求，塑造受教育者关怀品格的内在动力，使关怀品格成为促进受教育者个体自我价值实现的有效载体。关怀育人追求善的需求，确立崇高的人的意义世界，其并不是不负责任、自由放纵的教育，而是个人的尊严、个性、自由、纪律、职责和义务等不可分割的统一体，强调个体关怀品格的教育。

（2）教学内容的关怀育人价值关涉

“人是意义、价值世界的根本，意义与价值因人而存在着，没有人，就谈不上意义与价值。人不是客观物质世界的本原，却是意义与价值世界的本原。”② 教育的价值并不仅为告诉或传授给受教育者知识和技能的方法，教育的价值在于帮助人们获得人的永恒在场，满足受教育者实现人的发展的需要。关怀育人相对知识偏向、技能取向的教育而言，重在对人的价值提升、人格提高；相对于联合国教科文组织的“求知、做事、共处和做人”的四大教育支柱，核心为做人教育，涵养人文精神。教学内容的关怀育人价值主要关涉善、美、爱、平等、自由、幸福和自我价值实现。善，是教学内容涵养善，受教育者通过对教育内容的学习，能感受到人与人间的关怀、理解、尊重、信任、激励与帮助，追求人与人之间的和谐、共在、安宁、秩序，在精神上呈现积极向上、充满活

① 梁平. 课程思政“立德树人”四层级目标论 [J]. 河南师范大学学报（哲学社会科学版）2023(4):152.

② 舒志定. 人的存在与教育——马克思教育思想的当代价值 [M]. 上海：学林出版社，2001：44.

力的情绪。美，教育内容呈现人性美、人格美，渗透到教育过程，呈现出语言美、教学方式和手段之美，环境创设之美，教育自身成为愉悦、欢乐、自由、真、善等价值充盈的境界。爱，爱的教育内容涵养个体人生的关怀，对自我的肯定与认同；涵养教育者与受教育者之间的关爱品格，促进他们之间的相互悦纳，体验教育者与受教育者之间的完整生命关爱；涵养教育者与受教育者对世界和生活的关爱品格，践行人与社会、人与世界的爱心交往。平等，教育内容体现相互尊重、相互理解，涵养教育者的关怀之情，摒弃权威式的霸权，受教育者乐于接纳教育者，双方平等探讨，是教育者自我和受教育者自我、受教育者自我和受教育者自我个性保存的教学相长、生命成长的共同发展。这种平等虽外在法律难以事实关涉，然而是人之内在自我真实之感受。自由，教育内容的真知召唤教育者与受教育者双方互为独立、完整的人格，教育者不以绝对权威凌驾于受教育者之上，受教育者也不成为教育者权威的延伸，而是作为独立自由人格之人而存在；自由还表现为教育者与受教育者对真知追求的向往和喜悦，以及在此基础上的安宁自得、怡然自乐、思维自由驰骋、对未来美好向往的个体存在状态。关怀育人关涉的最高价值是自我实现，关怀育人关涉的善、美、爱、平等、自由等价值，为教育潜能、教育兴致得以淋漓尽致地开放提供了广阔、肥沃的土壤和养料，促进自我实现的最高价值关涉。同时，教育者与受教育者因教育而悦纳，因互助、共享而乐在教育共同体中，教育者与受教育者同在教育过程中，教育不仅成为教育者的自我实现场域，也成为受教育者的自我实现场域。

（3）教学内容中关怀育人的方法

课程分为专业课程、素养课程（通识课程）和专门的育人课程。针对不同的课程，采用不同的方法，挖掘课程中关怀育人元素。第一，专门的育人课程，如道法课程、思想政治教育课程、德育课程和马列课程等，课程本身就蕴含着丰富的关怀育人元素。该类课程关键在于传授育人知识的过程当中，让学生感受和体验人和人之间的关爱关系、人在社会的责任担当、人与自然的和谐共处，通过参观、访问、讨论、活动等教学方式，将关怀育人知识内化于心，外化于行。第二，专业课程。对于专业课程，知识传授和技能的训练与教导是基础，因此专业课程的教学要关注科学知识的传授。然而，唯知识传授的教学本质，工具价值成为教学的目标追求。“教育的任务不是简单地说是增长人的知识与心智能力，而是提升人的品质，增长人的感性活动的能力，换言之，提高处理人与世界关系的能力，这种能力不仅仅是外化的具体处理某件事情的能力，而是领悟人与世界关系的能力，这是把握人的本质的能力。”因此，在传授知识基础上，挖掘关怀育人的教学元素，针对不同专业的学科特点，通过教学方法、教学过程、教学内容、教学评价等环节隐性与显性融入关怀素养，借助表情、体态、动作等非语言让学生真实感受到关爱，从而让学生在潜移默化中生成关怀品格。第三，通识课程。通识课程是人文素养的综合课程，其教学内容的组织大体可以分为按主题和学科领域两种路径组织通识课程内容。其中，主题是“采取不同手段和方法，运用不同学科，调动一切可利用因素”[①] 来学习某一主题，主题可为真、善、美、正义、关爱、发展、责任、爱国等等。学科领域组织路径分为两种：“一是通过许多门课程的学习了解一个领域的内容，二是通过一门课程的学习了解不同领域的内容。”[②] 如通过不同学科的师范生课程，学习与培育教师的综合素养，也可通过某一学科专业师范生的相关课程，学习师范生综合素养和学科素养。不论是何种路径，知识的更新与传授，仅仅是其中的一方面。其他的领域包括健康与安全领域，是受教育者的精神和身体健康，对安全规则的遵守；学生思维力的培育，有助于挖掘自我潜能，学会思考和推论；人际关系的培育，与他人正确交往，促进社会和谐发展，并获得良好的自我实现。因此，通识教育既要遵循专业学科的教学方法，又要采用育人学科的教学方法，在学科教学中挖掘关怀育人主题与关怀育人元素；也可以将相关主题与相关学科关联，开展学习体验和实践，达到相互贯通的教学目的。综上看，任何一门课程均包含育人教育，以挖掘关怀育人元素，提升关怀品格。

三、关怀品格的社会支持

“没有关怀，就没有社会，也就没有任何人。”[③] 关怀品格促成社会环境的建构，反过来，社会环境也会影响关怀品格的培育。

（一）关怀品格社会支持的内容

社会是人与人形成的关系总和。关怀品格作为个体道德品质，离不开特定社会的经济、政治、文化和制度支持，因此关怀品格的社会支持内容包括以下两个方面：一是关怀的物质环境、精神环境和制度环境；二是关怀的宏观环境、

① 张寿松，徐辉．大学通识课程内容组织的两种路径 [J]. 中国大学教学，2004（12）：14.
② 张寿松，徐辉．大学通识课程内容组织的两种路径 [J]. 中国大学教学，2004（12）：15.
③ [美] 弗吉尼亚·赫尔德．关怀伦理学 [M]. 苑莉均，译．北京：商务印书馆，2014：137.

中观环境和微观环境。

1. 关怀的物质环境、精神环境和制度环境

从社会存在样态看，社会可分为物质形态、精神形态和制度形态。因此，关怀品格的社会建设可分为关怀的物质环境、关怀的精神环境和关怀的制度环境。

（1）关怀的物质环境

社会环境作为主体人从事关怀活动的外部世界，首先是一种物质存在，在客观现实中存在和感知的客观存在物。它是关怀品格所依附的物质性载体，是关怀活动赖以进行的有形的可见的物质形态或条件，如，文化设施、公共物品、社会商品、通讯设施、传播媒介，等等。文化设施、公共物品、社会商品的整齐有序，人们在与这些物品接触的过程或置身于该空间中，都能给人以美的感受和油然而生的关爱情感；通讯设施、传播媒介等传递的关怀事件，同样提升人们的关怀品格。其次，因为关怀品格环境的濡染，人们可能致力维护、创造更美好的物质环境。而这些实践活动实质是人们对物质环境的关心实践，"我们需要亲自投身物质世界，在实践中关心"①。而在人们努力于对物质环境的关怀行动中，人与人之间的人际关系更加和谐。因此，关注物品与人的关系，能培养人们对物质世界怀有敬畏的关爱情感，提升关怀品格。

（2）关怀的精神环境

关怀品格依附于实践活动中的社会环境，它与人们的经济、政治、文化领域中所表现出来的关怀理念、关怀行为紧密联系在一起的。社会环境还是人们的社会意识的外在表现，蕴含人的伦理道德。因而，社会环境并非仅是物质环境，它还是非物质环境，包括通过人们的意识创造的精神环境。精神环境作为社会环境中的非物质部分，它是关怀品格价值的精神性实体，是无形的非物质形态的条件或要素，如，道德观念、道德规则、道德制度、社会风气、社会舆论、精神素质、思想文化、传统习俗、人际关系等。精神环境的建设不能仅为知识、智慧而努力，更不能把冷漠与关爱混为一谈，建设关怀的精神环境可以引导、帮助和超越当前一些冷漠的社会环境现状。北大学生弑母，沈阳大学研究生因奖学金遭同学持刀捅伤，借助网络恶意杜撰，挑动社会矛盾或引起恐慌，等等，这些事件引发人们对精神环境建设的审思。"一个投身于精神追求的人能

① 内尔·诺丁斯．学会关心——教育的另一种模式 [M]. 于天龙，译．北京：教育科学出版社，2014：176.

够应用并且欣赏所有这些知识形态或者活动的精华之处：逻辑、诗歌、小说、音乐、美术、建筑、考古、舞蹈、服务、祈祷和沉思。”[①]即是说，我们学习知识或从事活动的目的是什么，如果仅为知识而学习知识，仅为生存而学习技能，就会成为没有精神信仰之人。恰恰相反，知识或活动背后所蕴藏的丰富的成人、做事的伦理意蕴，才是人们与人们之间、人们与社会之间和谐相处的核心价值，也是关怀人的完整性的体现。

（3）关怀的制度环境

“制度伦理环境，是指一定的制度建设或制度安排给社会成员所提供的道德养成和道德遵守的社会生活空间。它由一定的体制和制度所设定和规范，通过一系列由专门机构正式颁布的政策、法规、条例和非正式颁布的管理规章、社会公约等所构成的制度体系体现出来。”[②]关怀的制度环境，为关怀品格的发展提供一种制度安排与保障的伦理环境，使关怀意识、关怀行为的养成获得制度力量的支持、调整和关怀。关怀的制度环境有助于关怀品格制度化、规范化、法律化。一方面，将个体必须遵守的关怀规范以制度规约确定，规定着行为的“度”，规范、协调个体的责任和义务关系，保障社会成员间的友爱关系，形成一种良序的社会结构；另一方面，关怀制度本身所具有的伦理观念和道德理性，可转化为普遍认可的关怀价值和关怀责任，成为个体关怀行为的评价依据，构成普遍的约束机制，并渗透到个体的品质和思想情操中。因此，关怀制度环境规范、内化关怀的精神和意识，而关怀意识和观念等在关怀的物质环境中不断发展和实践，往往进一步转化为关怀制度环境。

关怀的精神环境的无形性，需要依赖有形的关怀物质环境来展现，有赖于关怀制度环境的制约和保障。在构建关怀品格的社会支持时，既要重视关怀的物质环境建设，也要重视关怀的精神环境建设，更不能忽略关怀制度环境的营造，三者有机融合，才能取得最佳效果。

2. 关怀的宏观环境、中观环境和微观环境

从哲学视角看，社会环境可分为宏观环境、中观环境和微观环境。因此，关怀品格的社会支持建设包括关怀的宏观环境、关怀的中观环境和关怀的微观环境。

① 内尔·诺丁斯．学会关心——教育的另一种模式 [M]. 于天龙，译．北京：教育科学出版社，2014：72.

② 朱巧香．道德环境研究 [M]. 武汉：武汉大学出版社，2015：123-124.

（1）关怀的宏观环境

宏观环境包括社会的经济环境、政治环境和文化环境。可以说，所有关怀行为的宏观环境都是相同的。这种宏观环境对人们的关怀行为有重要的影响和制约作用，也可以说起基础性作用。第一，经济环境是关怀品格的物质基础。经济环境不但决定社会的政治环境和文化环境，而且是它们赖以存在和发挥作用的现实基础，它成为人们从事关怀活动和实现关怀理想的现实条件，它与人对待自身的物质利益以及对待他人物质利益的认识水平紧密联系在一起的。"如果没有条件取得幸福，那就缺乏条件维持德行。德行和身体一样需要饮食、衣服、阳光、空气和居住。……如果缺乏生活上的必需品，那么也就缺乏道德上的必要性。生活的基础也就是道德的基础。如果由于饥饿，由于贫穷，你腹内空空，那么你的头脑中、你的心中或你的感觉中就不会有道德的基础和资料。"[①]因此，经济基础决定上层建筑。关怀品格本身离不开具体的衣、食、住、行，一定的生活基础也就构成关怀品格的基础。而一个平等竞争、维护人的尊严、保障人与人之间的平等权利的经济环境建设，成为关怀品格培育的坚实的物质保障。第二，政治环境是关怀品格的制度保障。政治环境是关怀活动中影响最直接的环境，可以说，居于整个社会支持的中心地位。政治制度是政治环境的核心部分，它规定着人们关怀素质的主题和内容，人们活动的关怀素质，很大程度上取决于政治制度。良好的政治环境主要是指一个公平或正义的社会制度。[②]公平或正义的社会体制"主要表现为：人人拥有平等的政治权利；人人享有平等的劳动权利和择业机会；个人的劳动所得与其所付出的有效劳动成正比；允许财富分配不公从而贫富分化的存在，但对这种不平等应进行有效劳动成正比；允许财富分配不公从而贫富分化的存在，但对这种不平等应进行有效的调控，使之不至于影响劳动者积极性的发挥和社会的稳定与发展。"[③]关怀的政治环境从制度层面影响、规定人们的关怀理想和关怀活动，关怀人的平等权利享有权，尊重人的差异性，关注不平等的调控。第三，文化环境是关怀品格的精神保障。文化可作为生命符号的存在，是人与人之间相互沟通、绵延传续的桥梁，包含对人生的知识及生命的态度。广义的文化，可包括物质财富和精神财富的总和；而狭义的文化，仅指精神财富，是社会意识形态以及与之相适应的制度

① [德]费尔巴哈．费尔巴哈哲学著作选集（上卷）[M].荣震华，等，译．北京：商务印书馆，1984：569.

② 朱巧香．道德环境研究[M].武汉：武汉大学出版社，2015：38.

③ 黄明理，张秀芳．简论个体道德需要培养的客观条件[J].盐城师专学报，1997，(3)：48.

和组织机构。文化通常以文字、图像、声音等符号的形式保存下来，其主要表现为思想观念的精神存在，影响人的思想道德状况，进而影响人们的行为方式。关怀的文化环境建设，主要包括习俗、舆论、社会风气、观念、信仰、社会心理等蕴含的关怀观念形态和物质产品建设。在这样的关怀文化环境中，人的第一个责任便是关怀自己。一个关怀自己的人，也能够关心他人；具有关怀品格的人也希望在自己周围看到他人的关怀品格，感受他人的关怀，并关怀他人。

（2）关怀的中观环境

中观环境是与某一特定群体或组织直接发生交互作用的那些外部要素。它也属社会环境的一部分，包括在社会生产、生活中对某一行业、某一领域、某一单位、某一群体的关怀活动发生影响的政治、经济、文化状况以及社会风气、习俗氛围，等等，它是关怀品格社会支持的主要构成部分。它包括行业关怀环境、社区关怀环境、家庭关怀环境和学校关怀环境，等等。行业关怀环境属一个人的职业道德，是一个人在某一行业中所具有的关怀品质，是一个人的职业道德操守。它不仅有利于行业工作的顺利开展，而且有利于处理好与行业内人员的人际关系，甚至关怀行业外的相关人员，它是赋予职业属性的关怀环境，无疑有助于关怀品格的提高。社区关怀环境。目前，社区环境在关怀品格的培育中起着越来越重要的作用。社区关怀环境作为一个生活共同体，它能较为真实、完善体现个人自我的关怀品格、人与人之间交往的关怀品格、人与社区之间的关怀品格。另外，社区关怀环境还继承了传统文化中较为亲密、熟悉的文化传统，即一定程度的约定俗成关怀文化，它具有无形中的外在制约作用，和人们对它自发的内在遵循效果。在某种意义上，这种关怀文化有利于关怀品格的培育，对个人自我、人与人之间等的关怀品格彰显与监督起着积极的促进作用。家庭关怀环境。家庭关怀环境是个体成长的最早、最亲密的环境。家庭关怀环境是关怀品格培育的自然环境，任何个体出生后，首先获得的是来自父母的从肉体到心理的关怀。这种关怀由于其血缘性的特征，更多体现为不平衡性，父母对孩子的关心，往往求得的是孩子的反馈，即便是微笑、哭叫、喃喃自语等，父母均会积极无私地回应。良好的家庭关怀环境对于培育孩子的关怀品格具有积极的意义，父母对孩子的关爱、照顾、操心及他们间关系的建立，无疑以最自然、最直觉、最自觉、最深刻的方式影响甚至陪伴孩子一生。学校关怀环境是个体成长的重要影响环境。尤其是孩子在成年前，在学校所受的教育会极大地影响其关怀品格的形成。学校在一定教育目的规定下，由受过专业训练的教育者，有组织、有计划地对受教育者开展全方位的教育。在学校中，受教育者的关怀品格受学校规章制度、学校文化设施、学校工作人员、学校同学和学校环境氛围等的影响。因此，要构建积极的学校关怀环境，促进关怀品格的培育。

（3）关怀的微观环境

关怀的微观环境主要针对个人而言，由于关怀主体的个体性和具体性，其生活环境、所受教育、思想理念、思维方式、品德素养、人格魅力、理想信念、价值取向等的不同，个人的关怀认识、关怀情感、关怀意志、关怀行为及其在经济、政治和日常生活中造成的对他人或社会发生影响的诸要素的总和。关怀认识，是一个人所具有的基本道德素养，它决定个体的关怀情感、关怀意志、关怀心理、关怀行为等。个体关怀认识是对关怀品格体系的知识认知，它包括关怀品格的体系结构、构成因素、功能作用、特征等等。关怀情感是关怀活动的力量源泉，关怀行为离不开情感的驱动。情感为人类和动物都拥有，然而关怀必须建立在人类所特有的品质上。更具体说，关怀依赖于"人能够将自己的感情和感觉给予他人的这种能力"①，关怀他人，本质是社会性的，但这种感情并不是打算将他人作为手段达成实现自我的目的，而是将他人的目的视为己有。关怀意志是关怀活动得以坚守或持续的重要力量。关怀意志的强弱与个体的关怀认识、个体关怀情感有着关联，并直接决定着关怀行为的实践程度和效果。康德通常将意志与自由相结合，强调意志自由，"自由是没有外在强制从而能够按照自己的意志进行的活动"②。可见，关怀意志除了强调坚守和坚持外，其还强调抉择的自主性。关怀行为是关怀认识、关怀情感、关怀意志的落实，是一个人关怀素养的具体展现，是关怀品格的最终目的。

（二）关怀品格社会支持的特征

关怀品格属个体道德的活动，受制于一定社会的经济、政治决定的环境影响，形成个体的社会意识形态。关怀品格同社会环境不可分离，如影相随，一个平等、关爱、人际关系和谐的社会必然有助于关怀品格的养育。社会环境是影响制约关怀品格发展变化的社会因素的总和，其主要因素包括政治、经济、文化、科技及社会风俗、习俗氛围、社会舆论、传统习惯、教育，等等，成为人们进行关怀活动的基础、氛围和条件。如果社会的经济制度、政治制度发生

① [美]迈克尔·L. 弗雷泽. 同情的启蒙：18世纪与当代的正义和道德情感[M]. 胡靖，译. 南京：译林出版社，2016：158.

② 王海明. 公正平等人道：社会治理的道德原则体系[M]. 北京：北京大学出版社，2000：138.

变化，社会环境就会相伴随地发生变化；即便社会制度没有发生根本性变化，但只要社会的经济、政治结构发生某些方面改变，社会环境也会出现某种程度的变化。为此，社会政治、经济、文化状况以及社会风气、社会习俗等人文条件变化也会对关怀品格的培育产生影响和制约。关怀品格的社会支持具有如下特征：

1. 人文特质

关怀品格的社会支持是一种人文性的社会环境，它通过人们的关怀理念和关怀行为积极影响他人和社会的思想与行为，为他人提供一定的关怀观念模式和关怀行为模式。社会支持是由经济、政治、法律、道德、文化、教育等因素构成的一个复杂系统，每一构成因素都是社会支持系统中的一个子系统，构成了关怀品格社会支持的经济环境、政治环境、文化环境、教育环境及伦理环境，等等。因此，关怀品格的社会支持具有如下人文性功能：第一，社会环境通过熏陶、感染、体验和潜移默化的方式影响人们关怀品格的形成。社会通常借助教育、舆论宣传、树立榜样等方式感染人的思想意识，提升人的道德品质。第二，社会环境以其特有的自然的启发和自觉的方式觉醒人、浸润人，以非强制方式感染、熏陶人们的观念与行为。一旦关怀的社会环境形成，就会产生一种充满和善、友爱、协作的道德气氛，孕育一种无形的、强大的精神力量，这种无形的力量使人们尽快消除自我与周围环境不相适应、不相协调的关怀理念与行为。第三，社会环境以激励的方式来释放个体关怀品格的潜能。在具体的关怀事件和关怀情境中，关怀品格主体往往因为关心或正义等情感而激发一些关怀行为。

2. 包容特质

从时间和空间上看，社会环境具有时间上的持久性和空间上的广泛性及开放性。社会环境与人类社会发展相依共存，人类任何发展阶段的社会环境均影响着人们的关怀理念、关怀行为。当然，社会环境对人们关怀理念、关怀行为的影响并非立竿见影，而可能存在一定的滞后性，但同时也可能具有一定的超前性。由于现代科学技术的便携式发展，如交通工具的方便快捷、互联网和其他资讯工具的广泛应用，扩大了人与人之间交往的空间，引发社会环境界限的非固化，呈现出一定的开放性。这使关怀品格社会支持的包容特质成为客观必然。当前，文化传统与现代的交融共进，文化区域、民族差异的理解共存，离不开社会的包容。因此，良好的社会环境对国内的优秀传统文化和不同国家的文化精神进行吸收与借鉴，形成既具有深厚的文化底蕴，又极具现代化魅力的新时代的关怀理念、关怀行为。

（三）关怀品格社会支持的策略

影响和制约关怀品格的社会因素是由诸多互相联系着的各个要素组成的具有一定复杂程度的大系统，这些要素包括政治、经济、文化、教育、科学技术等。关怀品格不断地与这些要素相互交融、互换能量，深化、扩展自身的内容，提升自身的水平，使关怀活动不断呈现、不断进步，从而优化自身。因此，必须对这些影响和制约关怀品格发展变迁的各种因素加以有效的整合，通过优化社会的经济因素、政治因素、文化因素、制度因素等来达到提升关怀品格的目的。

1. 优化关怀的经济环境

"'精神'从一开始就很倒霉，受到物质的'纠缠'。"[①]"当人们还不能使自己的吃喝住穿在质和量方面得到充分保证的时候,人们就根本不能获得解放。"[②]这里解放既指人们的物质解放，也指人们的精神解放。意识形态归根到底是受经济基础制约的，所以，关怀品格归根到底也是受经济环境决定的。经济发展水平的高低对关怀品格产生量与质的影响；生产力的性质和水平、社会属性和它的物质技术方面的规定性影响着关怀品格生成的硬环境的规模、程度和水平建设，并影响关怀品格软环境的氛围和价值取向。

首先，优化关怀品格发展的基本生活支持。关怀品格发展需要满足基本的生活保障，"人们为了能够'创造历史'，必须能够生活。但是为了生活，首先就需要吃喝住穿以及其他一些东西"[③]。关怀品格作为人们的道德追求,同样立足于人们的基本生活需求满足的基础。其次，优化关怀品格发展的设施支持。因为，关怀品格的实施需要坚实的硬件和软件环境，人们对弱势群体的帮助、对临终关怀人群的关心、对突发灾难人员或地区人员的帮助离不开一定的服务机构、设施和人员的匹配。如 2020 年，武汉市的新冠肺炎疫情，全国乃至世界人

① 马克思恩格斯文集（第 1 卷）[M]. 中共中央马克思恩格斯列宁斯大林著作编译局编译，北京：人民出版社，2009：533.

② 马克思恩格斯文集（第 1 卷）[M]. 中共中央马克思恩格斯列宁斯大林著作编译局编译，北京：人民出版社，2009：527.

③ 马克思恩格斯文集（第 1 卷）[M]. 中共中央马克思恩格斯列宁斯大林著作编译局编译，北京：人民出版社，2009：531.

民的关心仍离不开医疗物资和专业医务人员的保障。最后，优化关怀品格发展的经济环境支持。关怀品格作为人们的价值追求，也离不开关怀的经济环境。因为，“每个人需要的满足程度应符合人类生存的真实需求”[①]，同时，“一个健康环境的保护或恢复也将被看作是人类需要的满足”[②]。因此,关怀的经济环境，追求生产的生态持续发展，考虑资源的消耗程度，避免环境的破坏，基于人们的生存真实需求，从事关怀的生产技能、生产模式、生产思维、消费方式的实践活动，又必然提升人们的关怀价值取向。

2. 营造倡导关怀品格的舆论氛围

关怀品格是现实人的一种关怀需要，从关怀的手段和内容来讲，关怀品格不能忽视人的现实物质需要，同时也不能忽略人的关爱精神追求。因此，“伦理关怀是指运用伦理的手段，通过伦理的方式对关怀客体给予从生理到心理、从物质到精神、道德方面的关怀和帮助”[③]。因此,关怀品格涉及理性和情感、物质和精神、理想和现实，是具体的人人均渴求的关怀，在满足物质需要的基础上，舆论氛围中的精神支持是关键。

关怀品格的氛围与当前社会的道德困境和社会正义有相当大的关系。从现实看，人们之所以应当采取关怀行为而没有产生关怀行为的原因在于，德行与德报的不对等。“投之以桃，报之以李”的行为在现实中成为虚无存在，要实现德福一致，离不开社会的公平和正义。只有在此条件下，才会有德行与德报相统一，从而有越来越多的人选择关怀行为。惩治处罚教育冷漠行为，不仅是政府应担当的责任，而且也是人们的希冀，更是实现社会公平正义，实现社会和谐的手段。为此，加强社会关怀舆论建设，树立社会积极关爱的道德风尚，才能扭转社会的冷漠风气。舆论作为创设良好关怀品格的重要途径：一方面体现为传播媒介，一方面体现为日常言语交流。传播媒介作为创设良好道德环境的重要途径。如“感动中国年度人物”评选活动，“全国道德模范人物”评选活动，等等，2019 年全国道德模范人物名单出炉，14 位助人为乐模范、8 位见义勇为模范、11 位诚实守信模范、19 位敬业奉献模范和 6 位孝老爱亲模范。其目

① ［英］乔纳森·休斯 . 生态与历史唯物主义 [M]. 张晓琼，侯晓滨，译 . 南京：江苏人民出版社，2011：230.

② ［英］乔纳森·休斯 . 生态与历史唯物主义 [M]. 张晓琼，侯晓滨，译 . 南京：江苏人民出版社，2011：231.

③ 梁德友 . 关怀的伦理之维——转型期中国弱势群体伦理关怀研究 [M]. 南京：南京大学出版社，2013：37.

的在于充分发挥关怀品格模范的示范引领作用，给社会树立良好的社会公德、职业道德、家庭美德、个人品德形象，在全社会形成知善、向善、爱善的关怀品格，促成和谐良好的关怀品格风尚。在社会上形成健康高尚的善文化和关怀氛围，产生令人愉悦的社会心理氛围，形成人们积极乐观的思维品质，个人的潜能得以全面激发，促进人与人之间相互关系的协调，在人与人之间建立起相互尊重、相互关心、相互帮助的人际关系，人们团结合作，为实现共同的价值目标而携手并进，建成充满关怀的社会环境，促进和加速关爱社会的发展。

然而，冷漠行为的发生，会对社会精神生活和物质生活领域产生严重的不良影响，甚至延缓和阻碍社会的发展。如网络暴力游戏的盛行，从此游戏环境中成长的人，以暴力和杀戮作为与人交往和解决问题的方式，把这当作游戏看待。另外，对冷漠行为的无限制报道，在渲染它的副作用的同时，引起犯罪的“扩大化”。如 2018 年，重庆公交车因乘客抢夺方向盘致公交坠江至 15 人死亡，此案件报道后，接踵而至，各地相继报道了乘客与公交车司机的冲突事件，虽然其本意在于道德谴责，目的在于树立良好的道德形象，然而其所蕴藏的负面影响同时也带来了不少冲击。然而，对冷漠案件的无限制报道，甚至起到诱导或教唆的作用。还有蓄意利用互联网造谣生事，传播不良信息，污染网络道德环境的现象也不断发生。而积极的关怀事件的媒体信息，增强了人们的关怀品格。2019 年 10 月重庆市文化旅游委发微博，建议市民错开 3 日、4 日、5 日去解放碑、朝天门、洪崖洞等旅游景点的高峰，把更多的活动空间留给游客。① 重庆市民在做文明市民的同时，也得到关爱他人的生活体验。对救死扶伤的医生的敬业爱岗的事迹报道，如，新冠肺炎疫情期间，对支援湖北黄冈麻城人民医院的小护士“靠着墙角席地而睡”②；对保护人民生命财产的警察、消防人员忘我生命的事迹报道，2020 年 3 月 30 日，为保护人民生命财产，19 名扑火人员在四川西昌森林火灾中牺牲③；全球疫情期间，留学生的“健康包”晒出，意大利米兰的中国留学生的“健康包”里附着纸条：“细理游子绪，菰米似故乡”④；对高铁、地铁列车上旅客伸脚固定残疾人的轮椅、不让小孩把鞋子放在座位上的

① 重庆是我见过最欢迎游客的城市 [OL].https://new.qq.com/omn/20191005/20191005A035MR00.html.

② 支援湖北的女护士靠在墙上睡着 患者拍下心酸瞬间哽咽言谢 [OL].https://v.qq.com/x/page/e0931fnlqtf.html.

③ 四川西昌森林火灾致 19 人牺牲官方回应三大问题 [OL].http://news.youth.cn/gn/202004/t20200401_12265726.htm.

④ 意大利留学生收到中国使馆健康包：除了口罩药品还有手写诗 [OL]. http://news.cctv.com/2020/04/02/ARTItHuMFdeA5qSW1e8gamIS200402.shtml.

家长等事件的报道，对的士司机、外卖小哥等关爱他人事件的报道，等等，以舆论传播着关怀的能量。

3. 强化关怀品格的文化熏陶

文化丰富多元，文化可以说是信仰结构、价值结构和规范（习俗、道德、法律）结构等所展现的精神生活方式，主要表现为社会心理和社会意识形态。第一，文化形态对关怀理念的影响。文化通过长期的积累沉淀形成一定的社会心理，制约一个民族的内心状态、精神素养、思维模式、情感方式、道德风貌、价值信念，等等，必然影响道德社会环境，并进而影响人们的道德行为。一个充满友善的社会文化状态就会产生关怀的社会环境，相应地产生关怀理念和关怀活动。第二，文化变迁影响关怀社会环境的变化。文化随着历史的发展变化而发展变化。一种是本民族的传统文化由于本民族政治、经济等外部因素的制约和民族内在心理的变化，导致民族文化心理的改变。仁爱、慈善、和谐的优秀传统文化促进社会的关怀环境建设，导致人们的关怀理念和关怀活动的转向。一种是外来文化与本民族文化的融合嬗变，从而改变民族文化心理。外来文化的平等、民主、自由与我国的善、仁的文化结合，必然带来关怀理念的树立。

选择文化当然是进行价值性选择，选择道德文化。但是判断文化的价值不能以个人偏好作为价值判断的根据，因为个人偏好有低级和高级、消极和积极之分。文化体现人类文明的价值和意义，是一种促进文明健康发展的能量。因此，具有较高价值的文化自身就蕴含平等、关爱的力量，能为人的精神提供友善的驱动力，增进人与人之间的关爱关系，促进关怀的社会环境建设。我国优秀传统文化有着深刻的关怀品格和文化内蕴。如我国的木雕花板一般都雕刻有吉祥图案、戏曲人物等图案，雕刻的题材，如仁爱孝悌、谦和好礼、诚信，等等。木雕艺人把这些善的理念、仁的人生观、爱的价值观融会于木雕制作，通过这些具体形象的木雕作品叙述故事，这种形式在日常生活中给人们自然、自觉的感知和感染，更易让人们接受，从而起到潜移默化的关怀品格教育作用。西方文化中的民主、平等、博爱、自由、文明也给予我们以关怀思想的启迪和丰富。

4. 健全关怀品格的制度保障

政治制度和设施一旦形成，在很大程度上影响着人们的思想、观点的内容和性质，直接影响人们关怀理念和关怀活动。政治制度作为上层建筑的核心部分，规定着社会意识的性质和方向。政治制度所内含的规范和价值模式无疑会对关怀品格起倡导或贬抑的作用。政治领导人的政治影响力对关怀社会的影响和政治领导人的关怀观念意识作为占统治地位的意识形态，极大地影响着关怀主体个人的行为、个人品格、价值取向等。“将社会建立在团结的基础上是一个政治选择，这个选择对人类繁荣来说具有非常积极的含义。”[①]“爱、关心和团结等关系不仅与它们能够在个人方面产生什么有关，而且跟它们在政治上能够产生什么有关。”[②]因此，政府以爱、关心和团结道德基础上的思想与决策，可削减社会上人与人的竞争和自利，有助于促进追求人类福祉的社会建设。关怀品格的制度关照，并不是为处罚关怀品格的问题存在，而是达到惩戒、威慑和教育作用；关怀品格的制度约束，在于促进两者间的外在关联和内在契合。因此，政府加强对关怀品格的道德保障，可以从制度建设和制度执行方面监督与实施。

（1）制度建设

“人们常言，好的制度可以使坏人变好，坏的制度可以使好人变坏。”[③]强调关怀品格的道德作用，并不否定以法律手段规范人们的行为，并不是在制度建设时把强制排除在外，适度的强制有助于关怀品格的培育，我们反对或排斥过度强化的强制。一项要求服从某项制度的制度建设，其意义显然是苍白无力的。制度建设的前提条件必须是道德性的，离开道德的制度建设，其运行必然步履维艰，“至于各种逐渐制度化的稳定的互动形式，无非是我们可以依据的基础，在冲突领域中以蕴含意义的方式重构社会。”因此，制度建设蕴含道德伦理价值，其决策不是外部生成而是内部参与者声音的呈现，并在实施过程中实现参与者的思维和价值。同时，注重组织中每位参与者的独特知识、技能、逻辑与价值，肯定参与者个体的独特贡献，激发参与者的更多奉献。

第一，在法治建设方面，主要表现为对关怀品格内容上的强制性，关怀品格在制度上的约束性。政府制定相关法律制度，并严格按照法律制约坏事，支持好事。法律本身是公正的，但一味地唯法律技术，可能对法律的判决结果不令人满意，甚至可能与人类存在的绝对价值相悖。所以，“法律的内容最终必须取决于道德，这意味着，一个健康社会必须由道德来决定价值而由法律来把由道德所决定的价值实现为权力。”[④]“法律要使它自身充分有效，就不得不在道德水平上作一些让步。”[⑤]当然，法律要保障国家与社会的稳定，不能处处唯道德

① 俞可平．幸福与尊严——一种关于未来的设计 [M]. 北京：中央编译出版社，2012：117.

② 俞可平．幸福与尊严——一种关于未来的设计 [M]. 北京：中央编译出版社，2012：118.

③ 张云龙．道德失范时期良善行为何以可能：兼论阿伦特的良知理论 [J]. 学海，2015（5）：87

④ 赵汀阳．论可能生活 [M]. 北京：中国人民大学出版社，2010：200.

⑤ 赵汀阳．论可能生活 [M]. 北京：中国人民大学出版社，2010：233.

标准，“所以法律只能尽量反映道德”①。关怀品格离不开法律制度的保障与支持，因为法律制度为“价值规定了行为的总方向”②。政府制定的法律制度可以保障关怀价值理念的正当存在和付诸实施，建构其可能实现的价值体系，促进关怀品格法治体系的健全和完善。譬如，网络非关怀话语的任意传播。2018 年 6 月，南京摔狗者妻子因难以忍受网络骚扰、威胁，选择“割腕为狗偿命”③；2018 年 8 月，四川女医生因泳池的一个冲突，不堪网络暴力而自杀身亡④；2019 年 3 月死于空难的女大学生，隐私被键盘侠们扒得精光，并遭受人身攻击⑤；2019 年 5 月广州奔驰女司机闯红灯后各种个人信息、隐私均被网友扒光⑥。我们不排除社会舆论对“不文明行为”的积极一面，但是如果站在虚伪的道德制高点，而对当事人实行匿名攻击和语言暴力，这本身就是暴力。因此，促进关怀网络环境法治建设，加强网络的伦理规范，以有效减少网络诋毁，传播善良的网络话语。

第二，体制机制建设。关怀品格具有道德上的自觉性、示范性、批判性、超越性等特点，又具有制度的外在规范性、可执行性等特点。关怀品格的体制机制建设指引、约束关怀品格的价值目标和价值规范，为培育和践行关怀品格价值观提供有效载体和内存空间。因此，在进行关怀品格培育时，要把关怀品格的体制机制建设和培养关怀品格的责任教育、把强调遵纪守法与崇尚道德理想有机结合，即是说，用体制机制的外在性来强化关怀品格的内在性，用关怀品格的关爱关系来支撑责任制度伦理；用体制机制的可操作性来弥补关怀品格的判断性，用关怀品格的情感性来引领制度的抽象理性，保障两者的和谐互动。具体为：一是政府从预防、管控、追究等方面建立关怀品格的管理制度，从体系制度设计者化身为制定者和监督者；二是完善关怀品格的监管制度，加强过程监管，依法监督和纠正非关怀行为；三是建立健全关怀品格的监督反馈制度，通过立法明确社会和政府的监督权及其实施路径；四是健全关怀品格保护的经济政策体系，完善财政制度，保障关怀品格的硬件与软件设施。譬如，2017 年

---

① 赵汀阳 . 论可能生活 [M]. 北京：中国人民大学出版社，2010：233.

② [美]T. 帕森斯 . 现代社会的结构与过程 [M]. 梁向阳，译 . 北京：光明日报出版社，1988：145.

③ 南京摔狗者妻子 " 割腕为狗偿命 " 获救出院 [OL]. https://item.btime.com/33rajv2essn9c9rr5u6drd1p6j0?from=haoz1t4w31.

④ 罗嘉珍 . 泳池起冲突家长到单位闹事 女医生不堪压力自杀 [OL]. http://news.163.com/18/0827/15/DQ7NGPOU000187R2.html.

⑤ 女大学生死于空难，键盘侠却把她隐私扒得精光 [OL].http://sh.qihoo.com/pc/detail?url=https%3A%2F%2Fwww.sohu.co.

⑥ 王宁 . 广州奔驰女司机闯红灯隐私被扒光 [OL].news.ifeng.com/c/7msws7KcpAO.

11 月，16 岁尖子生因班主任对他要求较严格，26 刀把他刺死[①]；2018 年 1 月，江西一中学女生因被怀疑其向老师举报同学抽烟，被 7 名同学踩踏踢打[②]；2019 年 4 月，甘肃 14 岁少年因被同学怀疑其拿张某的耳机，被同校五名学生围殴致死[③]；2019 年 10 月，四川一初中男学生因违反学校规定受班主任教育，持砖头在教室猛砸老师头部致重伤住院[④]，这些都突显了监管体制和反馈制度的有待完善。还有，儿子向奄奄一息的父亲发出的惊人质问："你到底死不死？我只请了七天丧假！"[⑤]为此，如何建立健全、完善的关怀品格体制机制尤为必需？人格是相等的，尊重也是双向的，一旦失去宽容、理解、关爱、善意，人与人之间的距离也就越来越远。

（2）制度执行

穆勒写道："对构成社群的有德性的和有智性的人民来说，任何形式的政府所能拥有的最重要的美德就是去推进这些人民的德性和智性。"[⑥]此句话蕴藏政府制度执行的关怀伦理，关乎政府执政活动的行为原则和运行机制，展示政府执政的关怀价值理念的具体和现实表现。政府制度执行的关怀伦理保证关怀价值理念正当存在和付诸实施，追求可能实现的关怀价值体系，并将政府执政的关怀价值理念进行具体实践。同时，"价值通过合法与社会系统结构联系的主要参照基点是制度化"[⑦]。为此，政府关怀价值取向的关怀行为要通过政府制度执行的关怀伦理来保障和实现。政府在关怀品格建设中的作用不仅要关注公民自身利益或进步，同样要在关爱自我的语境下去关爱别人。政府制度执行的关怀伦理可以密切与人民的关系，以为人民服务为目标，促进中华民族的凝聚力和向心力。强化政府制度执行的关怀伦理可以提高政府的执政关怀力和公信力，彰显政府的领导能力、引领能力、组织能力、号召能力、服务能力，获得人民

① "我把你爸爸杀了"，16 岁尖子生 26 刀刺死班主任！[OL].http://www.360doc.com/content/17/1115/18/8517706_704119908.shtml.

② 杨斯 . 女生宿舍内被 7 同学狂扇耳光致流血 带头 3 人被处分 [OL]. https://item.btime.com/322e8n6ti2u8i29okb0poeuvgd9?from=haoz1t4p3.

③ 14 岁少年被同学围殴致死 曾被叮嘱赶紧跑 [OL]. http://bbs.miercn.com/hao-123tui/201905/2403465.html.

④ 10 秒连击 9 次！学生持砖头在教室猛砸老师头部全程被拍令人触目惊心 OL]. http://think.szonline.net/xwbt/20191026/20191089177_2.html

⑤ "你到底死不死？我只请了七天丧假！"一个儿子这样说，令人深思的锥心之痛！[OL]. http://www.sohu.com/a/213895020_627900?_f=index_chan43news_86?pvid=14855e4311efced0.

⑥ 转引自 [美] 夸梅·安东尼·阿皮亚 . 认同伦理学 [M]. 张容南，译 . 南京：译林出版社，2013：45.

⑦ [美]T. 帕森斯 . 现代社会的结构与过程 [M]. 梁向阳，译 . 北京：光明日报出版社，1988：144.

认同、信任和爱戴。新时代政府在执政过程中遇到了诸多新问题，如以权谋私、弄虚作假、腐化变质等道德问题，与人民间的距离越拉越远，公信力下降。因此，提高政府制度执行的关怀伦理，建设正确执政方向、执政素质，强化关怀力量的执政体系，才能以德待民，以情感民、为民谋利、创造性地开展工作。政府制度执行的关怀伦理，是处理和提高社会关系、维系社会稳定、促进社会繁荣的道德良知和操守，“彰显出政治文明建设的道德指数，确保政治文明发展的合法性与合道德性”①。政治文明借助政府制度执行的关怀伦理展现自身的关怀价值取向和发展理性，政府制度执行的关怀伦理本身就是一种政治文明，引领和统率政治文明建设。2020年3月，我国新型冠状病毒的控制，充分彰显了我国制度对人民的保障，以人民为中心。我国政府把对人民生命的关怀放在最根本的地位，随着病毒确诊人数的增加，政府充分调动全国医务工作者、军队医疗专家，调备全国的医疗资源，建设医院、增加床位，组织复工生产，保障医疗及人民生活，“在武汉，3000多个社会、7000多外住宅小区、13800个网格全面发动，各级党政机关、企事业单位4万多名干部党员职工下沉社区，关键时刻成为群众的主心骨。在街头、在巷口、在楼宇，社区志愿者在社区干部的带领下日夜忙碌，成为市民的守护者”②。使我国在两个月左右的时间内就控制住了疫情。这充分彰显我国制度执行的伦理关怀。

四、关怀品格的自我修为

真正的人是个人自我思想、行动的主体，其自觉、自主、自由、理性选择、抉择和实践。从根本上说，关怀品格的培育极大地取决于个人自我。美国思想家欧文·拉兹洛认为：“人类的最大局限不在外部，而在内部。不是地球的有限，而是人类意志和悟性的局限，阻碍着我们向更好的未来进化。”③为此，关怀品格的养成在很大程度上离不开个人的自我修养，包括学习关怀知识、丰富关怀情感、锻炼关怀意志和培养关怀能力。

---

① 王泽应.马克思主义伦理思想中国化最新成果研究[M].北京：中国人民大学出版社，2018：357.

② 总书记指挥这场人民战争——凝心聚力[OL].http://news.youth.cn/sz/202003/t20200319_12247003.htm.

③ [美]欧文·拉兹洛.人类的内在限度[M].黄觉，闵家胤，译.北京：社会科学文献出版社，2004：15.

（一）学习关怀知识

苏格拉底将知识与道德合二为一，即“美德即知识”。我们知道，知识与道德相联系，但知识不等于道德，而是“可以辅助道德”“可以分辨道德”[①]。因为知识具有普遍性，是道德认识的前提，对道德规范、道德规律、道德途径和道德价值目标具有指引功能。“‘认知’就是狭义的认识，主要指理智活动过程中知识的把握。”[②]关怀认知就是对关怀知识的理智把握。马克思说：“人不仅仅是自然存在物，而且是人的自然存在物，就是说，是自为地存在着的存在物，因而是类存在物。他必须既在自己的存在中也在自己的知识中确证并表现自身。”[③]即是说，人依靠知识的掌握及运用证明自己的存在，改变人的思维方式，从而产生不同的行为模式，改变其认知和行为的结果。关怀品格同样具有其独特的知识结构，关怀品格践行的一系列过程，包括关怀动机、关怀动机移置、关怀思维、关怀回应等，均不能离开对关怀知识的学习，才能取得良好的关怀效果。

关怀知识是关怀品格构成的基础部分。关怀知识包括科学知识、价值知识。知识由“事实性知识、概念性知识、方法性知识、价值性知识”[④]四个层面构成。相应地，关怀知识也可分为关怀事实知识、关怀概念知识、关怀方法知识和关怀价值知识。关怀事实知识是关怀“是什么”和“怎么样”的知识。它既具有存在的客观性，又具有人的主观的构造性，因为关怀事实知识客观存在并受人的态度观照。关怀事实知识离不开生活世界，呈现出事实的多样性，同时它又是个人发现或创造的事实，是既蕴含经验却又理性的概念。关怀概念知识是关怀的概念界定和原理知识。关怀品格概念的定义包含其本质特征和属性说明，本章阐述的定义、结构、特征实质就包含关怀品格概念的内涵和外延，关怀品格属于道德概念范围，而对品格与关怀的界定则属其关系范畴。关怀方法知识是关怀过程或程序、方法的知识。它有助于保障、规范关怀思维和行为。关怀价值知识是关怀的功能和意义的知识。关怀价值知识作为个体的共同规范，有助于促进社会交往秩序。关怀价值知识是双向建构的过程，个体关怀价值观的丰富离不开社会关怀价值规范的认同，社会关怀价值规范的发展，需要不断提

---

① 沈晓阳．关怀伦理研究 [M]. 中共中央马克思斯恩格斯列宁斯大林著作编译局编译，北京：人民出版社，2010：83.

② 吴谨菁．道德认识论 [M]. 北京：社会科学文献出版社，2011：42.

③ 马克思．1844 年经济学哲学手稿 [M]. 中共中央马克思斯恩格斯列宁斯大林著作编译局编译，北京：人民出版社，2018：104.

④ 季苹．教什么知识——对教学的知识论基础的认识 [M]. 北京：教育科学出版社，2009：86.

升个体关怀价值观。其包含个人价值观系统和价值行为构成（价值目标、价值手段和价值评价）。

关怀品格四个层面的知识具有相互依存性，关怀概念知识能够帮助理解、阐述、演绎关怀事实知识，同样地关怀方法知识有助于理解、解释、分析关怀概念知识，关怀价值知识有助于规范、选择关怀方法知识。相反，没有关怀概念知识和关怀方法知识，关怀事实知识将仅停滞于现象阶段，而没有思维的概念只能是虚假概念，关怀方法知识为关怀价值知识的提升提供方法途径。关怀认知是对上述四层面知识的了解和分析，有助于对关怀品格作理论、科学、全面、系统的整体理解，也为关怀品格的可传递性提供基础，有助于关怀品格的自我养成。

（二）丰富关怀情感

情感是人们行动的内驱力，关怀情感驱使人们作出关怀行为选择。关怀情感是爱的情感，“所有不同的社会成员通过爱和感情这种令人愉快的纽带联结在一起，好像被带到一个互相行善的公共中心”①。丰富关怀情感包括丰富关爱、尊重、信任、欣赏和期望等情怀。

第一，关爱情怀。关爱是关怀品格的重要情感。关爱意味着对受关怀者的关注和爱护，注重建立关怀者与被关怀者的关怀关系。“那些心里从来不能容纳仁慈感情的人，也不能得到其同胞的感情，而只能像生活在广漠的沙漠中那样生活在一个无人关心或问候的社会之中。”② 第二，尊重情怀。可以说，“尊重本身便是一种关怀”③。关怀者尊重每一个受关怀者不同的声音，每一个关怀者以尊重的态度倾听每一个受关怀者的声音，为此每一个受关怀者的思想、观点、个性均获得平等尊重。因此，尊重情怀排除任何意义上的等级分别、差异歧视、个性轻视、品行贬低。第三，信任情怀。信任是指关怀者与受关怀者构建的共同的互信和依赖。信任是对他人存在的承诺，因为信任，关爱关系、尊重关系才能形成。第四，欣赏情怀。欣赏与尊重和信任息息相关。因为欣赏，才会倾听每一个体中不同的声音，才会珍视每个受关怀者的价值。欣赏意味着以耐心、谦逊、包容、理解、期待的情怀对待他人的观点和意见，以致每一个体都彼此

---

① ［英］亚当·斯密．道德情操论［M］．蒋自强，钦北愚，朱钟棣，沈凯璋，译．北京：商务印书馆，2015：108.

② ［英］亚当·斯密．道德情操论［M］．蒋自强，钦北愚，朱钟棣，沈凯璋，译．北京：商务印书馆，2015：103.

③ 曾妮．学会关怀［M］．福州：福建教育出版社，2013：58.

相互依存在关怀活动中，保障关怀行为。而盛气凌人、排斥他人、贬低自我、不合作的态度均是欣赏的对立面。第五，期望情怀。关怀者对受关怀者的预期和希望。它是关怀者在对受关怀者感知、体验、评价和移情的基础上，还由于双方的努力程度的影响，对受关怀者寄予的无限可能性的期望。为此，学习真善美的知识，养成开放、包容、接纳的情怀，人和人之间才能相互尊重、相互欣赏、相互信任、相互关爱。

（三）增强关怀意志

关怀知识、关怀情感为关怀行为的落实奠定了基础，但是关怀者的关怀意志是否坚定，是关怀行为的关键。“每个人都是由于他的意志而是他。”[①] 增强关怀意志离不开关怀理性和关怀反思。第一，培养关怀理性。人们对关怀行为成本和收益的计量必然影响关怀行为开展，解决这个问题，并不是要阻止关怀道德计量，而是要引导个体进行正确的关怀道德计量。人是理性的动物，“将规范性看作理性的权威立法，因而，理性和我们具有自主性的‘真正的自我’是对等的”[②]。人们的关怀理性，往往基于规范性理论，探索关怀道德原则。为此，人们在计量关怀的物质利益和精神收益时，会对眼前利益与未来利益、短期利益与长期利益进行比较选择，而理性的人不会唯物质利益取向，而是会正确对待关怀行为中的长远利益和眼前利益、精神收益与物质利益，而作出更有意义的选择。“理性在发出道德律令时把不符合道德律令的需要与爱好中止了，由道德律令来规定意志。”[③] 因此，关怀意志离不开人们的理性力，从而作出更为明智的选择。第二，注重关怀反思。人类具有反思的独特能力，我们能反思自己的思想和行为。关怀反思得以在某个阶段、某个行为或某个事件结束时，回顾自我个体的思想、态度、习惯和行为，考察并决定是否应该继续这样的习惯和行为，或者为后续的关怀行为作出审慎的思考，修正某些思想行为。“道德反思能修正和改变我们当前的生活方式。”[④]“通过反思，我们决定自己的道德和政治准则。”[⑤] 关怀反思包含反思关怀认知、关怀情感、关怀意志和关怀行为四个方面的内容。

---

① ［德］叔本华 . 作为意志与表象的世界 [M]. 北京：商务印书馆，1982：401.

② ［美］迈克尔 ·L. 弗雷泽 . 同情的启蒙：18 世纪与当代的正义和道德情感 [M]. 胡靖，译 . 南京：译林出版社，2016：6.

③ 刘月岭 . 论康德意志自由的三重境界 [J]. 湖南师范大学社会科学学报，2015，（5）：43.

④ ［美］迈克尔 ·L. 弗雷泽 . 同情的启蒙：18 世纪与当代的正义和道德情感 [M]. 胡靖，译 . 南京：译林出版社，2016：1.

⑤ ［美］迈克尔 ·L. 弗雷泽 . 同情的启蒙：18 世纪与当代的正义和道德情感 [M]. 胡靖，译 . 南京：译林出版社，2016：2.

关怀知识的反思是对关怀品格构成整个系统包括其构成因素、知识结构等方面的全面反思；关怀情感的反思是对自身心灵进行的反思，在接受审查、修正和甄选的过程里，根基不稳的情感将被抛弃；关怀意志的反思，是对个体品格主体的独立、个人尊严和价值的思考，是关怀品格得以顺利进行的保障；关怀行为的反思，是对关怀品格过程和结果的审察和考究，是关怀品格得以落实的实践检验。关怀反思引领个体的关怀品格不断发展，通过直接的或是广泛性的反思过程，修正偶然性的关怀确信，带来反思性平衡，提升个体的关怀品格，增强关怀意志。“我们的品格可通过持续的自我批评、挫折和失败进行塑造”[①]，在增强关怀意志的同时，培育出良好的关怀品格。

（四）培养关怀能力

“一个人的实现活动怎样，他的品质也就怎样。”[②]在学习关怀知识、丰富关怀情感、锻炼关怀意志的基础上，培养关怀能力才能最终落实关怀行为，实现关怀品格的价值。关怀行为的四个构成部分，可以看出，事实上，关怀品格的个人自我实践又是关怀品格自我提升的检验、评价手段。关怀个体是自然生命与精神生命的现实可感知生命统一体，并通过自我实践能动地展示自己的关怀品格。而关怀实践能否顺利开展则主要取决于关怀能力水平。正如内尔·诺丁斯所言：“关心他人既需要知识和技巧，也需要一定的个性态度等非智力因素。”[③]弗吉尼亚·赫尔德也指出，关怀者“需要有能力从事关怀实践以及行使这种能力”[④]。当然，关怀能力不会自动产生和提高，需要通过个体有意识地加以修炼和提升。

第一，明确关怀能力的范围。提升个体关怀能力包括提升关怀者的关怀能力和被关怀者接受关怀的能力，因为关怀的实践机制是关怀者关注被关怀者，被关怀者认可关怀者并做出积极的回应。“无论是付出关心的一方还是接受关心的一方，任何一方出了问题，关心关系就会遭到破坏。”[⑤]值得注意的是，在关怀交流和接触的过程中，双方的位置和角色可能发生转换，关心者可以变成被关

① ［英］塞缪尔·斯迈尔斯．品格的力量［M］．文轩，译．北京：中国书籍出版社，2017：8.

② ［古希腊］亚里士多德．尼各马可伦理学［M］．廖申白，译．北京：商务印书馆，2017：38.

③ ［美］内尔·诺丁斯．学会关心——教育的另一种模式［M］．于天龙，译．北京：教育科学出版社，2014：42.

④ 弗吉尼亚·赫尔德．关怀伦理学［M］．苑莉均，译．北京：商务印书馆，2006：81.

⑤ ［美］内尔·诺丁斯．学会关心——教育的另一种模式［M］．于天龙，译．北京：教育科学出版社，2014：33.

心者，而被关心者也可以变成关心者。由此看来，只有关怀者与被关怀者双方的关怀能力均得到提升，才能更好地维系和发展其关爱关系。正是在这个意义上，内尔·诺丁斯特别强调首先要帮助受关怀者学会接受关心。在她看来，被关心者的接受、确认和反馈非常重要，被关心者接受他人的关心，然后要向关心者显示他接受了关心。“除非他学会对他人的关心进行恰当反应，否则，他不可能健康地长大，更不可能学会关心别人。”[①] 第二，要明晰关怀能力的内容。关怀的内容主要包括关怀自己和关怀他人，关怀能力自然也主要在这两个方面体现出来。但是，受关怀者的自我关怀能力往往容易受到忽视。因此，个体在学习关怀他人的同时，相应地也要学会自我关怀。第三，强调爱的能力培养。关怀能力的培养中，特别关注个体的爱的能力。“有能力去爱的人便具有爱的趋向与爱的需求。”[②] 因此，爱的能力的提高有助于促进关怀行为水平的提高。爱的能力强调人与人之间爱的关系的建构，因为在关怀现实中，关怀者对自己的关怀能力以及不同情境下做出的关怀反应不可能有完全的预设性，虽然关怀品格之人是良善、慷慨之人，但也可能会受邪恶、自私等冲动情感的负面影响，造成关怀情感淡漠、关怀意志薄弱，从而阻碍关怀关系的建立。因此，关爱能力是关怀伦理的本质性内容，培养关爱能力既要关爱自我，又要关爱他人。促进关怀行为的建设，强调以爱的能力来驱动自我调节，首先要提高关怀者的关怀意识和认知，从而丰富关怀良心和情感，树立坚定的关怀信念和理想，完善自身，从事关怀实践。反过来，关怀者的关怀实践又反馈于关怀者的关怀意识，修正了关怀者的关怀观念、情感和意向，这同样推动了关怀行为。当然关怀能力的自我培育，并不唯个人自我的努力，“学习和培养相关的能力以便成为一个有爱心的人，这将取决于许多努力，由一个道德主体和与该人有关系的其他人所做的努力”[③]。然而，这正是关怀品格的本质魅力所在。“关怀之人将适当重视关怀的关系，将设法修改现有的关系，使它们成为更加关怀的人”。[④]

① [美]内尔·诺丁斯.学会关心——教育的另一种模式[M].于天龙，译.北京：教育科学出版社，2014：137.

② [美]马斯洛.马斯洛说完美人格[M].高适，译.武汉：华中科技大学出版社，2012：259.

③ [美]弗吉尼亚·赫尔德.关怀伦理学[M].苑莉均，译.北京：商务印书馆，2014：78.

④ [美]弗吉尼亚·赫尔德.关怀伦理学[M].苑莉均，译.北京：商务印书馆，2014：84.

结束语

一、关怀品格：现代人的道德价值取向与人类命运共同体的构建

"道德当然并不是人的存在的全部内容，但它所追求的善，却始终以实现存在的具体性、全面性为内容；而道德本身也从一个方面为达到这种理想之境提供了担保。"[①] 关怀品格正在改变道德问题的解释和行为方式。关怀品格基于人类普遍的关怀经验，人类自出生起就以关怀相伴随，否则，人类便不复存在。马修·阿诺德 (Matthew Arnold) 在《文化与无政府状态》一书中提出："精神和品格的形成一定是我们真正关注的。"[②] "这是因为，未来始终保持着一定程度的开放性，为变化和重构留出了可能余地。"[③] 为此，我们的价值取向、道德品质、生活方式、看待或评价世界的方式，都能展现我们的教育素养或品性，将我们是怎样的人、我们是谁透露给他人。关怀品格既是人存在的方式，又为人自身的存在提供了某种担保。"关怀何以是现代人的价值取向"与"现代人的存在如何可能"这两重提问很难能够分离开来，两者的相关性决定了对前面问题的思考无法离开道德的本质与本体论的统一。现代人的存在包括类（社会）存在和个体存在两重向度，类存在涉及生活秩序、社会整合和体制系统，个体存在则注重自我的统一和提升。关怀品格意义上的个人是一种现代人的价值人格，它决定了个人既具有一种关怀自我的责任，又具有一种关怀社会的责任，其价值取向在于个体利益和整体利益的关系。"一个人声言自己是现代的人并不重要，重

① 杨国荣．伦理与存在：道德哲学研究 [M]. 上海：上海人民出版社，2002：6.

② [美] 夸梅·安东尼·阿皮亚．认同伦理学 [M]. 张容南，译．南京：译林出版社，2013：48.

③ [英] 伊恩·伯基特．社会性自我：自我与社会面面观 [M]. 李康，译．北京：北京大学出版社，2012：81.

要的是他的行为也是现代的。"[①] 在现代社会中，一个关怀自我的现代人，会关心自己的自然生命和精神品格发展，挖掘和发展自我潜能，尽可能实现自我价值；一个关怀他人和社会的现代人，会关注人与人之间关系的协调，关心社会的稳定、和谐发展，并将自我贡献给人类的发展与进步，有效地将自我价值与社会健康发展相融合。现代的"是一种精神现象或一种心理状态"[②]，现代人"准备和乐于接受他未经历过的新的生活经验、新的思想观念、新的行为方式""准备接受社会的改革和变化""思路广阔，头脑开放""注重现在与未来""强烈的个人效能感""计划""知识""可依赖性和信任感""重视专门技术""相互了解、尊重和自尊"[③]。因此，关怀品格成为现代人的道德价值取向，因为其促进人的全面、自由与和谐发展。第一，促进人的全面发展。一是个体内在素质的全面发展，是德、智、体、美、劳的完整发展，体现个人需要的满足和丰富；二是对个体实践活动而言，是个体依赖自身的内在素质，借助自由自觉的创造性活动与外部世界的全面对象性关系，是个人内在素质的充分挖掘与实践；三是个人与社会交往关系而言，与各领域、各层次的社会交往，同他人、也同生产进行交往，既形成丰富的物质关系，同时又丰富与他人、与社会的道德关系。第二，促进人的自由发展。关怀与自由互为前提，互相依赖，互相发展。关怀他人意味着促进自我与他人的自由，人的自由是关怀自我、关怀他人的前提和保障。"如果人把他自己的活动看成一种不自由的活动，那么他是把这种活动看作替他人服务的、受他人支配的、处于他人的强迫和压制之下的活动。"[④] 这种与关怀自我、关怀他人相分离的活动，毫无人的自由意义。第三，促进人的和谐发展。人的和谐发展包含人与自身的和谐、自我与他人的和谐、人与人之间的和谐、人与自然的和谐。人与自身的和谐是身体与精神的和谐；自我与他人的和谐，包含着人与人之间真诚的友好的合作，协调人与人之间的各种利益关系；人与人之间的和谐是团结友爱、和睦相处的社会和谐，"人的社会性在本质上指的是人与人之间的联合性和合作性，指人与人之间的平等友爱关系"[⑤]；人与自然的和谐是改造自然、利用自然和保护自然的和谐。

习近平总书记提出的人类命运共同体的建构，从哲学上看是对人类命运的

① [美]英格尔斯．人的现代化[M].殷陆君，译．成都：四川人民出版社，1985：218.

② [美]英格尔斯．人的现代化[M].殷陆君，译．成都：四川人民出版社，1985：20.

③ [美]英格尔斯．人的现代化[M].殷陆君，译．成都：四川人民出版社，1985：22-32.

④ 马克思恩格斯选集（第一卷）[M].中共中央马克思斯恩格斯列宁斯大林著作编译局编译，北京：人民出版社，2012：59.

⑤ 韩庆祥．现实逻辑中的人：马克思的人学理论研究[M].北京：北京师范大学出版社，2017：104.

价值追求和终极关怀，是关怀品格的时代使命。“人类的‘生活’必定是‘伦理的’，人类命运共同体本质上是一种伦理共同体。习近平总书记的人类命运共同体论述具有鲜明的伦理特质，蕴含着深厚的伦理意蕴。”①因此，人类命运共同体是对全人类的关怀，即关怀人类的共存、共享、正义与和谐。第一，关于“人类如何生存？”不少哲学家一直都在探寻这个问题。卢卡奇认为当代世界“理性的毁灭”，罗素则提出“人类有没有前途？”阿兰·图海纳则问：“我们能否共同生存？”海德格尔担忧“无家可归”。雅斯贝尔斯、弗罗姆、哈贝马斯、韦伯、爱因斯坦等都从不同的视角诠释、忧虑人类发展前景。无数历史事实告诉我们，人不可能一个人单独存在，共同生活是人之本质。人类共同生活，蕴含“天下一家”“万物一体”的思想，离不开“仁者爱人”之品格。爱人意味着人要有关爱心、慈善心，“己所不欲勿施于人”“推己及人”的胸襟，这一切均彰显着关怀品格的人文意蕴和道德品质。第二，共享是人类共存的方式。共存作为人类的生活样态，共享则作为人类共存的内在要求。“共享体现了道德的本质内涵和特性，无论是道德的本质特征——正义和善的体现，还是道德特性的内涵——利他、理想、自主，共享都是它们的必然要求。”②为此，共享是人之道德的存在，与他人共在的存在，意味着你中有我，我中有你，每一个人命运相互联结。当今世界科学技术飞速发展，在人类物质技术水平获得巨大进步的同时，人类在南北、东西不同地区的差距在拉大。当然科学技术本身并不是问题的关键，而主要在于人类对科学技术的不合理利用，造成当今世界贫富差距进一步加剧。因此，包容、平衡、共赢才能实现人类同心同德、同舟共济的未来。第三，正义是人类理想的诉求。关怀品格并不排斥正义，相反，“关怀之内必须要发展正义”③。习近平总书记指出：“建立公正合理的国际秩序是人类孜孜以求的目标。”④他提及平等和主权原则，联合国宪章明确的四大宗旨和七项原则，万隆会议倡导的和平共处五项原则及其他一系列公认的国际关系原则，均包含着正义是人类理想的诉求，同时蕴含着人类命运共同体的正义伦理价值。有学者认为人类命运共同体的构建包含国际正义、普遍正义（全球正义）与环境正义三个层面。国际正义主要针对主权平等和领土完整。今天，部分地区的战争

① 马东景，李杰.人类命运共同体理念的伦理价值[J].湖南科技大学学报（社会科学版），2019,（4）：112.

② 彭怀祖.共享发展理念的伦理意蕴[J].毛泽东邓小平理论研究，2016,（8）：114-115.

③ [美]弗吉尼亚·赫尔德.关怀伦理学[M].苑莉均，译.北京：商务印书馆，2014：61.

④ 习近平.共同构建人类命运共同体——在联合国日内瓦总部的演讲[N].人民日报，2017-1-20（2）.

与冲突愈演愈烈，部分国家之间以强凌弱、以大欺小、以富压贫，与命运共同体的理念背道而驰。在处理国际事务中，尊重各国的主权和尊严，不干涉他国内政，从而理解、尊重、包容不同民族和不同文明，才能共同建设、共同享受共同体。全球正义意味着每一个成员都是共同体的构成部分，享受共同体的基本权利和尊严。因此，“关注每一个人最基本生存需求，这是人类命运共同体最基本也是最基础的正义诉求”①。在现实情况下，尤其关注基本生存不能满足的群体、地区和民族，关怀人类的生命存在。我国现阶段关怀的部分地区的脱贫、国际合作中的非洲等地区支援、“一带一路”的共建合作等，无不体现全球正义之理念。生态环境正义，即维护地球上人类赖以生存的正义条件。工业革命以来，在科学技术进步和社会生活便利之时，全球污染严重，物种灭绝、海平面上升、土地沙漠化等，生态平衡遭受破坏。习近平总书记在联合国日内瓦总部的演讲中指出：“到目前为止，地球是人类唯一赖以生存的家园，珍爱和呵护地球是人类的唯一选择。”②因此，生态环境正义要求每一个国家和每一共同体成员都是生态环境的责任承担者，不能以自我利益破坏生态平衡。关怀地球环境，意味着在共同体中构建我与你的关系，我的利益的维护，也是你的利益的保障；你的利益的获得，也是我的利益的实现。第四，和谐是人类精神的实现。我国传统文化中的“和合”思想，“天下一家”“万物一体”“和而不同”“和实生物”“和为贵”等思想，均反映人类命运共同体的和谐价值意蕴。和谐是人与人的和谐、人与社会的和谐、人与自然的和谐。“要维系一个善好的社会”“彼此倾向于共同行事”③这体现人与人之间、人与社会之间的联合和合作。关怀品格因其关系取向特征，使得个人与他人、个人和群体、个人与社会联合或整合，“能使人结合成一个有机的社会”④。而习近平总书记提出：“绿水青山就是金山银山”，倡导全球气候共同治理，这无疑彰显的是人与自然的和谐。因此，“我们应该关怀彼此，人人都需要有一个几乎没有暴力、适合人居住的环境，要有足够的关怀使人的生活繁荣发展”⑤。

---

① 马东景，李杰．人类命运共同体理念的伦理价值 [J]. 湖南科技大学学报（社会科学版），2019，(4)：116.

② 习近平．共同构建人类命运共同体——在联合国日内瓦总部的演讲 [N]. 人民日报，2017-1-20（2）.

③ [英] 伊恩·伯基特．社会性自我：自我与社会面面观 [M]. 李康，译．北京：北京大学出版社，2012：11.

④ 韩庆祥．现实逻辑中的人：马克思的人学理论研究 [M]. 北京：北京师范大学出版社，2017：112.

⑤ [美] 弗吉尼亚·赫尔德．关怀伦理学 [M]. 苑均莉，译．北京：商务印书馆，2014：116.

参考文献

一、中文文献

（一）著作

1. 马克思恩格斯选集（第一至四卷）[M]. 北京：人民出版社，2012.

2. 马克思恩格斯文集（1—10 卷）[M]. 北京：人民出版社，2009.

3. 马克思 .1844 年经济学哲学手稿 [M]. 北京：人民出版社，2018.

4. 中共中央马克思恩格斯列宁斯大林著作编译局 . 列宁专题文集（论社会主义）[M]. 北京：人民出版社，2009.

5. 中共中央马克思恩格斯列宁斯大林著作编译局 . 列宁专题文集（论马克思主义）[M]. 北京：人民出版社，2009.

6. 中共中央马克思恩格斯列宁斯大林著作编译局 . 列宁专题文集（论辩证唯物主义和历史唯物主义）[M]. 北京：人民出版社，2009.

7. 毛泽东文集（第一至八卷）[C]. 北京：人民出版社，1999.

8. 邓小平文集（一九四九——一九七四年）（全三卷）[C]. 北京：人民出版社，2014.

9. 江泽民文选（全三卷）[M]. 北京：人民出版社，2006.

10. 胡锦涛文选（全三卷）[M]. 北京：人民出版社，2016.

11. 中共中央文献研究室 . 习近平谈治国理政 [M]. 北京：外文出版社，2014.

12. 中共中央文献研究室 . 习近平谈治国理政（第二卷）[M]. 北京：外文出版社，2017.

13. 叶南客 . 社会主义核心价值观研究丛书 . 文明篇 [M]. 南京：江苏人民出

版社，2015.

14. 管向群 . 社会主义核心价值观研究丛书 . 和谐篇 [M]. 南京：江苏人民出版社，2015.

15. 袁久红 . 社会主义核心价值观研究丛书 . 自由篇 [M]. 南京：江苏人民出版社，2015.

16. 王庆五 . 社会主义核心价值观研究丛书 . 平等篇 [M]. 南京：江苏人民出版社，2015.

17. 黄明理 . 社会主义核心价值观研究丛书 . 友善篇 [M]. 南京：江苏人民出版社，2015.

18. 杨耕，吴向东 . 社会主义核心价值观：理论与方法（全三册）[M]. 成都：四川人民出版社，2017.

19. 孙杰 . 当代中国社会主义核心价值观研究 [M]. 北京：人民出版社，2016.

20. 韩震 . 社会主义核心价值观凝练研究 [M]. 北京：北京师范大学出版社，2012.

21. 宁先圣，石新宇 . 社会主义核心价值体系与当代社会思潮 [M]. 北京：社会科学文献出版社，2011.

22. 张燕婴译注 . 论语 [M]. 北京：中华书局，2006.

23. 万丽华，蓝旭译注 . 孟子 [M]. 北京：中华书局，2006.

24. 方勇，李波译注 . 荀子 [M]. 北京：中华书局，2015.

25. 张世亮，钟肇鹏，周桂钿译注 . 春秋繁露 [M]. 北京：中华书局，2012.

26. 王国轩译注 . 大学 · 中庸 [M]. 北京：中华书局，2006.

27. 方勇译注 . 墨子 [M]. 北京：中华书局，2015.

28. 饶尚宽译注 . 老子 [M]. 北京：中华书局，2016.

29. 方勇译注 . 庄子 [M]. 北京：中华书局，2015.

30. 支伟成 . 庄子校释 [M]. 北京：中国书店，1988.

31. 郭庆藩辑 . 庄子集释 [M]. 北京：中华书局，1961.

32. 陈鼓应 . 老子今注今译 [M]. 北京：商务印书馆，2006.

33. 王孝鱼点校 . 二程集 [M](上册). 北京：中华书局，2004.

34. 邓经元点校 . 揅经室集 [M](一集卷八). 北京：中华书局，1993.

35. 文史哲编辑部 . 道玄佛：历史、思想与信仰 [M]. 北京：商务印书馆，2012.

36. 圣严 . 圣严法师学思历程 [M]. 台北：正中书局，1993.

37. 王明 . 抱朴子内篇校释 [M]. 北京：中华书局，1985.

38. 吴根友 . 道家思想及其现代诠释 [M]. 上海：上海交通大学出版社，2018.

39. 刘忠孝 . 传统儒家人文化的当代价值研究 [M]. 北京：人民出版社，2016.

40. 中国蔡元培研究会 . 蔡元培全集（第 3 卷）[M]. 南京：浙江教育出版社，1997.

41. 中国蔡元培研究会 . 蔡元培全集（第 4 卷）[M]. 南京：浙江教育出版社，1997.

42. 蔡元培 . 中国人道德修养读本 [M]. 长春：吉林人民出版社，2012.

43. 蒙培元 . 人与自然中国哲学的生态观 [M]. 北京：人民出版社，2001.

44. 梁漱溟 . 梁漱溟全集（第二卷）[M]. 济南：山东人民出版社，2005.

45. 梁漱溟 . 梁漱溟全集（第三卷）[M]. 济南：山东人民出版社，2005.

46. 梁漱溟 . 梁漱溟全集（第六卷）[M]. 济南：山东人民出版社，2005.

47. 顾明远，边守正 . 陶行知选集（第 3 卷）[M]. 北京：教育科学出版社，2011.

48. 徐明聪 . 陶行知德育思想 [M]. 合肥：合肥工业大学出版社，2009.

49. 洪志纲 . 蔡元培经典文存 [M]. 上海：上海大学出版社，2008.

50. 郭齐勇，龚建平 . 梁漱溟哲学思想 [M]. 北京：北京大学出版社，2011.

51. 舒志定 . 人的存在与教育——马克思教育思想的当代价值 [M]. 上海：学林出版社，2004.

52. 王泽应 . 马克思主义伦理思想中国化最新成果研究 [M]. 北京：中国人民大学出版社，2018.

53. 王海霞 . 马克思经济学人文关怀思想研究 [M]. 北京：光明日报出版社，2017.

54. 方锡良 . 现代性批判视域中的马克思自然观研究 [M]. 上海：上海人民出版社，2014.

55. 韩庆祥 . 现实逻辑中的人：马克思的人学理论研究 [M]. 北京：北京师范大学出版社，2017.

56. 李惠斌，李义天 . 马克思与正义理论 [M]. 北京：中国人民大学出版社，2010.

57. 杨耕 . 马克思主义哲学基础理论研究 [M]. 北京：北京师范大学出版社，2013.

58. 袁贵仁 . 马克思主义人学理论研究 [M]. 北京：北京师范大学出版社，2017.

59. 苗力田 . 亚里士多德选集（伦理学卷）[M]. 北京：中国人民大学出版社，1999.

60. 张楚廷 . 人论 [M]. 重庆：西南师范大学出版社，2015.

61. 侯晶晶 . 关怀德育论 [M]. 北京：人民教育出版社，2005.

62. 丁锦宏 . 品格教育论 [M]. 北京：人民教育出版社，2005.

63. 梁德友 . 关怀的伦理之维——转型期中国弱势群体伦理关怀研究 [M]. 南京：南京大学出版社，2013.

64. 曾妮 . 学会关怀 [M]. 福州：福建教育出版社，2013.

65. 寇东亮，张永超，张晓芳 . 人文关怀论 [M]. 北京：中国社会科学出版社，2015.

66. 苏永刚 . 中英临终关怀比较研究 [M]. 北京：中国社会科学出版社，2013.

67. 沈晓阳 . 关怀伦理研究 [M]. 北京：人民出版社，2010.

68. 杨国荣 . 伦理与存在：道德哲学研究 [M]. 上海：上海人民出版社，2002.

69. 胡真圣 . 道德与自我意识 [M]. 北京：人民出版社，2018.

70. 朱巧香 . 道德环境研究 [M]. 武汉：武汉大学出版社，2015.

71. 陈桂生 . 人的全面发展理论与现时代 [M]. 上海：华东师范大学出版社，2012.

72. 陈桂生 . 德育引论 [M]. 上海：华东师范大学出版社，2018.

73. 檀传宝 . 德育原理 [M]. 北京：北京师范大学出版社，2017.

74. 鲁洁 . 道德教育的当代论域 [M]. 北京：人民出版社，2005.

75. 鲁洁 . 当代德育基本理论探讨 [M]. 南京：江苏教育出版社，2010.

76. 朱小蔓 . 情感教育论纲 [M]. 北京：人民出版社，2007.

77. 冯建军 . 当代道德教育的人学论域 [M]. 福州：福建教育出版社，2015.

78. 陈春莲 . 杜威道德教育思想研究 [M]. 北京：中国社会出版社，2016.

79. 张国启 . 秩序理性与自由个性——现代文明修身的话语体系与实践机制研究 [M]. 北京：人民出版社，2010.

80. 鲁芳 . 生活秩序与道德生活的构建 [M]. 北京：人民日报出版社，2018.

81. 鲁洁、王逢贤，德育新论 [Ml. 南京：江苏教育出版社，2000.

82. 郭金鸿，道德责任论 [M]. 北京：人民出版社，2008.

83. 陈万柏，张耀灿. 思想政治教育学原理（第三版）[M]. 北京：高等教育出版社，2015.

84. 张耀灿，郑永廷，吴潜涛，骆郁廷 . 现代思想政治教育学 [M]. 北京：人民出版社，2006.

85. 邵鹏 . 文明形态理论研究 [M]. 北京：中国言实出版社，2015.

86. 向玉乔，龚群等 . 道德文化自信 [M]. 北京：中国社会科学出版社，2018.

87. 李青，龙艳，邓明辉 . 和谐社会道德体系构建研究 [M]. 北京：时事出版社，2014.

88. 曹孟勤，黄翠新 . 论生态自由 [M]. 上海：上海三联书店，2014.

89. 袁吉富 . 和谐发展哲学初探 [M]. 北京：人民出版社，2016.

90. 邢媛 . 文化认同的哲学论纲 [M]. 北京：人民出版社，2018.

91. 周洪宇 . 文化是一种力量 [M]. 武汉：湖北人民出版社，2013.

92. 费孝通 . 全球化与文化自觉：费孝通晚年文选 [M]. 北京：外语教学与研究出版社，2013.

93. 赵汀阳 . 论可能生活 [M]. 北京：中国人民大学出版社，2010.

94. 江畅 . 幸福与和谐 [M]. 北京：科学出版社，2016.

95. 张新庆，尹一桥 . 家庭生命文化：跨学科视角 [M]. 北京：中国协和医科大学出版社，2019.

96. 俞可平 . 幸福与尊严：一种关于未来的设计 [M]. 北京：中央编译出版社，2012.

97. 联合国教科文组织 . 反思教育：向“全球共同利益”的理念转变？[M]. 联合国教科文组织总部中文科，译 . 北京：教育科学出版社，2017.

98. 陈鹤琴 . 家庭教育 [M]. 上海：华东师范大学出版社，2013.

99. 扈中平，等 . 教育人学论纲 [M]. 北京：高等教育出版社，2015.

100. 金生鈜 . 教育与正义——教育正义的哲学相象 [M]. 福州：福建教育出版社，2012.

101. 刘次林 . 幸福教育论 [M]. 北京：人民教育出版社，2003.

102. 肖川 . 教育与文化 [M]. 长沙：湖南教育出版社，1990.

103. 杨建朝 . 自由成“人”：人性视角的教育精神 [M]. 北京：中央编译出版社，2013.

104. 赵汀阳 . 论可能生活 [M]. 北京：中国人民大学出版社，2010.

105. 刘铁芳 . 走向生活的教育哲学 [M]. 长沙：湖南师范大学出版社，2005.

106. 郭昊龙 . 科学、人文及其融合 [M]. 北京：高等教育出版社，2009.

107. 樊浩等 . 中国伦理道德报告 [R]. 北京：中国社会科学出版社，2012.

108. 葛晨虹 . 中国社会道德发展研究报告（2014）[R]. 北京：中国人民大学出版社，2015.

109. 葛晨虹，鄯爱红 . 中国社会道德发展研究报告（2015）[R]. 北京：中国人民大学出版社，2016.

110. 杨东平 . 中国教育发展报告（2017）[R]. 北京：社会科学文献出版社，2017.

111. 杨东平 . 中国教育发展报告（2018）[R]. 北京：社会科学文献出版社，2018.

112. 杨团 . 中国慈善发展报告 [R]. 北京：社会科学文献出版社，2018.

113. 陈万柏，张耀灿 . 思想政治教育学原理 [M]. 北京：高等教育出版社，2015.

114. 冯刚，沈壮海 . 中国大学生思想政治教育发展报告 2013[R]. 北京：北京师范大学出版社，2014.

115. 沈壮海，等 . 中国大学生思想政治教育发展报告 2014[R]. 北京：北京师范大学出版社，2015.

116. 沈壮海，等 . 中国大学生思想政治教育发展报告 2015[R]. 北京：北京师范大学出版社，2016.

117. 沈壮海，等 . 中国大学生思想政治教育发展报告 2016[R]. 北京：北京师范大学出版社，2017.

118. 沈壮海，等 . 中国大学生思想政治教育发展报告 2017[R]. 北京：北京师范大学出版社，2018.

119. 祝黄河 . 科学发展观与当代中国社会发展实践 [M]. 北京：人民出版社，2008.

120. 祝黄河 . 中国社会全面发展问题研究 [M]. 南昌：江西人民出版社，1999.

121. 吴谨菁 . 道德认识论 [M]. 北京：社会科学文献出版社，2011.

122. 汪荣有 . 公共伦理学 [M]. 武汉：武汉大学出版社，2009.

123. 汪荣有 . 青年道德教育论 [M]. 北京：中国社会科学出版社，2004.

124. 王玲玲 . 绿色责任探究 [M]. 北京：人民出版社，2015.

125. 韩乔生 . 政治道德论 [M]. 南昌：江西人民出版社，2016.

126. 何齐宗 . 审美人格教育新论 [M]. 北京：教育科学出版社，2014.

127. 何齐宗 . 教育的新时代——终身教育的理论与实践 [M]. 北京：人民出版社，2008.

128. 叶飞 . 公共交往与公民教育 [M]. 北京：人民出版社，2014.

129. 韦科，王小锡 . 马克思主义经典作家论道德 [M]. 北京：中国人民大学出版社，2017.

130. 任平 . 走向交往实践的唯物主义：马克思交往实践观的历史视域与当代意义 [M]. 北京：北京师范大学出版社，2017.

131. 薛蓉 . 弗罗姆与马克思的批判理论 [M]. 北京：人民出版社，2010.

132. 王海明 . 新伦理学原理 [M]. 北京：商务印书馆，2017.

（二）文献

1. 中共中央文献研究室 . 三中全会以来重要文献选编（上）[M]. 北京：中央文献出版社，2011.

2. 中共中央文献研究室 . 十五大以来重要文献选编（上）[M]. 北京：人民出版社，2001.

3. 中共中央文献研究室 . 十五大以来重要文献选编（中)[M]. 北京：人民出版社，2002.

4. 中共中央文献研究室 . 十五大以来重要文献选编（下）[M]. 北京：人民出版社，2003.

5. 中共中央文献研究室 . 十六大以来重要文献选编（上）[Ml. 北京：中央文献出版社，2005.

6. 中共中央文献研究室 . 十六大以来重要文献选编（下）[Ml. 北京：中央文献出版社，2008.

7. 中共中央文献研究室 . 十七大以来重要文献选编（上）[Ml. 北京：中央文献出版社，2009.

8. 中共中央文献研究室 . 十七大以来重要文献选编（下）[M]. 北京：中央文献出版社，2013

9. 中共中央文献研究室．十八大以来重要文献选编（上）[M]. 北京：中央文献出版社，2014.

10. 中共中央文献研究室．十八大以来重要文献选编（中）[M]. 北京：中央文献出版社，2016.

11. 中共中央文献研究室．十九大以来重要文献选编（上）[M]. 北京：中央文献出版社，2021.

12. 中共中央文献研究室．十九大以来重要文献选编（中）[M]. 北京：中央文献出版社，2021.

13. 本书编写组．中国共产党第十九次全国代表大会文件汇编 [M]. 北京：人民出版社，2017.

14. 人民出版社出版发行．中国共产党第二十次全国代表大会文件汇编 [M]. 北京：人民出版社，2022.

15. 中共中央文献研究室．习近平关于青少年和共青团工作论述摘编 [M]. 北京：中央文献出版社，2017.

16. 习近平．在北京大学师生座谈会上的讲话 [N]. 人民日报，2014-5-5（2）.

17. 习近平．习近平同北京师范大学师生代表座谈时的讲话 [N]. 人民日报，2014-9-10（1）.

18. 习近平．在同各界优秀青年代表座谈时的讲话 [N]. 人民日报，2013-5-5（2）.

19. 习近平．共同构建人类命运共同体——在联合国日内瓦总部的演讲 [N]. 人民日报，2017-1-20（1）.

20. 本书编写组．新时代公民道德建设实施纲要 [M]. 北京：人民出版社，2019.

21. 国家中长期教育改革和发展规划纲要工作小组办公室．国家中长期教育改革和发展规划纲要（2010-2020)[M]. 北京：人民出版社，2010.

22. 中共中央宣传部宣传教育局．第一届公民道德论坛至第七届公道德论坛 [M]. 北京：学习出版社，2007、2008、2009、2010、2011、2012、2013.

23. 本书编写组．公民道德建设实施纲要学习读本 [M]. 北京：学习出版社，2001.

（三）译著

1.[美] 艾里希·弗洛姆．爱的艺术 [M]. 刘福堂，译．北京：人民文学出版社，2018.

2.[美] 艾里希・弗洛姆 . 逃避自由 [M]. 刘林海，译 . 北京：人民文学出版社，2018.

3.[美] 埃・弗洛姆 . 为自己的人 [M]. 孙依依，译 . 北京：生活・读书・新知三联书店，1988.

4.[美] 卡尔・罗杰斯 . 论人的成长 [M]. 石孟磊，等，译 . 北京：世界图书出版有限公司北京分公司，2019.

5.[美] 罗杰斯 . 罗杰斯著作精粹 [M]. 刘毅，钟华，译 . 北京：中国人民大学出版社，2006.

6.[美] 亚伯拉罕・马斯洛 . 动机与人格 [M]. 许金声，等，译 . 北京：中国人民大学出版社，2013.

7.[美] 马斯洛 . 马斯洛说完美人格 [M]. 高适，译 . 武汉：华中科技大学出版社，2012.

8.[美] 马斯洛 . 马斯洛人本哲学 [M]. 成明，译 . 北京：九州出版社，2003.

9.[美] 马斯洛 . 人性能达的境界 [M]. 林方，译 . 昆明：云南人民出版社，1987.

10.[美] 马斯洛 . 马斯洛谈自我超越 [M]. 石磊，译 . 天津：天津社会科学院出版社，2011.

11.[美] 奈尔・诺丁斯 . 教育哲学 [M]. 许立新，译 . 北京：北京师范大学出版社，2017.

12.[美] 内尔・诺丁斯 . 培养有道德的人：从品格教育到关怀伦理 [M]. 汪菊，译 . 北京：教育科学出版社，2017.

13.[美] 内尔・诺丁斯 . 始于家庭：关怀与社会政策 [M]. 侯晶晶，译 . 北京：教育科学出版社，2006.

14.[美] 弗吉尼亚・赫尔德 . 关怀伦理学 [M]. 苑莉均，译 . 北京：商务印书馆，2014.

15.[美] 内尔・诺丁斯 . 学会关心——教育的另一种模式 [M]. 于天龙，译 . 北京：教育科学出版社，2014.

16.[美] 内尔・诺丁斯 . 关心——伦理和道德教育的女性路径 [M]. 武云斐，译 . 北京：北京大学出版社，2014.

17.[美] 奥尔曼 . 异化：马克思论资本主义社会中人的概念 [M]. 王贵贤，译 . 北京：北京师范大学出版社，2011.

18.[美] 迈克尔 · 斯洛特 . 从道德到美德 [M]. 周亮，译 . 译林出版社，2017.

19.[美] 艾恺 . 最后的儒家：梁漱溟与中国现代化的两难 [M]. 王宗昱，冀建中，译 . 北京：外语教学与研究出版社，2018.

20.[美] 奥尔曼 . 辩证法的舞蹈：马克思方法的步骤 [M]. 田世锭，何霜梅，译 . 北京：高等教育出版社，2006.

21.[美] 英格尔斯 . 人的现代化 [M]. 殷陆君，译 . 成都：四川人民出版社，1985.

22.[美] 夸梅 · 安东尼 · 阿皮亚 . 认同伦理学 [M]. 张容南，译 . 南京：译林出版社，2013.

23.[美国] 迈克尔 ·L. 弗雷泽 . 同情的启蒙：18 世纪与当代的正义和道德情感 [M]. 胡靖，译 . 南京：译林出版社，2016.

24.[美] 埃里希 · 弗洛姆 . 占有还是存在 [M]. 李穆，等，译 . 北京：世界图书出版公司，2018.

25.[美] 埃里希 · 弗洛姆 . 人心：善恶天性 [M]. 向恩，译 . 北京：世界图书出版公司北京公司，2015.

26.[美] 埃 · 弗洛姆 . 为自己的人 [M]. 孙依依，译. 北京：生活 · 读书 · 新知三联书店，1988.

27.[美] 肯尼思 ·J. 格根 . 关系性存在：超越自我与共同体 [M]. 杨莉萍，译 . 上海：上海教育出版社，2017.

28.[美] 英格尔斯 . 人的现代化 [M]. 殷陆君，译 . 成都：四川人民出版社，1985.

29.[英] 休谟 . 人性论 [M]. 关文运，译 . 北京：商务印书馆，2017.

30.[英] 休谟 . 道德原则研究 [M]. 曾晓平，译 . 北京：商务印书馆，2017.

31.[英] 休谟 . 人类理解研究 [M]. 关文运，译 . 北京：商务印书馆，1981.

32.[英] 乔纳森 · 休斯 . 生态与历史唯物主义 [M]. 张晓琼，侯晓滨，译 . 南京：江苏人民出版社，2011.

33.[英] 伊恩 · 伯基特 . 社会性自我：自我与社会面面观 [M]. 李康，译 . 北京：北京大学出版社，2012.

34.[英] 乔纳森 . 休斯 . 生态与历史唯物主义 [M]. 张晓琼，侯晓滨，译 . 南京：江苏人民出版社，2011.

35.[英] 吉登斯 . 现代性与自我认同：晚期现代中的自我与社会 [M]. 夏璐，译 . 北京：中国人民大学出版社，2016.

36.[英] 塞缪尔·斯迈尔斯 . 品格的力量 [M]. 文轩，译 . 中国书籍出版社，2017.

37.[英] 亚当·斯密 . 道德情操论 [M]. 蒋自强，钦北愚，朱钟棣，沈凯璋，译 . 北京：商务印书馆出版，2015.

38.[英] 戴维·伯姆 . 论对话 [M]. 王松涛，译 . 北京：教育科学出版社，2004.

39.[英] 怀特海 . 教育目的 [M]. 徐汝舟，译 . 北京：生活·读书·新知三联书店，2002.

40.[英] 怀特海 . 再论教育目的 [M]. 李永宏，等，译 . 北京：教育科学出版社，1997.

41.[法] 阿尔贝特·史怀泽 . 敬畏生命 [M]. 陈泽环，译 . 上海：上海社会科学出版社，1995.

42.[古希腊] 亚里士多德 . 尼各马可伦理学 [M]. 廖申白，译 . 北京：商务印书馆，2017.

43.[德] 马丁·海德格尔 . 存在与时间 [M]. 陈嘉映，王庆节，译 . 北京：生活·读书·新知三联书店，2014.

44.[德] 哈贝马斯 . 交往与社会进化 [M]. 张博树，译 . 重庆：重庆出版社，1989.

45.[加] 凯·尼尔森 . 马克思主义与道德观念：道德、意识形态与历史唯物主义 [M]. 李义天，译 . 北京：人民出版社，2014.

46.[荷兰] 斯宾诺莎 . 伦理学 [M]. 贺麟，译 . 北京：商务印书馆，1958.

（四）论文

1. 孙景龙 .《论语》文义新解六题 [J]. 孔子研究，2012,（4）.

2. 邓敏，罗玲艳，杜林 . 人文关怀品质对规培生知情同意告知行为影响研究 [J]. 医学与哲学，2019,（2）.

3. 赵浚 . 作为德性的关怀品质研究评述 [J]. 陕西学前师范学院学报，2015,（5）.

4. 李定庆 . 论大学生关怀品质的培养 [J]. 思想理论教育导刊，2013,（12）.

5. 刘于皛，姜安丽 . 护士人文关怀品质测评量表的研制 [J]. 解放军护理杂志，2012,（16）.

6. 刘于皛，姜安丽 . 上海市部分综合性医院护士人文关怀品质现状调查与

分析 [J]. 解放军护理杂志，2011，(11) .

7. 班建武，曾妮，等 . 教师关怀品质的现状调查——基于北京市石景山区四所中学的调查数据 [J]. 教育学报，2012，(4) .

8. 苏静，檀传宝 . 学会关怀与被关怀——论信息时代未成年人关怀品质的培养 [J]. 中国教育学刊，2006，(3) .

9. 王新喜，王险 . 马克思主义与社会关怀 [J]. 江汉论坛，2005，(11) .

10. 王永茜 . 英国福利制度改革 :“社会关怀”还是“社会控制”？ [J]. 国外理论动态，2019，(1) .

11. 焦岚，郭秀艳 . 社会关怀提升大学生心理生活质量 [J]. 教育研究，2014，(6) .

12. 邵琪 . 中小学生社会关怀品质调查研究 [J]. 当代教育科学，2011，(16) .

13. 核心素养研究课题组 . 中国学生发展核心素养 [J]. 中国教育学刊，2016，(10) .

14. 马东景，李杰 . 人类命运共同体理念的伦理价值 [J]. 湖南科技大学学报 (社会科学版)，2019，(4) .

15. 朱小蔓 . 关于学校道德教育的思考 [J]. 中国教育学刊，2004，(10) .

16. 鲁洁 . 关系中的人：当代道德教育的一种人学探寻 [J]. 教育研究，2002，(1) .

17. 周志荣 . 对墨家“兼爱”概念的逻辑分析 [J]. 广西师范学院学报 (哲学社会科学版)，2009，(3) .

18. 徐金超 . 人文关怀：当代思想政治教育的新取向 [J]. 湖北社会科学，2009，(8) .

19. 宋希仁 . 关于价值概念的哲学讨论 [J]. 广东社会科学，2016，(2) .

20. 刘胜梅 . 基于道德品格存在之争的品格构建及其启示 [J]. 华中科技大学学报 (社会科学版)，2012，(5) .

21. 杨艳春，卞桂平 . 人的品质与行为的主体性之维 [J]. 江西社会科学，2013，(10) .

22. 张倩倩 . 关怀品质：高职院校大学生全面发展之要 [J]. 乌鲁木齐职业大学学报，2015，(4).

23. 毛晋平，杨丽 . 大学生的积极人格品质及其与学习适应的关系 [J]. 大学教育科学，2012，(4) .

24. 马东景，李杰 . 人类命运共同体理念的伦理价值 [J]. 湖南科技大学学报

（社会科学版），2019,（4）.

25. 彭怀祖 . 共享发展理念的伦理意蕴 [J]. 毛泽东邓小平理论研究，2016,（8）.

26. 肖巍 . 关怀伦理学对西方道德教育领域的冲击 [J]. 清华大学教育研究，1998,（2）.

27. 许建良 . 道家道德的普世情怀 [J]. 哲学动态，2008,（5）.

28. 高兆明 . 论习惯 [J]. 哲学研究，2011,（5）.

29.[加拿大]E. 温克勒 . 环境伦理学观点综述 [J]. 国外社会科学，1992,（6）.

30. 曹孟勤 . 人与自然和谐的内在机制 [J]. 南京林业大学学报（人文社会科学版），2005,（3）.

31. 景保峰，周霞 . 包容研究前沿述评与展望 [J]. 外国经济与管理，2017,（12）.

32. 贺来 ."关系理性"与真实的"共同体"[J]. 中国社会科学，2015,（6）.

33. 张富良 . 如何构建对弱势群体的社会关怀体系 [J]. 中国特色社会主义研究，2002,（4）.

34. 刘月岭 . 论康德意志自由的三重境界 [J]. 湖南师范大学社会科学学报，2015,（5）.

35. 张文显 . 和谐精神的导入与中国法治的转型 [J]. 新华文摘，2010,（17）.

36. 孙瑛辉 . 人文关怀：思想政治教育发展的重要维度 [J]. 东北师大学报（哲学社会科学版），2015,（2）.

37. 彭兴蓬，雷江华 . 教育关怀：融合教育教师的核心品质 [J]. 教师教育研究，2015,（1）.

38. 谢芳芳 . 思想政治教育人文关怀的内涵及其意义探析 [J]. 求实，2014,（S1）.

39. 袁丽 . 论关怀主义教育哲学的教师观及其对教师教育的影响 [J]. 教师教育研究，2013,（11）.

40. 范伟伟 . 新品格教育和关怀教育的差异及启示 [J]. 比较教育研究，2010,（1）.

41. 陈喜林 . 诺丁斯关怀伦理对我国道德教育的启示 [J]. 湖北社会科学，2009,（8）.

42. 李强 . 思想政治教育人文关怀的基本理论、方法和技术探究——评《思想政治教育人文关怀的理论与方法研究》[J]. 思想政治教育研究，2019,（12）.

43. 陈思坤 . 论思想政治工作注重人文关怀的理论渊源及实践价值 [J]. 学术论坛，2009,（4）.

44. 韩华 . 人文关怀视野下的思想政治教育 [J]. 山西师大学报 (社会科学版), 2008,（6）.

45. 何齐宗，沈辉香 . 论人文关怀与教师的发展 [J]. 教师教育研究，2006,（6）.

46. 楚丽霞 . 关怀伦理的心理特征及应用价值 [J]. 道德与文明，2006,（3）.

47. 何霞萍 . 论教育制度管理与人文关怀的有机统一 [J]. 教育理论与实践，2006,（6）.

48. 王东莉 . 思想政治教育人文关怀的思想资源 [J]. 浙江学刊，2005,（3）.

49. 余小茅 . 人文关怀：教育研究的别一种思考 [J]. 教育科学，2002,（6）.

50. 王东莉 . 论思想政治教育人文关怀价值建构的现实背景 [J]. 浙江社会科学，2004,（6）.

51. 张彦，孙帅 . 论构建“相对贫困”伦理关怀的可能性及其路径 [J]. 云南社会科学，2016,（3）.

52. 杜振吉，孟凡平 . 论社会转型期的弱势群体伦理关怀 [J]. 河北学刊，2015,（6）.

53. 唐代虎，陈建明 . 宗教界社会服务与社会关怀概念之辨析 [J]. 天府新论，2013,（3）.

54. 陈雅文 . 公民德性与伦理德性 : 关怀伦理学的一种启示 [J]. 学术月刊，2019,（7）.

55. 陈欢 . 关怀伦理学的两种理论进路——论赫尔德对斯洛特的批评何以无效 [J]. 世界哲学，2020,（1）.

二、外文文献

1.Martin Buber.*Between Man and Man*.London and NewYork，1947.

2.Margaret Urban Walker.*Moral Understandings:A Feminist Study in Ethics*. USA：Oxford University Press，2007.

3.Susan Frank Parsons.*Feminism and Christian Ethics*.England:Cambridge University Press，1996.

4.Mary Pride.*The Way Home:Beyond Feminism Back to Reality*.

USA:Createspace Independent Pub；Anniversary，2010.

5.Michael Slote.*The Ethics of Care and Empathy*.England:Routledge，2007.

6.Michael Slote.*Moral Sentimentalism*.USA:Oxford University Press；Reprint，2013.

7.Daryl Koehn.*Rethinking Feminist Ethics:Care,Trust and Empathy*.England：Routledge，1998.

8.Alasdair MacIntyre.*After Virtue:A Study in Moral Theory*.USA:University of Notre Dame Press，2007.

9.Yu-jie Guo，Lei Yang，Hai-xia Ji，Qiao Zhao. *Caring characters and professional identity among graduate nursing students in China-A cross sectional study*[J]. Nurse Education Today,2018,(65).

10.Weiting Tao,Sora Kim.*Application of two under-researched typologies in crisis communication:Ethics of justice vs.care and public relations vs.legal strategies*[J].Public Relations Review,2017,(4).

11.Mary Kalfoss,Jenny Owe Cand.*Building Knowledge: The Concept of Care*[J]. Open Journal of Nursing,2016,(6).

12.Yayo Okano.*Why Has the Ethics of Care Become an Issue of Global Concern?* [J].International Journal of Japanese Sociology,2016,(25).

13.Dave Chang,Heesoon Bai.*Self-with-other in teacher practice:a case study through care,Aristotelian virtue,and Buddhist ethics*[J].Ethics and Education，2016,(1).

14.Richard Phillips.*Curiosity:Care,Virtue and Pleasure in Uncovering the New*[J].Theory,Culture & Society,2015,(3).

15.Stensöta.*Public Ethics of Care—A General Public Ethics*[J].Ethics and Social Welfare,2015,(25).

16.Maaike Hermsen,Petri Embregts.*An Explorative Study of the Place of the Ethics of Care and Reflective Practice in Social Work Education and Practice*[J]. 2015，(7).

17.Sue Winton.*The appeal(s) of character education in threatening times:caring and critical democratic responses*[J].Comparative Education,2008,(3).

18.Ilke Oruc; Muammer Sarikaya.*Normative stakeholder theory in relation to ethics of care*[J].Social Responsibility Journal,2011,(3).

19.Kirstein Rummery.*A Comparative Analysis of Personalisation: Balancing an Ethic of Care with User Empowerment*[J].Ethics and Social Welfare,2011,(2).

20.Helena Olofsdotter Stensöta.*The Conditions of Care: Reframing the Debate about Public Sector Ethics*[J].2010,(2).

21.Mccance Tanya, Slater Paul, McCormack Brendan.*Using the caring dimensions inventory as an indicator of person-centred nursing*[J].2009,(3).

22.Brandelyn Tosolt.*Differences in Students'Perceptions of Caring Teacher Behaviors:The Intersections of Race,Ethnicity,and Gender*[J].Race,Gender & Class, 2008,(1/2).

23.Jason J.Teven.*Teacher Temperament:Correlates with Teacher Caring,Burnout, and Organizational Outcomes*[J].Communication Education,2007,(3).

24.Sheryl Conrad Cozart,Jenny Gordon.*Using Womanist Caring as a Framework to Teach Social Foundations*[J].2006,(1).

25.Maureen Sander-Staudt.*The Unhappy Marriage of Care Ethics and Virtue Ethics*[J].Hypatia.2006,(4).

26.SOILE JUUJÄRVI.*The ethic of care development:A longitudinal study of moral reasoning among practical-nursing,social-work and law-enforcement students*[J].Scandinavian Journal of Psychology,2006,(47).

27.Scott D.Gelfand.*THE ETHICS OF CARE AND(CAPITAL?)PUNISHMENT*[J]. Law and Philosophy,2004,(6).

28.Raja Halwani.*Care Ethics and Virtue Ethics*[J].Hypatia,2003,(3).

29.Lynn H.Doyle,Patrick M.Doyle.*Building Schools as Caring Communities: Why, What, and How?*[J].The Clearing House,2003,(5).

30.Franziska Vogt.*A Caring Teacher:explorations into primary school teachers'professional identity and ethic of care*[J].Gender and Education, 2002, (3).

31.Botes A.*A comparison between the ethics of justice and the ethics of care*[J]. Journal of Advanced Nursing,2000,(5).

32.Tong R.*The ethics of care:a feminist virtue ethics of care for healthcare practitioners*[J].The Journal of medicine and philosophy,1998,(2).

33.Allmark P.*Is Caring a Virtue?*[J].Journal of advanced nursing,1998,(3).

34.Robert Taylor.The ethic of care versus the ethic of justice: an economic analysis[J].Journal of Socio-Economics,1998,(4).

35.Constance M.Perry,Russell J.Quaglia.*Perceptions of Teacher Caring*：*Questions and Implications for Teacher Education*[J].Teacher Education Quarterly， 1997，(2).

36.R.Eliasson Lappalaine.I.Nilsson Motevasel.*Ethics of care and social policy*[J].International Journal of Social Welfare,1997,(6).

37.Janice M.Morse,Shirley M.Solberg,Wendy L.Neander,Joan L.Bottorff,Joy L.Johnson.*Concepts of caring and caring as a concept*[J].Advances in Nursing Science,1990,(1).

38.Botes A.Normative stakeholder theory in relation to ethics of care[J]. Curationis， 1998,(3):19.